高等学校人工智能系列教材

浙江省普通本科高校"十四五"重点立项建设教材

大数据导论
——大数据如何改变世界

赵春晖
宋鹏宇　｜　编著
陈　旭

化学工业出版社

·北京·

内 容 简 介

在数字化浪潮中，大数据技术无处不在，包括互联网、体育、工业、医疗、交通等在内的社会各行各业，都融入了大数据的印迹，大数据对人类的社会生产和生活产生了重大而深远的影响。一早醒来，多篇你感兴趣的推送文章早已占领手机屏幕；走在路上，智能手环实时监测着你的健康信息；想点外卖，小程序优先推荐最符合你口味的商家；骑车出行，导航系统会提供实时路况和最优路线避开拥堵；晚上回家，收到工厂根据你的身材比例剪裁制作的个性化服装。这些现象的背后，其实都和大数据息息相关。大数据技术正在不断与人类生产生活进行交汇与融合，并潜移默化地改变着世界的运作模式。本教材将从大数据的基本概念讲起，追溯大数据发展历程，并围绕大家身边的大数据应用，包含大数据在互联网、体育、工业、医疗、交通等方面的应用，以及大数据共享、开放、隐私、安全等相关问题，带大家领略大数据改变世界的方方面面。

本书作为面向高校学生开设的通识课程的配套教材，服务于高校培养具有数据素养的综合性人才，适用于各个专业的学生，同时本书亦可以作为大数据科普读物。大数据包罗万象，很难通过一本教材将大数据概念、大数据影响以及大数据的应用讲清楚、讲完整。希望本教材能够抛砖引玉，拓宽大家的视野和知识面，培养大家的数据思维、数据意识和对大数据的兴趣，帮助更多人在大数据时代找到自己的方向和定位。

图书在版编目（CIP）数据

大数据导论：大数据如何改变世界 / 赵春晖，宋鹏宇，陈旭编著. —北京：化学工业出版社，2024.3
ISBN 978-7-122-44695-4

Ⅰ. ①大… Ⅱ. ①赵… ②宋… ③陈… Ⅲ. ①数据处理 Ⅳ. ①TP274

中国国家版本馆 CIP 数据核字（2024）第 045917 号

责任编辑：郝英华
责任校对：宋　玮　　　　　　　　　　　　　　　装帧设计：史利平

出版发行：化学工业出版社（北京市东城区青年湖南街 13 号　邮政编码 100011）
印　　刷：北京云浩印刷有限责任公司
装　　订：三河市振勇印装有限公司
787mm×1092mm　1/16　印张 14¼　字数 331 千字　　2024 年 7 月北京第 1 版第 1 次印刷

购书咨询：010-64518888　　　　　　　　　　　　售后服务：010-64518899
网　　址：http://www.cip.com.cn
凡购买本书，如有缺损质量问题，本社销售中心负责调换。

定　　价：49.00 元

当下世界正在经历着数字信息和物理环境的深度融合，我们的生活正在成为数据与物质的混合体。我们的移动设备、计算机乃至汽车无时无刻不在与周围的环境进行着数据传输与交互，也代表着我们随时在与周围的空间进行相互通信和交流，数据正逐渐成为人们看待世界的一种新方式。近年来，互联网、社交网络、移动设备的发展对全球范围内数据的传输和共享产生了深远影响。人工智能、5G 与物联网等新型技术的广泛应用，使得数据的通信和存储更加迅速与便捷，所产生的数据量也与日俱增，大数据已经成为了现代社会信息化发展的核心力量之一。与此同时，基于大数据或以大数据作为驱动的应用和生产模式已经逐步进入日常生活的各个角落，为人们的物质生活乃至精神世界带来巨大变革和全新体验。可以说，在当今时代，对于大数据的认知与了解已经不再是计算机相关学者和从业人员的专属，而是一项通用技能。尽管已有很多大数据技术的相关教材，但这些经典教材的重点大多偏重计算机领域，主要介绍大数据传输、存储以及分析的相关理论，专业性较强，缺乏与实际生产生活的紧密结合，同时对不具备信息类专业背景的读者难度较大。因此，编写一本能够融合身边实例来生动阐述大数据的思维理念与应用价值的广泛面向不同专业学科的大数据通识课程教材的迫切性也越来越高。

笔者自 2012 年开始，已经面向本科生和研究生连续开设了大数据如何改变世界、大数据解析与应用导论和实用多元统计分析等大数据相关的通识和专业课程，并出版专业课教材《大数据解析与应用导论》，受到了学生广泛的欢迎和好评。在此背景下，笔者拟牵头编写一本面向高校学生的通识课程教材，力图避免艰深晦涩的大数据技术和理论，而是将大数据的理念与功效结合实际案例，让几乎所有专业的学生都可以对大数据有直观的了解。同时，本书也将作为笔者正在讲授的大数据如何改变世界线下本科课程及慕课所配套的教材。

笔者根据多年的课程教学经验，结合其在大数据分析上的研究成果，以大数据的产生背景、发展过程、思维理念以及相关工具为起点，展现大数据在社交、体育、工业、医疗、交通等领域的实际应用，并给出对于大数据开放共享以及伦理安全等问题的阐释，最终对大数据相关产业的未来发展趋势作出展望。在介绍大数据相关知识的同时，侧重结合身边案例进行充分讨论，做到有的放矢、深入浅出地展现大数据的思维方式与实际功效。本教材的最大特点是：避免陷入空洞的理论介绍，在介绍大数据基本概念、思维的同时融入丰富的案例，这些案例就发生在我们生活的大数据时代，具有代表性和说服力，让学生直观感受大数据如何改变世界。全书共分为 11 章。前 3 章介绍了大数据相关的基础知识。第 1 章阐述了大数据的概念与特点、发展历程以及思维理念，并对与大数据发展息息相关的人工智能技术进行了介绍和探讨。第 2 章聚焦于大数据的技术基础，对常见的数据类型，以及大数据的采集、存储和分析的相关概念进行说明。第 3 章则回顾了近年来科技强国和知名企业的大数据发展战略，以宏观的视角展现大数据对世界带来的影响与变革。第 4~8 章立足于大数据在日常生活中各个领域的应用与价值。第 4 章以社交媒体为着眼点，介绍了图像分析和自然语言处理两种典型的大数据分析技术，从而引出在互联网时代背景下大数据在社交媒体中的丰富应用，通过网络视频平台中推荐系统和电影评论的情感分析两个实例展示了大数据的妙用。第 5 章面向体育领域，在简述强化学习、赛事预测等相关技术的同时，展示了大数据是如何在比赛战术制定中大放光彩，又是如何让人工智能在棋牌、电子竞技等活动中战胜人类顶尖高手的。第 6 章则带领读者走入智能工厂，了解工业大数据的概念和特点，展现大数据在自动化生产、无人值守的生产车间中所扮演的重要角色。第 7 章介绍了医疗大数据，从我们身边的医疗保险、医院就诊入手，说明大数据如何为我们的健康保驾护航，国家又是如何建设大数据医疗平台。第 8 章面向交通领域的大数据应用，以目标检测和流量预测为切入点，结合路面摄像头监控、高德地图等实例介绍大数据为规避交通拥堵、规划最优路径所做的贡献。第 9 章和第 10 章聚焦于当下数据互联互通所带来的便利和随之而来的问题与挑战。第 9 章展现了政府和企业打破数据孤岛，促进数据共享、开放乃至交易所带来的民生福祉和经济效益。第 10 章则探讨了大数据时代中的安全伦理问题，包括隐私泄露、数据霸权等，并介绍了国家为保护大数据安全，引导大数据健康发展所制定的法律政策。在本教材的最后，第 11 章中对大数据的发展趋势进行展望，结合增强现实、区块链、元宇宙等前沿技术对大数据的未来做出畅想，点明了大数据的时代意义与未来价值。需要指出的是，本书作为赵春晖教授已出版的专业课教材《大数据解析与应用导论》（书号：978-7-122-40996-6）的姊妹篇，书中不涉及具体的数据分析理论和公式推导。对这些具体的大数据分析方法感兴趣的读者可参考阅读赵春晖教授编著的专业课教材《大数据解析与应用导论》。另外，本书配套彩图及在线习题及思考题，读者可扫描封底二维码获取。

本教材涉及的研究成果得到了众多科研机构的支持。其中特别感谢国家自然科学基金杰出青年基金（No. 62125306）、国家重点研发计划资助（2022YFB3304703）、浙江省"尖兵""领雁"研发攻关计划项目（2024C01163）、广东省基础与应用基础研究基金（2022A1515240003）等。笔者在博士求学期间以及工作阶段，在东北大学柴天佑院士、王福利教授、香港科技大学高福荣教授、浙江大学孙优贤院士和加拿大阿尔伯塔大学 Biao Huang 教授的指导下围绕大数据分析与应用进行了许多深入的研究工作，为本教材的形成奠定了基础。笔者致力于为读者提供高质量的教材，以促进学习效果的最大化。第二编著者宋鹏宇博士和第三编著者陈旭博士是笔者的博士生，他们与笔者课题组 20 多位研究生，包括赵健程、张皓然、李宝学、刘梓航、陈佳威、任嘉毅、岳嘉祺、戴清阳、张建峰、汪嘉业、陈军豪、杨佳阳、赵刘嘉毅、常俊宇、吴宇伦、姚家琪、张堡霖、胡宏涛、郏振崴、竺堃、张圣淼等，共同参与了本教材的准备工作。在过程中，我们对各章节的内容始终坚持高质量、严要求、重把控，不可避免遇到了一些困难，编著者也深刻体会到教材编写的重要性和挑战。本教材责任编辑等为提高教材质量也付出了辛勤劳动。在本教材正式出版之际，谨向他们表示衷心的感谢。

本教材是大数据相关通识课程的教学参考书，适用于高等院校几乎所有专业的学生。"不识庐山真面目，只缘身在此山中"。希望本教材能帮助更多人在享受大数据带来的便利的同时意识到大数据的丰富价值和潜在挑战，以数据的思维看世界，在大数据时代找到自己的方向和定位。由于水平有限，以及所做编著工作的局限性，教材中难免存在不妥之处，恳请广大读者批评指正。

赵春晖

2024 年 3 月于浙江大学

目录

第1章

绪论：大数据时代

　　一早醒来，多篇你感兴趣的推送文章早已占领手机屏幕；走在路上，智能手环实时监测着你的健康信息；想点外卖，小程序优先推荐了最符合你口味的商家；甚至当你晚上骑车出行，也在参考着导航系统提供的实时路况和最优路线。这些现象的背后，其实都和大数据息息相关。在当今时代，大数据技术正在不断与人类的生产、生活交汇与融合，并潜移默化地改变着世界的运作模式。在大多数人的眼中，大数据技术可能是一种遥不可及的尖端技术。事实上，数据只是传递信息和知识的一种载体，它一直都在，变革的只是数据的呈现与利用方式。如何更高效地利用种类多样、来源丰富、体量庞大的数据是一个热门的研究课题。本章将先介绍大数据的概念、特点和发展历程，再分析大数据与人工智能之间的联系，最后探讨大数据的思想理念。

1.1 ◉ 大数据的概念和特点

　　大数据，也被称为巨量数据、海量数据、大资料，是指数据量规模极大，无法通过人工手段在合理时间内进行收集、管理、处理和整理，使之成为人类可以理解的信息形式。大数据这一概念萌生于计算领域，后来逐渐扩展到其他领域，并呈现出了"4V"特点，分别为：Volume（规模性）、Velocity（高速性）、Variety（多样性）和 Value（价值性）。具体来说，规模性指的是大数据体量大。举个例子，2021 年 Google 搜索数据总规模为 62PB，用 512GB 的 iPhone14 存储摆起来可绕地球赤道 25 圈。高速性指的是大数据的速度快。以我们日常的生活中微信为例，该软件每分钟大约会产生一千万条信息。多样性指的是大数据的类型多。比如，一条朋友圈可能会包含文字、视频、图片等数据，这些数据类型是不同的。价值性指的是大数据价值密度低，其中存在着大量的冗余信息。因此，如何对大数据进行"提纯"以获得有价值的信息是当下亟待解决的问题。总的来说，大数据作为一种重要的资源已经在社会发展中扮演着越来越重要的角色。如图 1-1 所示，大数据的应用

图 1-1　大数据的应用范围

非常广泛，涵盖了工业、金融、医疗、交通、文化娱乐、能源等方面。

大数据带来的最大贡献之一就是驱动了人们思维模式的转变，即从依靠自身判断做决定的思维（仅仅利用数据总结一些经验和规律）转变到了依靠数据做决定的思维（利用数据去挖掘信息并提炼成知识，再将知识运用成智慧）。纵观历史长河，数据一直都在，变革的只是记载数据和使用数据的方式。在人类社会早期，数据量是非常有限的，因此数据的记录基本上是通过手工的方式来实现的。比如，旧石器时代部落的人们会在树枝或骨头上刻下凹痕来记录日常的交易活动或物品，而商朝时代的人们会使用龟甲、石鼓等触手可及的器物作为数据的载体来记录数据。此外，早期人们的数据分析能力也相对较弱，往往是利用有限的数据记录去总结一些有用的信息和经验教训。举例来说，早期的人们会利用甲骨文和占星术占卜来判断凶吉和朝代兴衰，也会利用蚂蚁搬家、燕子低飞、蚯蚓出洞等自然现象来预测天气。到了现代，数据的规模和类型越来越多样化和复杂化，大数据应运而生。在大数据的背景下，人们开始使用图书、报纸、硬盘和存储器等更为先进的数据存储工具来记录数据。此外，随着数据量的迅速增长，传统的基于经验的数据分析方法已经无法帮助人们获取到更多有用的信息，此时需要利用更多先进的大数据技术对海量的数据进行智能、高效的分析，挖掘出数据背后隐藏的价值信息，以帮助人们进行更好的决策和管理。

与信息时代的其他新兴概念类似，大数据的概念是比较抽象的，目前还没有统一、明确的定义，在不同的视角下会产生不同的定义。在笔者看来，大数据的概念其实是相对而言的。在早期，由于数据存储技术和分析技术的缺乏，我们无法记录和分析大规模的、多样化的、复杂的数据，因此一般认为当数据量超过了个人经验判断的能力范围，就算是"大数据"。而随着信息技术的发展，我们现在可以处理的数据量已经远远超过了过去，大数据的概念也在不断地发生着变化，因此早期的"大数据"概念在现在看来只能被视为"小数据"。目前，一般认为当数据量达到 PB（1PB=1000TB）以上，或者数据的处理和分析需要借助于分布式计算、机器学习等技术时，就可以称之为大数据。总的来说，不同的时代和不同的行业产生的关于大数据的定义是不同的，这些定义并没有绝对的对错之分，因此我们不能用单一的视角来看待所有的数据，而是要用发展的眼光来看待。目前，在以人工智能、云计算等创新技术为代表的浪潮推动下，大数据正在被赋予新的定义。其定义的不断演变和拓展，也在推动着各行业和领域不断地创新和发展，进而为人类创造出更多的价值和可能性。

1.2 ⊙ 大数据的发展历程

在之前的章节中已经介绍了大数据的一些基础概念，这让我们对于大数据这门科学有了一定的认知和了解。事实上，大数据是信息技术发展的必然产物，数据与信息也成为了近现代的一种重要战略资源。与其他为人熟知的科学类似，大数据的发展也是从一个简单的概念起步，伴随着时代的变迁逐渐完善、成熟，直到如今形成了丰富而繁荣的产业生态。在这个过程中，不论是技术的突破，人们思想的进步，抑或是政策的改善，都潜移默化地推动着大数据科学不断发展，越来越多地融入人类社会经济体系中去。本小节将回顾大数据发展历程，为大家展现大数据科学从诞生至今的四十多年当中所经历的突破与变革。

1.2.1 大数据发展历程概览

大数据的发展历程按照时间顺序可以划分为以下三个阶段：萌芽期、成熟期和大规模应用期，如图1-2所示。萌芽期的范围是20世纪80年代至20世纪末。在这一时期，大数据这一术语被提出，与之相关的技术概念得到了一定程度的传播。同时，随着数据库技术的逐步成熟和人工智能技术的复兴，一批知识管理工具开始被应用于各个领域。成熟期的范围则是在21世纪初到21世纪10年代中期。在这一时期，大数据的特点逐渐被大众熟悉，大数据技术得到了迅猛发展，不论是大数据平台架构还是大数据计算能力都取得了一定的突破。我们国家也开始逐渐认识到大数据的重要性，相关产业开始发展，多家互联网企业在大数据应用方面大展身手。而大规模应用期则是从21世纪10年代中期至今的十余年。在这一时期，大数据迎来了发展的高潮。云计算开始在世界范围普及，信息社会智能化程度大幅提高，同时，跨行业、跨领域的数据整合现象也开始出现，包括我国在内的世界各个国家纷纷布局大数据战略。下面将沿着时间线，为大家介绍大数据发展历程的具体内容。

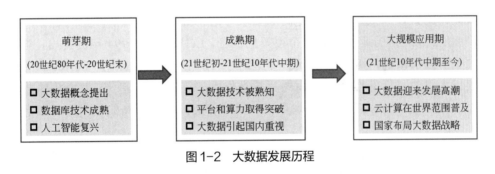

图1-2 大数据发展历程

1.2.2 大数据发展历程的三个阶段

在大数据的发展历程中，相关技术的先进性和成长能力决定了大数据的发展空间。技术的不断进步与突破推动着大数据朝着使用更便捷、应用更广泛、理解更深层等方向发展，是大数据发展最核心的驱动力。大数据发展历程经历了萌芽期、成熟期和大规模应用期三个重要发展阶段。

（1）萌芽期

"大数据"这一概念最早起源于美国。早在1980年，美国著名的未来学家阿尔文·托夫勒就在其所著的《第三次浪潮》一书中首次提到了"大数据"一词。他将贯穿人类历史几千年的农业革命定义为"第一次浪潮"，将开始于18世纪60年代的工业革命定义为"第二次浪潮"，最后，他将信息化产业对人类社会带来的巨大变革命名为"第三次浪潮"，并将大数据称颂为"第三次浪潮的华彩乐章"，成功预言了大数据科学将在未来时代迎来爆发。这被视为是"大数据"一词的起源，也是大数据发展之路的开始。

第二代数据库技术的成熟和普及是大数据进入萌芽期的关键标志之一。从 20 世纪 70 年代起，欧美等发达国家和地区进入信息时代，数据已成为经济活动中不可或缺的生产资料，如何高效处理每时每刻产生的海量数据成为企业的难题。以 MySQL 为代表的第二代数据库技术的成熟和普及解决了这一难题，同时为大数据在各个领域的萌芽提供了沃土。1996 年，瑞典 MySQL AB 公司发明了著名的第二代数据库 MySQL，该数据库相比于第一代数据库管理系统具有模型简单清晰、可移植性强、接口丰富等优势，能够满足当时对于大量数据存取和管理的需求。此外，MySQL 数据库提供免费版本，且同时开放源代码供使用者研究学习。这显著降低了企业使用数据库系统进行大数据处理的成本，同时使企业能够运用标准化的数据库语言以实现高自主性的个性化开发，让越来越多的使用者可以高效便捷地使用大数据。

如果说第二代数据库技术的成熟和普及为大数据萌芽提供了沃土，以神经网络为代表的人工智能技术复兴就是一场让大数据"茁壮成长"的甘霖。进入 20 世纪 80 中期后，随着人工智能应用规模不断扩大，以专家系统为代表的"小数据"人工智能技术由于专家知识获取困难等问题走向衰落。而以神经网络为代表的人工智能技术不局限于高质量专家知识，可以从海量数据中总结规律，用于识别、运算等任务，并具有较强的自组织和自学习能力。因此，在 20 世纪 90 年代，它重新引起了人们的关注。由于神经网络技术对获取数据的数量和效率提出了更高的要求，这也催生了大数据产业的萌芽。其中，LeNet-5 卷积神经网络的诞生就是一个很好的例证。LeNet-5 于 1994 年被提出，能够实现高精度的手写数字识别，可用于银行手写支票号码识别等领域。由于 LeNet-5 的网络训练需要收集大量的、标签准确的手写图片数据作为训练数据，这不仅为大数据技术提供了"用武之地"，也对于大数据的高效存取和精准分类提出了更高的要求，刺激了大数据技术的进步。

第二代数据库技术的成熟和普及是一捧"沃土"，为大数据的萌芽提供了坚实的基础；以神经网络为代表的人工智能技术复兴是一场"甘霖"，刺激大数据技术进步，使其成长得更加茁壮。大数据就这样在"沃土"和"甘霖"的助力下，于人类历史的舞台上萌芽，不断发展，一步步走向了成熟。

（2）成熟期

进入 21 世纪后，大数据发展进入成熟期。"大数据"一词逐渐成为互联网信息技术行业的流行词汇，开始被人们熟知。帮助大数据技术迈入成熟期的是两项重要技术发明：一项是分布式系统架构的出现，为大数据的成熟之路设计了最优的"跑道"；另一项则是由超级计算机引领的数据算力突破，为大数据的迅猛发展穿上了最好的"跑鞋"。

分布式系统架构的出现是大数据进入成熟期的重要标志之一。随着互联网技术普及，互联网企业的数据量爆发式增长，传统的单体应用系统变得愈发臃肿，其信息处理效率有限、维护成本高等短板逐渐显露，已经无法支撑大流量和高并发的场景。而以 Hadoop 为代表的分布式系统架构在 21 世纪初横空出世，在分布式服务框架下实现了计算负担的分解和系统功能上的解耦，极大提高了数据处理效率和容错性，将大数据时代推向成熟期的高峰。Hadoop

软件平台于 2005 年诞生，在大数据的处理应用中具有天然优势。首先，Hadoop 可以跨越数百个服务器数据集群对数据进行动态的存储和分发，大幅度提高了大数据处理效率。其次，Hadoop 能够在大数据计算任务失败时重新分配节点执行任务，具有较高的容错性，也降低了数据处理系统的维护成本。分布式系统架构的出现打破了大数据时代下单体系统疲于应付海量数据的尴尬局面，为大数据处理提供了一套近乎完美的分布式解决方案，实现了高效率、高容错。这是大数据迈向成熟的重要驱动力。

由超级计算机引领的数据算力突破也为大数据技术的成熟"添薪加柴"。随着大数据的应用不断加深，不论是航空航天等高精尖领域的科学计算还是企业部门的信息处理，都对大数据计算能力提出了更高的要求，这是个人计算机所无法满足的。而超级计算机将大量的处理器芯片进行集中以实现远高于个人计算机的运算速度和存储容量，赋予了人类在大数据计算领域"飞速奔跑"的能力，是大数据成熟之路上的有力助推器。其中，由美国 IBM 公司研制的沃森超级计算机是一个代表性例子。沃森超级计算机于 2011 年研制成功，以每秒扫描分析 4TB 的数据量打破了当时的世界纪录，具有极高水准的大数据计算能力，被应用于医疗领域进行海量医学数据和病历档案的整合分类，为临床医生快速提供相似病症信息，帮助医生做出综合的治疗判断。超级计算机的本质是一种计算性能极强的工具，可以说有了这样一个工具，人类才真正有能力实现对大数据足够充分、高效的利用，挖掘大数据的潜力，推动大数据走向成熟。

同时不容忽视的是，在这段时间里，大数据也开始在中国的大地上生根发芽，并引起了国家的充分重视。2012 年 3 月，我国科技部发布的"十二五"国家科技计划信息技术领域 2013 年度备选项目征集指南把大数据研究列在首位。在政策加持下，我国的大数据技术发展也初见成效，国内互联网公司纷纷推出创新性的大数据应用。2012 年，百度推出了百度云服务，能够实现大批量数据的云存储功能；而诞生于 2009 年的阿里云也在 2013 年迎来了算力的突破，成为全球首个实现单一集群 5000 台服务器规模的云厂商。可以说，我国大数据行业正稳步朝着繁荣发展。

（3）大规模应用期

紧接着，从 21 世纪 10 年代中期至今，大数据发展一路高歌猛进。在以云计算为代表的核心技术的推动下，大数据产业进入了大规模应用期。

云计算在各领域的普及是大数据进入大规模应用期最显著的特征。进入 21 世纪 10 年代，随着移动宽带网络的普及和移动终端的智能化，越来越多的移动设备接入互联网，Web2.0 的时代到来了。在这一时代，数据量进一步暴增。对于数据依赖型企业的 IT 系统而言，其电力、空间、维护等成本快速上升，难以承受海量的数据负载。而云计算则为这一问题提出了一种虚拟化、分布式的解决方案，将数据存储和计算的任务转移到云端，实现了本地的"数据减负"。在云计算架构中，计算中心由大型高性能服务器集群构成，分布在世界各地的数据中心，称之为"云"；而用户只需要持有个人电脑、手机等"云终端"，就可以远程连接"云"并付费获取计算资源。云计算实现了以本地零负载为前提、高效处理和使用大数据，同时让数据的共享和协作变得更加容易，这大幅降低了大数据的使用门槛，为大数据广泛应用奠定了坚实的技术基础。亚马逊云计算服务（AWS）是全球产业规模最大、应用最广泛的云平台，拥有多达 200 项云服务的同时，能够保证极高的数据安全性和隐私性，目前已经为全球 190 个国家/地区内的成百上千家企业的大数据业务提供支持，在极大程度上促进了大数据在世界范围的大规模落地。可以说，云计算的普及，真正实现了大数据的"飞入寻常百姓家"，是大数据进入大规模应用期的核心推力。

随着大数据产业的繁荣发展，大数据也已经上升为我国的国家战略。2016年3月，中国科学院公布的"十三五"规划纲要中，第二十七章为"实施国家大数据战略"。可以看出国家对于大数据的重视程度在不断上升，我国大数据战略谋篇布局在不断展开。在政策支持下，我国大数据产业加速发展。据工信部部长于2022年5月的中国国际大数据产业博览会上公布的测算数据，2021年我国大数据产业规模突破了1.3万亿元。而在过去的2022年里，我国继续建设了多个大数据领域国家新型工业化产业示范基地，成立了多个大数据交易所，促进了大数据与制造、金融、医疗等领域融合不断加深。可以看出，我国大数据已经逐渐步入高质量发展阶段，未来的中国大数据产业也将更加繁荣。

回顾大数据的发展历史，我们不难发现，关键技术的进步和突破一直作为主线贯穿在大数据颠覆性变革的过程中。从第二代数据库管理系统的普及、神经网络为代表的人工智能技术的复兴，再到分布式架构的出现、超级计算机的诞生，最后到云计算在各领域的大行其道，大数据一步步从萌芽走向成熟，目前已迈入大规模应用。大数据的每一次大跨步前进，其本质都是关键技术的进步和突破。之前如此，现在如此，将来亦是如此，这是颠扑不破的真理。现如今，大数据的发展仍存在应用深度和广度不足、安全体系不够完善等瓶颈，但在不久的将来，这些瓶颈也必将随着关键技术的进步而被一一突破，大数据将在我们生活中扮演越来越重要的角色。

1.3 ➲ 大数据与人工智能

在2023年，人工智能已经成为人们生活中不可或缺的一部分。例如，每天人们都会使用人脸或指纹来解锁手机，利用智能语音助手设立提醒事项等。最近，互联网上最受关注的人工智能应用是聊天机器人ChatGPT，它利用了大量的人工智能技术来学习和模拟人类的交流方式。ChatGPT可以与用户进行各种话题的对话，提供有关各种主题的信息和建议，甚至帮助用户完成简单任务，例如拟定电子邮件草稿（如图1-3所示）、制定日程安排等。当下，人工智能技术的进展日新月异，可想而知，在未来，会有更多比ChatGPT更加强大的人工智能技术出现，为人们提供更好的服务和体验。而这一切都离不开数据的支持。实际上，正是有大数据相关技术发展所带来的大量且丰富的数据作为基础，人工智能才能达到如今的智能化程度。以ChatGPT为例，它使用了数十亿个单词和语句进行训练，以尽可能地覆盖各种语言和话题。那么人工智能是如何从大数据中进行学习的？大数据又是如何助力人工智能的发展的？本小节将对上述问题给出一个简要回答。

本小节将分为三个部分进行介绍：首先介绍什么是人工智能，以及生活中常见的人工智能技术；其次，介绍大数据和人工智能之间的关系，这两者的联系十分紧密，其发展也是相辅相成的；最后会对本小节内容进行总结归纳。

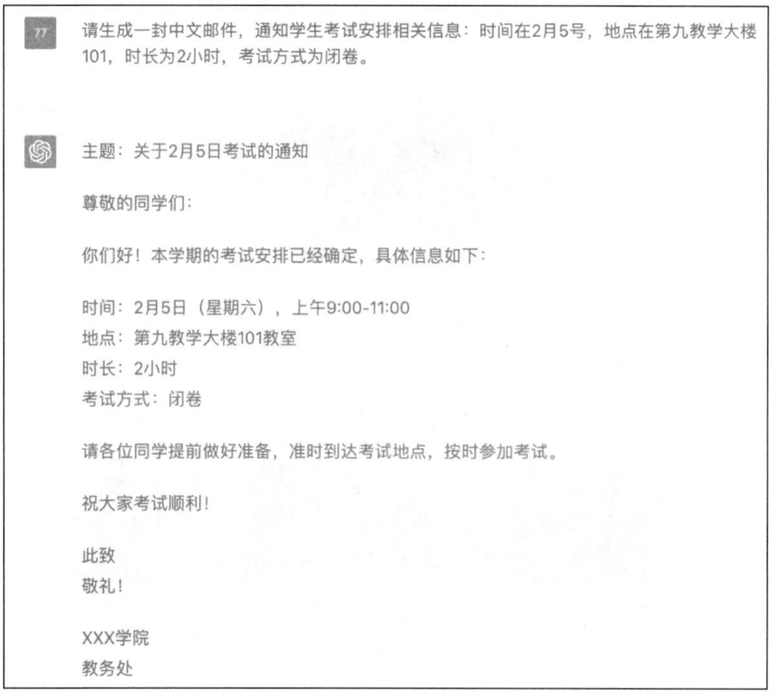

图1-3　ChatGPT帮助生成的一份邮件模板

1.3.1　人工智能简介与应用

人工智能（AI）是一种综合性技术，涉及计算机科学、统计学、脑科学、社会科学等领域。它通过模拟人类思维活动，完成各种智能任务，如识别、认知、分析、决策等。随着人工智能技术的不断发展成熟，它已经在多个领域得到了广泛应用，其中一些常见的应用包括：人脸识别、语音识别、医疗诊断和自动驾驶等。下面将具体介绍这些应用。

（1）人脸识别

人脸识别是一种利用人工智能技术来分析人脸图像以识别个人身份的技术，其简要工作流程如图1-4所示。人脸识别系统通常会将人脸图像分成多个部分，例如鼻子、眼睛、嘴巴等，然后分析每个部分的特征，如眼睛大小、鼻子形状等。这些特征将被计算机程序用于比较不同的人脸图像，找到匹配的身份。人脸识别技术已经应用在许多领域，如智能手机、智能门锁、安防监控等。它可以帮助用户快速和方便地进行身份验证，提高安全性。

（2）语音识别

语音识别是指电子设备能够识别人类说的话，并将其转换为文字。语音识别系统捕捉人类说话的声音信号，并利用人工智能技术进行分析，识别出声音中的单词和语句。语音识别系统可以被应用于各种领域，例如语音输入和智能助手等。举例来说，手机语音助手可以帮助我们设定闹钟或提醒事项，只需通过与语音助手对话的方式即可实现。语音识别技术可以提高人们与电脑交互的效率和便捷性，同时还有助于视力障碍者使用计算机，提高生活质量。

输入

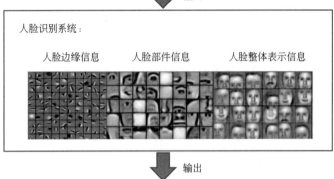

人脸识别系统：

人脸边缘信息　　　　人脸部件信息　　　　人脸整体表示信息

输出

人脸对应的身份信息

图1-4　人脸识别系统工作原理示意图

（3）医疗诊断

在医疗诊断领域，人工智能技术也有着广泛的应用。基于人工智能技术的医疗诊断系统通常会分析患者的病史、体检数据、化验结果等信息，并基于这些信息提出诊断建议，从而帮助医生更快地诊断和治疗疾病。此外，人工智能技术还可以用于开发医疗图像分析系统，例如 CT 扫描图像或 MRI 扫描图像。这些系统能够分析图像中的细节，帮助医生更好地识别疾病。例如，人工智能模型通过学习医生诊断经验，可以基于 CT 图像帮助诊断患者是否感染肺炎，并可以给出肺炎区域，如图 1-5 所示。人工智能技术在医疗诊断领域的应用不仅有助于提高医疗水平，而且还可以提高医生的工作效率，为病人提供更好的护理服务。

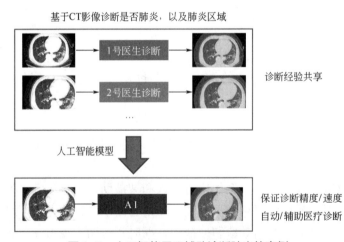

图1-5　人工智能用于辅助诊断肺炎的案例

（4）自动驾驶

自动驾驶系统通常会利用激光雷达、视觉传感器和 GPS 等技术，收集周围环境的信息，如信号灯状态、交通指示牌内容、其他车辆位置，以及行人位置等，并利用人工智能技术基于这些信息进行决策，控制汽车的运动。自动驾驶系统可以让汽车在没有人类驾驶员的情况下完成行驶任务，例如路径规划、避障、跟车等。它可以帮助降低交通事故的发生率，提高交通安全性。此外，自动驾驶还可以让人们在行驶过程中更加轻松舒适，提升出行体验。

通过以上介绍，相信读者可以感受到人工智能技术的神奇之处。下一小节将介绍大数据与人工智能之间的关系。

1.3.2 大数据与人工智能的关系

大数据与人工智能技术联系紧密，相辅相成。数据是人工智能的核心，为其提供学习的素材。大量且丰富的数据是人工智能智慧的来源。而人工智能的发展和应用催生了对大数据更多的需求，促进了数据的积累以及数据处理、储存技术的进步。

在上一小节中，我们介绍了人工智能的应用。实际上，最初的人工智能并没有如此"聪明"，远远达不到实际可用的水平。一开始，人工智能的表现远不如人类的预期。例如，在面部识别方面，人工智能无法准确地区分不同的人脸，在语音识别方面，也无法正确理解所说的内容。然而，近几年来，人工智能取得了极大的进步，并在多个领域投入了实际应用，这一切都得益于大数据的作用。可以用人类的学习过程来类比说明数据对于人工智能的重要性。一个小学生通过不断学习书本中的知识最终成为一名大学生甚至博士，这个过程中需要大量且优质的学习材料和知识资源。人工智能的学习过程与之类似，只不过需要大量且丰富的数据来进行学习。数据量越大，数据内容越丰富，人工智能能够学习到的知识就越广泛，也就越智能，从而能更准确地执行各项任务。因此，在人工智能领域，数据就像"教材"，对于提升人工智能模型的能力至关重要，并且数据量和数据内容的丰富程度同样重要。仍然可以用人类学习的过程做类比：对学生来说，"教材"的数量和内容同样重要。如果"教材"内容单一，即使学习再多本，学生也无法获得知识和能力的更进一步提升。只有学习多本涵盖不同内容的"教材"，学生才能获取更多知识，能力才能快速提升。对于人工智能模型来说，数据量越大、数据内容越丰富，人工智能技术能完成的任务越复杂。

这里以图像识别为例介绍两个供人工智能模型进行学习的数据集。通过对比两个数据集的内容，可以清楚地看到数据量的大小以及数据内容的丰富程度对于人工智能模型能力的影响。MNIST 数据集是由纽约大学、谷歌公司和微软公司的研究人员于 1998 年发布的一个手写数字识别的数据集。数据集中包含了 10 种数字，分别为 0～9，共计 60,000 张图片，其中部分图片如图 1-6 所示。这些数字图片来源于不同的人手写的笔迹。如果将这个数据集提供给人工智能模型进行学习，那么它能够将图片中的 0～9 这 10 种数字识别出来。对于其他的内容，比如一只狗的图片，这个人工智能模型就无法识别了，甚至它可能将其归类为数字 0～

9 中的一种，这显然是错误的。简单思考，不难发现，这个人工智能归类错误的原因在于它只见过数字 0～9，让它识别一个从未见过的物体，难免有些强人所难。

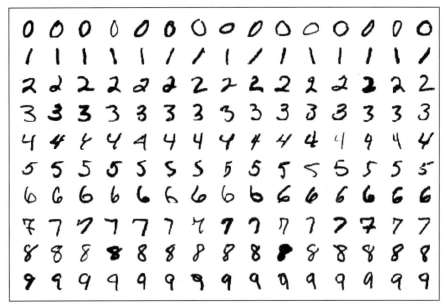

图1-6 MNIST 数据集中包含的部分手写数字图片

要想让人工智能模型学会认识更多种类的物体，需要提供更大的数据集让人工智能模型进行学习。ImageNet 是由斯坦福大学的研究人员李飞飞等于 2009 年发布的一个更加大型的图像数据集，它由超过一千万张的图像组成，图像中包含了 2 万多种不同类型的物体。如果将这个数据集提供给人工智能模型进行学习，人工智能模型就能够学会识别几万种物体。这个人工智能模型不但能够区分猫的图片和狗的图片，而且能够区分不同种类的狗的图片，例如萨摩耶、金毛和拉布拉多的图片等。

MNIST 和 ImageNet 这两个数据集的区别在于所包含图片数量的多少和内容的丰富度。MNIST 数据集数据量少、内容单一，那么人工智能模型只能从中学会如何识别 0～9 这十种数字；ImageNet 数据集数据量巨大且内容丰富，那么人工智能模型就可以从中学会识别几万种不同的物品。由此可以看出，数据对于人工智能技术的发展至关重要。随着获取的数据量越来越多、内容越来越丰富，人工智能技术的应用范围也随之扩大，其所能完成的任务也愈发复杂。这种能力可以帮助人们更好地挖掘数据中有价值的信息，进而增强了对大数据的需求。实际上，正是因为人工智能技术的快速发展，才催生了 ImageNet 数据集的建立。这一案例成为了人工智能技术促进大数据需求的典型例证。

大数据与人工智能技术有着紧密的联系，彼此互相推动，共同发展，如图 1-7 所示。大数据及相关技术为人工智能提供了海量的数据，通过对大量且丰富的数据的学习，人工智能更准确地进行预测、分析，完成更复杂的任务。同时，人工智能技术也能够帮助人们更高效地处理和分析大数据，提取有用信息、帮助决策，从而更好地发掘数据的价值，进一步催生了对大数据的需求，推动了大数据的采集与发展。因此，人工智能和大数据之间的关系是相辅相成的，双方都可以从对方身上获益，共同促进了现代科技的飞速发展。

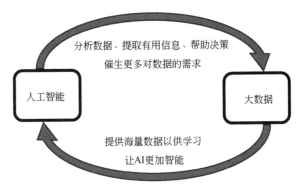

图 1-7　大数据与人工智能之间的紧密关系

1.3.3　大数据与人工智能的历史联系

从历史发展的角度看，人工智能和大数据之间相辅相成、相互促进的关系更为明显。大数据技术的发展为人工智能技术的发展提供了强有力的支撑和推动，而人工智能的应用也为大数据的发展提供了广阔的应用场景和市场空间。

人工智能概念的出现早于大数据。其发展由 20 世纪 50 年代开始，1956 年，在达特茅斯会议上，"人工智能"一词被正式提出。当时研究者们开始探索如何让计算机模拟人类的思维和行为。然而，在其早期的发展过程中，数据的稀缺性是一个严重的问题。当时的计算机处理数据能力较低，数据采集成本很高，导致数据稀缺且内容匮乏，限制了人工智能的学习能力。因此，人工智能技术的实用价值遭到广泛的怀疑，其发展开始逐渐走入低谷期。

随着时间的推移，数据采集技术不断改进，计算机性能提升，以及数据存储技术的发展，各类数据变得更加容易获取、处理和储存。到 20 世纪 80 年代，企业开始面临海量数据的管理问题，迫切需要一种能够高效存取数据的技术。由此，大数据的概念被提出。伴随着大数据的萌芽，成千上万的数据可以被用来训练和学习，人工智能技术也因此迎来了新的发展机遇。此时，数据库技术和人工智能技术的发展同步进行，为后续人工智能和大数据迎来繁荣发展奠定了坚实的基础。

进入新世纪，互联网的发展也为数据共享和数据交换提供了便利，叠加大数据技术的不断发展和完善，使得数据集的规模和内容都有了极大的拓展，人工智能技术得到了更好的应用和支持。这一时期，出现了深度学习等创新性的方法。在大数据背景下，其使用数以亿计的数据供模型学习，使得人工智能的表现有了质的飞跃，在图像识别、语音识别、自然语言处理等领域取得了惊人的成果，并引起了社会各界对人工智能的广泛关注和投入。

如今，人工智能蓬勃发展，其应用领域和范围更加广泛和深入。越来越多的人工智能技术开始应用到实际生产和生活中，如智能客服、智慧医疗、智能制造、自动驾驶等，拥有广阔的市场空间和更高的应用价值。这些应用场景对数据的需求量越来越大，进一步推动了大数据及相关技术的发展和繁荣，从而更好地支持人工智能在各个领域内的落地应用，催生更多创新的火花。

未来，人工智能和大数据的发展会更加多元化和细分化，针对不同的领域和场景，提供更加专业和定制化的解决方案。例如，在医疗领域，可以利用人工智能和大数据进行疾病诊断、药物研发、个性化治疗等；在教育领域，可以利用人工智能和大数据进行学习分析、教学辅助、知识管理等；在金融领域，可以利用人工智能和大数据进行风险评估、信用评级、投资建议等。这些应用可以帮助人类更快、更高效、更准确地解决问题，提高工作效率和生活质量。

1.4 ➡ 大数据的思想理念

在当今的大数据时代，数据与信息的洪流滚滚而来。面对着庞大规模的数据，人们也逐渐进行了思想上的转变，发展出了与之相适应的思维方式。可以说，大数据时代的关键就是思维方式的转变，具体来说，是从机械思维向数据思维的变化。

在大数据时代之前，人们习惯以机械思维来看待世界。那时候，人们认为世界上的规律是确定的，是可以用语言文字或者普适性结论的公式定理进行描述的。以科学研究为例，人们对于一件事物往往习惯于从其内部机理入手，推导符合其运行规律的数学公式或者物理模型。然而，机械思维在大数据时代并没有那么实用了。举例来说，电商行业中，难以用具体的数学公式描述出某个用户购买商品的可能性；经济行业中，也无法用简单的公式预测未来的经济走向。究其原因，是因为世界的复杂和不确定性，公式定理无法对所有事物进行完全准确的描述。因此，大数据思维不再以探索具体的定理为目标，而是以数据作为核心，分析大规模数据中所存在的有价值信息。

本节围绕三个大数据的关键思想理念展开，包括"复杂问题，以大取胜""全面分析，避免偏差"和"事在人为，灵活决策"，并借助多个相关案例进行讲述，向读者全方位展示大数据分析所遵循的关键理念。

（1）复杂问题，以大取胜

在大数据技术快速发展以前，由于当时的数据规模太小，不足以支撑人们得出有效的结论，因此之前的年代中人们没能意识到数据的价值。对于复杂的问题，大数据实际上是以大取胜的，换句话说，只有获得了充足的数据，才能从中分析出足够有价值的信息；若数据量过小，从中分析出的信息就会缺乏普适性与客观性，导致结论的不准确。

小数据导致谬误的例子有很多，守株待兔的寓言就是一个典型案例：一个农夫看到有一只兔子撞在树桩上，便从此守着树桩想着不劳而获。从数据的角度来看，这个农夫就是把偶然事件的小数据当成了普遍规律。再以1936年的美国总统大选为例，当时美国的著名刊物《文学文摘》通过调查问卷的方式来推测选举结果，但其预测却与实际的选票情况大相径庭，这是因为该刊物仅仅对自己的读者进行了调查，而实际上这只能代表一小部分美国民众的意愿。当今时代美国大选的民意调查，都倾向于在推特等网络媒体上进行，因为几乎所有美国民众都会使用推特。从上面两个例子来看，我们可以发现，在小数据时代，数据难以全面反映真实客观的规律。

现如今，数据的采集与存储能力飞速发展，一个硬盘可能仅需要一杯咖啡的价格，就可以存储一个图书馆的信息，这给了大数据解决复杂问题的平台。谷歌的Deepmind团队通过分析大规模生物数据，建立起数据模型预测蛋白质的 3D 结构，这在机械化时代是不可想象的。再例如近几年火热的 AlphaGo 围棋人工智能，它能够打败人类中最优秀的棋手，关键就在于它能够从历史上大量围棋高质量对决的棋局中搜索最优的决策，让海量的数据指导它的每一步操作。由此可见，大数据能够以其数据规模取胜，辅助人类解决复杂的问题。

（2）全面分析，避免偏差

仅仅做到数据规模足够大，数据分析也不一定就能给出有价值的结果，如果在分析数据时考虑的因素不够全面，即便数据量再大，也难以得出有效结论。本节中分别以辛普森悖论和幸存者偏差这两个概念，展示数据分析过程中因考虑因素不全面导致结果出现偏差，以及全面分析数据的重要性。

辛普森悖论是统计学中著名的悖论，因英国统计学家辛普森提出而得名。这一悖论的含义是指：变量 X 和 Y 之间的相关关系，可能在引入额外因素 Z 后发生反转。为了让读者更好地理解这一概念，此处借助生活中的实际案例做进一步的说明：从医学角度讲，胆固醇过高会引发诸多疾病，而积极参与运动会降低人体的胆固醇含量。然而，若是直接分析运动时间和胆固醇水平之间的关系，就会发现运动时间越久反而胆固醇水平越高，如图 1-8 所示，这是与医学理论相悖的。实际上，如果按年龄对所调查人群的数据进行分组分析，就会发现在同一年龄段下，运动越久通常胆固醇水平越低，说明运动有益于健康，这就与前述的理论相符了。这种矛盾的本质原因在于：胆固醇水平整体上会随年龄增长而升高，如果遗漏了年龄这一重要因素，那么就会得出与常识不符的荒谬结论。

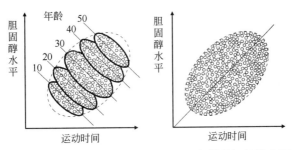

图 1-8　胆固醇水平与运动时间和年龄的相关性分析

另一个概念称为幸存者偏差，指的是当取得资讯的渠道仅来自于幸存者时，此资讯可能会与实际情况存在偏差。在数据分析领域中，如果只分析经过筛选的数据而没有意识到隐藏的筛选过程，就会忽略数据中的关键信息，产生"幸存者偏差"。例如，记者在的火车车厢上采访乘客，发现所有人都买到了的车票，由此得出结论：铁路交通形势大好，大家都能买到票。实际上，没买到票的人根本没机会上车。再例如，在第二次世界大战中统计学家对轰炸机的弹孔分布进行分析，发现机翼最容易被击中，而飞机尾部则是弹孔相对最少的位置，如图 1-9 所示，则此时反而应该选择飞机的尾部进行加固，这种看似反逻辑的选择正是"幸存者偏差"的体现，因为所统计的飞机都是从战场上存活下来的，尾部弹孔最少，说明尾部中弹的飞机大多可能都坠毁在了战场上。从幸存者偏差和辛普森悖论这两个概念中，可以看出数据分析中全面性的重要。

图1-9 第二次世界大战中轰炸机的弹孔分布示意

（3）事在人为，灵活决策

除了以大取胜和全面分析，大数据中还有另一个重要思维，便是数据分析"以人为本"的思想。数据会说话，但不一定说真话，大数据分析结果是否准确可靠，关键看分析者是否能根据不同情况能对数据进行合理的思考，因地制宜才能做到灵活变通。

数据说谎的案例不在少数，相关与因果之间的谬误便是其中一类。美军情报分析员泰勒·维根在他的书中介绍了一个令人咋舌的数据分析结果，他通过分析美国在科学研究上的经费投入与美国的自杀人数数据间的关系，发现二者呈现极高的相关性，相关系数达到了惊人的 99.79%，非常接近最高值 100%。这一结果不禁令人疑惑，难道提高科研投入会导致自杀率升高吗？事实上并非如此，出现这种情况的真正的原因是，随着时间推移，经济在发展，人口总数也在增加，而经济发展导致经费上涨，同时人口增加使得自杀人数升高，二者只是碰巧都处于上升趋势，所以看上去趋势很相似，因而产生了高度相关。与之相似的，西班牙 2018 年溺水人数和冰淇淋销量呈现高度相关性，但二者从常识上讲并不构成因果关系。实际上，二者趋势相似的原因是温度的变化，随着温度的升高，冰淇淋的销量会上升，同时下水游玩的人会变多，因此溺水人数会增加。

由此可见，数据分析上的相关性只能作为参考，而通过相关并不一定能得出因果关系。在实际决策中，人们往往更关注的是因果关系，如果真的因为自杀人数与科研投入的高度相关，就试图通过降低科研投入来减少自杀现象，或是因为溺水人数和冰淇淋销量的高度相关，就试图通过减少冰淇淋摊位来减少溺水现象，那就令人啼笑皆非了。

小结

在信息爆炸，数据量飞速增长的今天，大数据时代已经成为一种必然的趋势。大数据如春风般地吹进了千家万户，极大地改变了人们工作与思维方式，为人们的日常生活带来翻天覆地的变化。为了让读者能够深入地理解什么是大数据，本章对大数据的相关知识进行了详细的阐述。首先，本章介绍了大数据的概念，其在不同视角的审视下会产生不同的定义。另外，大数据还呈现出了"4V"特点。接着，本章介绍了大数据的发展历程经历了萌芽期、成熟期和大规模应用期三个阶段。然后，本章介绍了大数据与人工智能之间的联系以及两者是如何相辅相成的。最后，本章向读者细致地说明了大数据分析所遵循的关键思想理念。除了本章所介绍的内容，大数据还涉及到许多专业的知识和概念，感兴趣的读者可以在本章的基础上进行深入研究与拓展。

参考文献

[1] Viktor M, Kenneth C. 大数据时代：生活、工作与思维的大变革[M]. 周涛，等，译. 杭州：浙江人民出版社，2013.

[2] 王玥雯. 新时代大数据的概念及应用研究[J]. 江苏科技信息，2021，38（8）：21-24.

[3] Abraham S, Henry F K, Sudarshan S. 数据库系统概念. 6版[M]. 杨冬青，李红燕，唐世渭，等，译. 北京：机械工业出版社，2012.

[4] Pearl J, Glymour M, Jewell N P. Causal inference in statistics: A primer[M]. West Sussex: John Wiley & Sons, 2016.

[5] Vigen T. Spurious correlations[M]. New York: Hachette Books, 2015.

[6] Carl B, Jevin D. 拆穿数据胡扯：一本复杂世界的生存指南[M]. 胡小锐，译. 北京：中信出版社，2022.

[7] Mark R. 深度学习处理结构化数据实战[M]. 史跃东，译. 北京：清华大学出版社，2022.

[8] Jean P I. 非结构化数据分析[M]. 卢苗苗，苏金六，和中华，等，译. 北京：人民邮电出版社，2020.

[9] 赵春晖. 大数据解析与应用导论[M]. 北京：化学工业出版社，2022.

[10] LeCun Y, Bottou L, Bengio Y, et al. Gradient-based learning applied to document recognition[J]. Proceedings of the IEEE, 1998, 86(11): 2278-2324.

[11] 付红安. 大数据在社会化媒体营销中的应用研究[D]. 重庆大学，2014.

[12] 谈俊希. 基于 HADOOP 的建设项目交通影响评价[D]. 南京理工大学，2019.

[13] 王浩，覃卫民，焦玉勇，等. 大数据时代的岩土工程监测——转折与机遇[J]. 岩土力学，2014，9：2634-2641.

[14] 齐啸天. 大数据分析方法对传统国际政治预测的改进[D]. 吉林大学，2021.

第2章

大数据基础

当人们使用智能手机浏览网页、刷社交媒体时，已经潜移默化地进入了一个"大数据"的世界。人们每天都在无形地产生着海量的数据，这些数据在智能推荐、精准营销等方面被广泛应用。在这些宏观的大数据技术背后，有着怎样的秘密？通过前一章节的学习，读者已初步了解了什么是大数据，那么大数据又是怎么运转的呢？

在人们的生活中存在各种类型的大数据，它们产生的方式各有不同，因此需要使用不同的大数据采集方式将它们收集。收集后的大数据需要被存储起来，以备后续的使用。这些大数据最终会被人们进行分析挖掘，来提取有用的信息。如图2-1所示，从大数据采集到大数据存储，最后到大数据分析，这就构成了大数据世界的"金字塔"。如果将大数据技术类比为美食制作，数据采集就像购买食材（由大数据类型所体现），数据存储则相当于把食材存放到冰箱里，而数据分析则是最为关键的烹饪过程。接下来将对这金字塔的四层进行详细介绍。

图2-1　大数据"金字塔"

2.1 ➡ 大数据类型

数据丰富多彩，它存在于生产生活的方方面面。不止数字，照片、音乐、视频等各种信息都是数据。在本小节中，会根据来源和模态对当前的数字社会所使用的常见数据类型进行介绍。

2.1.1 常见的数据来源

随着数字化时代的到来，数据已经成为政府、企业、社会等方方面面进行决策和发展的重要基础。而在这些数据中，社交媒体数据、日志数据和传感器数据是三种常见的类型。社交媒体数据可以帮助企业了解客户需求和偏好，改进产品和服务；日志数据可以帮助企业提高运营效率，降低成本和提高安全性；传感器数据则可以用于监测环境和机器状态，并用于预测和决策。图 2-2 中展示了一些常见的不同来源的数据，它们都需要使用特殊的工具和算法来收集、处理和分析，以便从中获取有价值的信息，这些内容将会在本章后面几节中被详细介绍。下面，本小节先具体介绍这三种常见的不同来源的数据。

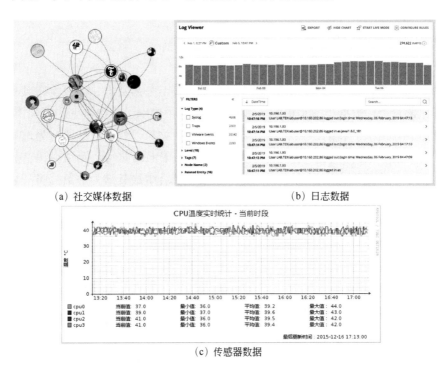

(a) 社交媒体数据　　　　　　　　　　(b) 日志数据

(c) 传感器数据

图 2-2　按来源分类的三种常见类型数据

（1）社交媒体数据

社交媒体数据是指在社交媒体平台上用户产生的所有数据，包括文字、图片、视频、评论、好友关系、点赞数量等。这些数据可以用来研究社交媒体上的用户行为、倾向、舆论和情绪，还可以用来进行社交网络分析、市场调研、广告投放和商业智能分析等，帮助企业了解客户需求和偏好，改进产品和服务。例如，人们日常生活中利用多种社交软件进行沟通交流，而某些软件可能采集相关聊天数据，分析后了解用户的商品需求，并给用户推送相关商品的广告。社交媒体数据的特点是数据量大，多样性高，更新频繁，需要使用特殊的工具和算法来收集、存储、处理和分析。

（2）日志数据

日志数据是指系统或应用程序在运行过程中产生的记录信息。这些信息可能包括系统运行信息、应用程序错误信息、用户操作信息等。日志数据可以用来监控系统性能，分析用户行为，检测欺诈和安全漏洞等。通过对日志数据进行收集、存储、处理和分析，可以得到有关系统运行状况和用户行为的重要信息。例如，若系统运行至出现故障，技术人员可调出系统日志，通过分析日志数据，可以得出系统故障的时间、原因、责任人等重要信息。这些信息可以帮助企业提高运营效率，降低成本和提高安全性。

（3）传感器数据

传感器数据是指通过传感器设备收集到的各种数值信息，如温度、湿度、压力、光线、声音、加速度等。这些数据可以用来监测环境和机器状态，将物理世界与数字世界相连接，并用于预测和决策。传感器数据可以自动化地记录和储存，并应用于许多不同的领域，如工业自动化、智能城市、智能家居、医疗监测等。

2.1.2　常见的数据模态

数据除了按照来源进行分类，还可以按照模态分类，分为文本、图像、音频和视频等不同类型。在数字社会，数据类型是极为丰富的。图 2-3 中展示了一些常见的不同模态的数据，每种类型的数据都有其独特的特点和应用场景。文本数据可以通过自然语言处理技术提取有用信息，图像数据在医疗、交通等领域发挥重要作用，音频数据可以用来做语音分析，而视频数据则可以被认为是图像数据的延伸，是未来数字社会中最具潜力的数据类型之一。下面将对这几种不同模态的数据进行介绍。

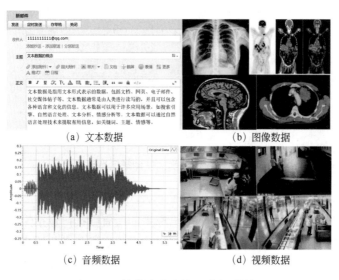

(a) 文本数据　　　　　　　　　　(b) 图像数据

(c) 音频数据　　　　　　　　　　(d) 视频数据

图 2-3　按模态分类的四种类型数据

（1）文本数据

文本数据是指用文本形式表示的数据，包括文档、网页、电子邮件、社交媒体帖子等。文本数据通常是由人类进行读写的，并且可以包含各种语言和文化的信息。文本数据可以用于许多应用场景，如搜索引擎、自然语言处理、文本分析、情感分析等。文本数据可以通过自然语言处理技术来提取有用信息，如关键词、主题、情感等。

（2）图像数据

图像数据包括照片和医学影像等，可以直观地传达非常多的信息，并在医疗、交通等领域发挥着重要的作用。比如，医学影像数据在医生诊疗过程中起着重要的作用，可以帮助医生更好地了解病人的身体状况，更精确地诊断和治疗疾病。其来源包括 X 射线、CT（计算机断层扫描）、MRI（核磁共振成像）、PET（正电子发射断层扫描）等技术的成像。这些图像通过专门的医学影像设备捕捉，存储在专业的医学影像存储系统中，并使用专业的软件进行处理和分析。医学影像数据具有高分辨率和高精度的特点。与一般类型的图像不同，医学影像数据需要高度专业的技术人员进行分析和诊断。

（3）音频数据

音频数据包括音乐或语音记录等。这些文件包括人声、音乐、音效等。音频数据通常包含音频流（即声音）以及元数据（如创建时间、麦克风信息、音频格式等）。音频数据可以用来做语音分析，如语音识别、情感分析、语音合成等。例如，地图软件会利用艺人的音频数据，利用语音合成技术，使得软件能模仿艺人的语音进行导航。

（4）视频数据

视频数据包括电影或监控录像等。这些文件可以是有声的或无声的，包括动态或静态画面。视频数据通常包含视频流（即图像和声音）以及元数据（如创建时间、摄影机信息、关键帧等）。视频数据可以用来做视频分析，如行人识别、车辆跟踪、动作分析等，例如，交通警察可以通过分析道路上摄像头捕获的视频，完成车辆识别和跟踪任务。如前所述，视频数据中包含着一帧帧前后关联的图像，如果将这些图像单独进行提取，就可以使用分析图像数据的方法进行处理。

在本小节中介绍了数据的来源与模态，不同来源和模态的数据从不同的角度描绘了世间万物。随着大数据时代的来临，多种来源的数据需要不同的手段加以采集，在后文中，将对不同的采集方式进行介绍。此外，随着视频等信息量丰富的模态出现，对数据存储的能力、数据分析的方式提出了越来越高的要求，因此，数据存储的方式也在不断革新，面向大数据的分析方法也不断被提出，同样将在后文中具体介绍。

2.2 ❯ 大数据采集

数据采集是大数据技术当中不可或缺的一部分，获取的数据是后续分析的基础，缺少数据就如同"巧妇难为无米之炊"。人类从古至今一直在进行各种形式的数据采集和记录。古代人们使用文字、图表等方式记录天象、物产、人口等信息，这些记录对于研究古代社会、文化、科技等方面都具有重要价值。比如，古代人们通过勘测、绘制地图等方式来记录地理信息和资源分布，这些记录有助于了解古代地理和资源分布，以及对战争、贸易等方面的决策有重要影响。在过去的几十年里，企业、政府、学术机构等也都在使用各种方式收集数据，如实地调研考察、专家采访。可以说从古至今，人们始终都在不断地采集数据，不管是科学研究者还是政府企业的决策者，都需要大量的数据来支撑发现的科学规律或是发布的决策。

如图 2-4 所示，数据采集的发展历程可以分为四个阶段。在工业革命之前，数据采集的方式基本没有发生太大的变革，都需要花费大量的人力物力，并且采集效率也较低，这一阶段可以概括为"手工采集阶段"，人们主要通过人的感官和手工记录来获取数据，例如地图绘制、人口普查等。直到今天，传统的调查方法仍然是一项重要的数据采集方式。随着工业革命的爆发，人们开始利用机械设备来辅助或替代人工进行数据采集，进入了"机械采集阶段"。例如，20 世纪中叶，美国首次将数据采集系统用于军事测试，使用传感器、开关、计数器等机械元件来检测和记录测试数据。这种方式的优点是速度快、精度高、可靠性强，缺点是设备复杂、维护难、适应性差。随着电子技术和计算机技术的发展，人们开始使用电子元件和软件来实现更高效和更智能的数据采集。例如，20 世纪末出现了各种电子数据采集系统，主要使用电子元件以及编程语言和数据库等软件来对各种类型的信号进行采样。这种方式的优点是功能强大、灵活性高、成本低，缺点是信号干扰多、安全性差。这一阶段也为大数据时代的数据采集奠定了基础。

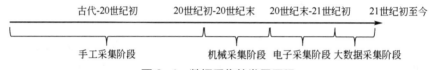

图 2-4 数据采集的发展历程

而到了大数据时代，随着通信技术的发展以及互联网的不断普及，人们对数据类型的多样化需求也日益增加。在互联网和物联网技术的推动下，"大数据采集阶段"应运而生。在大数据时代，越来越多的互联网平台不断涌现，互联网上的数据量也日益膨胀，将这些庞大的散落在互联网上的各种数据进行采集与汇总，能够为后续的数据分析和挖掘提供充足的数据。此外，大数据时代也是万物互联的时代，物联网也逐渐融入人们的生产生活。在工厂中，曾经需要工人手动记录的数据可以自动采集；在生活中，智能手表或手环可以采集佩戴者的各项生理指标。这些在每时每刻都会产生的数据，积少成多，不断改变人们的生活。大数据时代的数据采集最明显的特征是成本更低，采集的数据类型丰富。在这个时代，每个人都能成为自己的数据采集者，可以按照个人的需求采集属于自己的数据，可以是自己的健康状况，也可以是自己想要查阅的资料。同时大数据采集也不再局限于特定的领域，不管是什么行业都越来越离不开对数据的采集。互联网与物联网作为大数据时代下两大最重要的数据来源，下面将会对这两种数据的具体采集方法和应用场景进行介绍。

2.2.1 互联网数据采集

互联网数据采集是指通过互联网平台进行数据采集。随着互联网的普及，互联网数据采集已经成为了大数据领域中最常用的采集方式之一。互联网数据通常来自各大新闻媒体、搜索引擎、博客、社交媒体等，常见的数据种类有文本、图片、视频、音频。比如某新闻网站每天的热点新闻标题和内容，通过关键词搜索出来的图片、公开的各类音频等。互联网采集的数据质量可能不如传统方式所采集的数据，但数量巨大，而且采集效率也很高。通过互联网采集的数据往往都需要进行清洗和筛选，从中挑出有用的数据。

互联网数据采集早已进入了人们的生活。在新冠疫情中,中国政府采用了"健康码"系统,通过对人员身体健康状况和行动轨迹进行采集和记录,对于防止疫情传播具有非常重要的作用。使用"健康码"需要先在移动互联网应用程序中填写一些基本信息,以及最近14天的行程轨迹和身体健康状况等信息。通过移动互联网应用程序将这些信息上传至服务器,并由相关部门进行审核,最终生成对应的"健康码"。"健康码"是通过移动互联网应用程序实现的,采集数据的过程相对便捷和高效,能够迅速获取大量人员的健康状况和行动轨迹信息。健康码的数据采集方式体现了互联网时代的特点:方便快捷、实时更新、可追溯等。"健康码"系统可以在我国得到成功实践的重要原因是移动互联网的普及,也就是移动终端(手机)的普及。

相比于"健康码"这类政务系统需要群众自主申报,网络爬虫对于数据的收集则更加的高效。网络爬虫通过自动化程序模拟浏览器行为,自动访问网页,抓取网页上的数据。爬虫可以采集到各种网站上的数据,并且能够自动处理网页的动态内容。作为互联网数据采集最常用的方式之一,爬虫在搜索引擎、电子商务、新闻媒体等行业中都扮演着重要的角色。下面具体介绍爬虫在这些领域的应用。

搜索引擎是爬虫最重要的应用场景之一,搜索引擎公司会使用网络爬虫爬取整个互联网上的网站,获取有关网站的信息,包括网站的标题、关键词、内容等。例如谷歌、百度、必应等搜索引擎都是利用网络爬虫技术从互联网上采集海量的数据。这些信息可以帮助搜索引擎公司建立索引,并提供更好的搜索结果。如图2-5所示,搜索引擎利用爬虫建立文档库,再利用搜索程序给用户提供服务。

图2-5 爬虫在搜索引擎中的应用图

在电子商务中,电商公司会使用网络爬虫爬取其竞争对手的网站,获取有关产品的信息,包括产品的详细描述、价格、销量等。电商公司还可以使用网络爬虫收集有关市场趋势和消费者需求的信息,这有助于其更好地定位自己的产品,并确定最佳的定价策略。在近几年持续火爆的跨境电商行业当中,通过网络爬虫采集的数据是各个跨境卖家不可或缺的商业信息。身处国内的卖家很难通过身边的观察与相对易得的国内信息来挖掘海外市场,而了解海外市场信息的最好方式就是收集各大海外电商平台的各种商品信息,比如月销量、价格、用户好评率等。通过对这些数据的分析,跨境卖家可以筛选出在海外市场能够获利的商品。一些数据采集软件直接提供了各大跨境电商的数据采集模板,让使用者可以一键采集,无需技术学习。这也让更多的国人参与到跨境电商的行业中来,推动了中国制造走向世界。此外,在电商行业中也出现了很多聚合购物平台,如图2-6所示。这些平台运用网络爬虫技术对各大电商平台上的商品信息进行采集,将所有的商品信息放到自己的平台上展示,同时还能提供比价系统，将同一商品在不同平台的价格进行横向比较，帮助用户寻找更实惠的商品。例如，用户在聚合购物平台搜索某品牌的智能手机，可以看到不同电商平台该品牌智能手机的价格对比以及价格走势等信息。

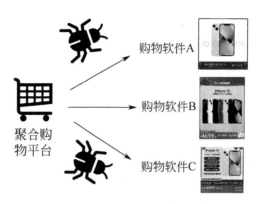

图 2-6　聚合购物平台运行示意图

在新闻媒体行业中，新闻机构会使用网络爬虫爬取社交媒体平台，获取有关某一事件的第一手信息。这些信息可以帮助新闻机构更快地发现新闻线索，并在其他新闻机构之前发布新闻。新闻机构还可以使用网络爬虫来监测舆论，了解公众对某一事件的看法。这有助于新闻机构更好地了解公众的关注点，并及时调整报道策略。对于个人而言，在信息爆炸时代，每天都会面对无数的新闻热点，但是人的精力与时间有限，可以利用信息"聚合"平台快速追踪全网最新、最全的热点资讯，过滤掉无用的垃圾信息，节约宝贵的阅读时间。

最后，在采集互联网上的数据时，还需要注意遵循法律法规和道德规范，保证数据的合法性、有效性，注意数据的版权问题，不进行非法采集。另外，在数据采集过程中还需要注意数据的隐私性，确保采集的数据不会侵犯个人的隐私。在采集的数据中，可能会包含个人信息，例如姓名、身份证号、手机号码等，对这些信息需要采取适当的保护措施，例如数据加密、数据匿名化等，来保护个人隐私。

2.2.2　物联网数据采集

物联网数据采集指的是从物联网设备获取数据的过程。物联网（Internet of Things，IoT）通过各种电子感知元件让本无生命的物品拥有了自己的"数字生命"，物联网技术也能够让设备连接互联网，让这些"数字生命"飞越时空的距离。如果说上一小节介绍的互联网采集的是"虚拟世界"的数据，那物联网采集就是"现实世界"中的数据，可以是房间的温度、湿度数据，也可以是安装在家中的智能灯的亮度数据。简而言之，物联网是将各种物理对象与互联网相连接，使得这些对象可以通过互联网进行通信和交互。这些物理对象可以是各种传感器（sensor）、摄像头、智能家居设备等。物联网数据种类繁多，既可以是气象数据、交通数据、能源数据，也可以是监控视频、健康监测数据、运动数据。物联网采集相较于互联网采集需要更多的软硬件支持。物联网数据采集的一般架构如图2-7所示。物联网数据采集一般可以分为传感器、物联网通信和物联网平台三个大模块。传感器就好比身体当中的感知器官，物联网通信则是传递各种生物信号的神经元，而物联网平台就是接收信号，并且能够分析信号的大脑。最终经过物联网平台处理后的数据信息会发送给指定对象，如商业客户。简单来说，物联网数据采集就是将各种传感器和设备上的数据上传到云端平台中处理，然后用来做进一步的分析和应用。

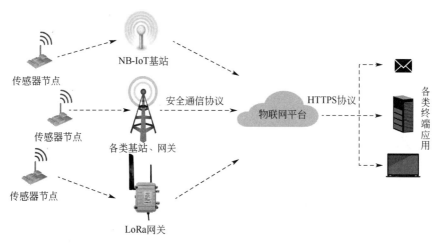

图2-7　物联网数据采集的一般架构图

物联网数据采集技术在各个领域都有着广泛的应用，如工业4.0、智慧城市、智能交通、智能医疗、智能农业等。与传统数据采集方式相比，物联网数据采集更加灵活，数据更加准确。下面对物联网在部分领域的应用进行简单介绍。

在智能家居领域，物联网系统通过连接家中的传感器和智能设备来监测环境参数并控制设备。例如，在居住者到家之前，物联网系统可以通过连接空调控制器，自动打开空调并调节室内温度，这样你就可以在到家时感到舒适。此外，物联网系统还可以自动控制灯光、窗帘、音乐等设备，提高生活质量和便利性。

在智能农业领域，物联网系统可以通过连接大棚内的传感器和设备，监测蔬菜的生长状态和环境参数，并根据实时数据调节温度、湿度、光照等参数，实现智能化管理。例如，农民可以通过物联网传感器收集蔬菜大棚的温度、湿度、光照等参数，帮助农民及时掌握大棚内部的环境状况，根据环境变化及时调整灌溉、通风、加热等操作，从而提高蔬菜的生长速度和质量。此外，物联网还可以实现农业设备的智能管理和运营，如自动驾驶拖拉机、智能播种机、无人机等，有效提高农业生产效率，降低农业生产成本。

此外，在智慧工厂中，通过物联网数据采集可以实时监测工厂设备并上传数据，比如温度、湿度、压力等。这样可以及时发现设备故障，预防突发事件，在第6章工业大数据当中会详细介绍相关内容。在智慧城市中，物联网系统可以通过连接交通信号灯、停车场、公共交通等设施，提高交通运输效率和便利性，减少拥堵和污染，在第8章城市交通大数据当中也会详细介绍相关内容。

最后，物联网数据采集的应用还在不断发展，越来越多的设备将被连接到网络中，数据采集的方式也会越来越多样化，物联网的应用场景也将不断扩大。未来，物联网数据采集的应用将涉及更多的领域，这将会给我们的生活带来更多的便利和改变。可以预见，物联网数据采集将会成为推动社会发展和改变人类生活方式的重要力量，拥有着无限的可能。

除了本章节介绍的互联网与物联网的数据采集，在大数据时代下数据采集的方式还有很多，比如系统日志采集、企业数据采集等。不同采集方式的综合使用，可以获取更全面和实时的数据，从而帮助人们做出更好的决策。例如，可以使用交通传感器采集交通流量数据，并结合社交媒体数据来分析交通拥堵程度。数据采集的方式是多样的，并且需要服务于后续的应用。感兴趣的读者可在后续进行更深入的学习与实践，更深入地理解这些方法，尝试在相关场景下应用合适的数据采集方法。

2.3 ➲ 大数据存储

本书在 2.2 小节中介绍了数据采集，它可以从各个渠道收集人们所需的各种数据。为了长期保存这些数据以便日后取用与分析，数据存储不可或缺。数据存储的发展与数据采集有密不可分的关系。随着时代的发展，数据采集的速度和规模不断增加，因此，数据存储容量必须同步增加以满足采集到数据的存储需求。此外，人们对于数据存储提出了更多的要求，例如便携性、低成本、可共享性等。为了满足这些需求，几千年来人们一直在推动数据存储技术的发展，并创造出一个又一个伟大的革新。

（1）早期数据存储

《易·系辞》中记载："上古结绳而治，后世圣人易之以书契。"图 2-8 展示了一些早期的数据存储方式。在文字出现之前，古人采用结绳记事的方法存储数据。结绳记事是一种非常直观的存储方法，它将抽象的概念转化为具体的形象，可以帮助人们更好地记录和回忆重要信息。此外，结绳记事还是一种灵活的存储方法，可以根据需要调整和修改记录的数据。然而，结绳记事只适用于一些简单、短期的信息记录，并且容易出现混淆和误解。另外，绳结的存储需要占用较大空间，且不便于携带。随着文明的进步，文字开始出现，并逐渐成为记录数据的流行方式。在龟甲兽骨上刻写文字的记事方法逐渐取代了结绳记事。与结绳记事相比，甲骨上记录的数据可以涵盖政治、经济、宗教等方面的信息，有着丰富的多样性。然而，甲骨记事也存在不少缺点：一方面甲骨处理与文字刻录工作较为繁琐；另一方面甲骨较为笨重不便于传递，并不适合作为公务文书载体。为了克服这些问题，在接下来若干世纪中，人们不断革新存储载体：历经砖石、青铜器具、竹片木板、丝织品等材料，在东汉时期由蔡伦改进并总结出制造纸张的方法。相较于上述物质载体，纸张存储密度高，方便携带，价格低廉。随着造纸技术的不断完善，纸张作为数据存储载体的主体地位逐渐被确立，直到现在，小规模数据存储例如档案、书籍等对纸制品仍然有较高需求。综上所述，数据存储载体朝着更高的存储密度、更强的便携性和更低的成本发展，这也奠定了现代数据存储的发展基调。

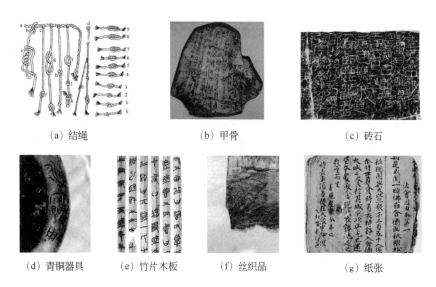

(a) 结绳   (b) 甲骨   (c) 砖石

(d) 青铜器具   (e) 竹片木板   (f) 丝织品   (g) 纸张

图 2-8　各种早期存储载体

（2）现代数据存储

随着计算机的发明，数据存储迈入了一个新时代。现代数据存储的发展可以追溯到 20 世纪 50 年代。1956 年，IBM 公司推出了第一台硬盘存储计算机 RAMAC 305，自此之后，硬盘成为了每台计算机的标配，用于执行计算机最主要的存储任务。尽管 RAMAC 305 有 50 张 24 英寸❶直径的硬盘，但其仅能存储约 5MB 的数据，且有着相当于两个冰箱的体积和一吨的重量。1973 年，IBM 推出了划时代的温彻斯特（Winchester）硬盘，奠定了当今机械硬盘的结构。温彻斯特硬盘仅有 14 英寸大小，但却能存储 60MB 的数据。相较于 11 年前一吨重的 RAMAC 305，硬盘已经逐渐走向成熟。1983 年，3.5 英寸机械硬盘诞生，并成为目前大多数台式电脑硬盘尺寸标准。随着技术不断发展，机械硬盘不断朝着尺寸越来越小、容量越来越大方向发展，如图 2-9（a）所示。历经 60 余年技术革新，现代笔记本电脑所使用的机械硬盘，它能在仅仅 2.5 英寸的空间上存放 500G～2TB 数据，为各行各业的数据存储提供强有力支撑。

受限于工作原理，机械硬盘读写速度较低，随着时代的发展，固态硬盘开始逐步替代机械硬盘，如图 2-9（b）所示。与机械硬盘相比，固态硬盘拥有更高的读写速度和更低的延迟。此外，固态硬盘相较于机械硬盘有着更快的速度以及更高的耐用性。同时，固态硬盘比机械硬盘更节能，且运行温度更低。然而，与机械硬盘相比，固态硬盘单位存储量的成本相对高昂。因此，固态硬盘适合存储少量且常用的数据，而传统机械硬盘适合大规模数据存储。

（a）机械硬盘   （b）固态硬盘

图 2-9　内置存储设备

---

❶ 1 英寸=2.54 厘米。

尽管硬盘存储密度不断增加，但相对而言仍然拥有较大的体积和重量，不便于日常携带。为了满足携带需求，1969 年，IBM 发明了软盘（floppy disk），如图 2-10（a）所示。然而，初代软盘的容量太小，且读写软盘所需设备很大，因此软盘并没有引起轰动。1973 年，IBM 发布了一种改进版的 8 英寸软盘，称为"IBM Diskette"，用户无需使用庞大的设备就能对软盘进行读写。至此，软盘开始应用于大型计算机系统。1976 年，Shugart Associates 发明了 5.25 英寸软盘。软盘变得更小、价格也更低，从此时开始逐渐走进千家万户。经历了 20 世纪 80 年代的辉煌后，随着光盘和后续的闪存盘等产品进入市场，读写速度和容量远低于它们的软盘迎来了时代的谢幕。现如今，几乎没有厂商再生产软盘，对于现代人而言，软盘仅存在于人们的记忆和各类办公软件的"保存"图标中。

随着激光技术的发展，1965 年美国物理学家罗素（Russell）发明了第一个数字-光学记录和回放系统，它是家喻户晓的 CD（compact disc）和 DVD（digital versatile disc）的前身。1982 年，索尼和飞利浦公司首次推出了商用 CD 及其播放器，CD 逐渐开始风靡全球。CD 最初被商业音乐行业用于取代黑胶唱片进行音乐存储，后来电子行业逐渐发现了 CD 的潜力，CD 开始被应用于图像、视频存储等诸多领域。CD 的存储容量约为 700MB，能存储 80 分钟的音乐，然而对于图像、视频等对存储容量要求较大的数据，CD 不能完全满足人类的存储需求。20 世纪 90 年代末，作为 CD 的后继产品，DVD 被推出市场。DVD 和 CD 外观相似，如图 2-10（b）所示，但 DVD 的存储容量比 CD 高，能存储 4.7GB 数据，约为长达 8 小时的视频。DVD 广泛应用于娱乐行业，许多电影和电视节目都以 DVD 形式发行。不仅如此，DVD 还被广泛用于存储计算机软件、视频游戏等其他数据。CD/DVD 有着较小的体积，然而，它们面积较大且容易损坏，限制了其便携性。人们从未停止对更高便携性存储载体的追求。20 世纪末，闪存盘应运而生，它通常体积较小，容量不大，便携性高，人们常用的 U 盘就是闪存盘的一种，U 盘如图 2-10（c）所示。

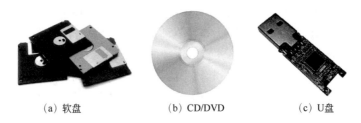

(a) 软盘　　　　　　(b) CD/DVD　　　　　　(c) U盘

图 2-10　便携式存储设备

综上所述，现代的数据存储载体与传统的数据存储载体一样，都在朝着更高的存储密度、更强的便携性和更低的成本方向发展。相较于传统数据存储载体，现代数据存储载体有许多优点，包括选择多样性、易于存取数据、易于备份和恢复等。此外，用户只需将多个已有设备串联即可获得更大的容量，因此它们非常易于扩展。然而，现代数据存储载体也存在明显的缺点，它们将数据存储在本地，难以在用户之间共享数据。由于没有网络参与，若要进行用户间的数据共享，则只能进行实体传递。这种情况下，每次只能由一个用户访问数据，无法达成群组之间的共享，这也就是人们常说的"数据孤岛"问题。为了解决这些问题，科学家和技术人员开始思考如何推进数据互联互通，并因此发展出了一个重要研究方向——云存储。

近年来，随着数据存储需求的不断增长，云存储已成为许多个人和组织存储数据的一种可共享且经济高效的方法。与前述存储方式不同，数据并非保存到本地，而是上传到由云服务提供商运营和托管的异地位置。提供商负责维护整个基础架构，用户只需支付一定的费用便可使用任意联网设备随时随地访问保存在其中的数据。

如图 2-11 所示，通过使用云存储，所有被授权的不同城市的用户都可访问存储在云端的数据，因此云存储解决了多个用户远程访问数据的问题，使得数据共享和协作成为可能。除此之外，由于可以异地访问，云存储比本地存储更适合数据备份和数据保护。并且，对小型企业来说，维护本地存储所需的软硬件是较为麻烦的，而使用云存储可以有效降低成本。此外，若采用云存储进行备份，当本地数据丢失时可及时恢复。可以看到，云存储实现了数据的互联互通，降低了存储成本，同时具备异地登录、数据备份和恢复等功能。但是云存储也可能存在问题，例如数据安全问题，其中包括用户操作安全问题（新数据覆盖旧数据导致旧数据无法找回）、服务器安全问题（存有数据的服务器被入侵）等。

图 2-11　云存储示意图

2.4 ⊙ 大数据分析

在完成了必要数据的采集，满足了数据的储存要求之后，接下来将进入大数据技术中最为关键的部分：数据分析，即如何从数据中挖掘出有价值的信息。人类文明的发展历程中，有效地分析和利用数据一直是推动社会进步的重要因素。在古代，虽然受限于数据的采集和存储，可利用的数据极为有限，但人们依旧能够在各种领域分析数据，形成经验以辅助决策，如图 2-12 所示。例如，在农业方面，人们会根据对于天气、季节的预测来选择耕种、收获农作物的时间和地点。"燕子低飞要下雨""蜻蜓点水连阴雨"就是劳动人民根据生活中的数据总结出的对于预测天气有益的经验。在天文学中，古代天文学家会记录天体的位置和运动，并使用这些数据绘制天文图来预测日食、月食等天文现象，制定历法。在民生和经济方面，负责财政和税收管理的"户部"会定期收集各地的税收、赋役、徭役等数据，并将其总结记录在册。户部会对这些数据进行人工分类、汇总和统计，以便更好地了解国家的财政状况，并采取相应措施来调整税制和财政政策，这可以认为是"大数据分析"的基本雏形之一。在进行数据分析时，户部还会使用一些简单的计算工具和数学方法。例如，有记载户部会使用算盘来进行加减乘除运算。

（a）根据动物行为对天气的预测　　　（b）古代天文图　　　（c）清代户部文卷

图 2-12　古代数据分析成果

随着人们可利用数据的量级快速增长，古代基于观察总结经验的数据分析方法已经不再适用。近年来，研究者们提出了各种新型的数据分析方法，并且开发出不同先进的数据分析工具，以实现对大数据的深度挖掘与利用，从而获得更有价值的信息。本节将首先对大数据分析技术进行简单介绍，之后介绍目前数据分析常用的工具与平台。

2.4.1　大数据分析技术

随着互联网的普及和信息技术（尤其是数据采集与存储技术）的发展，数据量呈现爆炸式增长。如何从这些海量数据中提取有价值的信息，成为了当今社会面临的重要问题。如果没有恰当的分析手段，就等同于"空有金山却不得入"。为此，大数据分析技术应运而生。它是一种利用计算机技术和数学方法对大规模数据进行处理、分析和挖掘的技术手段。通过大数据分析，人们可以发现隐藏在数据背后的规律和趋势，预测未来发展趋势，优化决策方案，提高工作效率等。大数据分析技术已经广泛应用于金融、医疗、教育、交通等各个领域，并且在不断地创新和发展中。

从现代科学意义上而言，最为基础的数据分析手段是统计学，它是关于认识客观现象总体数量特征和数量关系的科学，为大数据分析提供了理论基础，在大数据分析中扮演着极为重要的角色。举例而言，学校准备对某班级的考试成绩进行调查。在采集到足够的数据之后，使用一些统计学中的简单指标就可以得出具有代表性的结论。比如，均值、中位数、众数可以用来衡量该班级学生成绩的总体情况，方差可以用来表示该班级成绩的分散程度，如图 2-13 所示。相似地，某城市人群的身高，某区域的天气情况，某国家的经济发展程度都可以利用统计学手段进行初步分析。然而，随着数据量以及数据复杂度的增加，根据上述简单统计学指标所得出的结论会相当粗浅，无法挖掘数据内更深层、更有价值的信息；同时，如何从海量数据中提取知识，并且利用这些知识完成相应任务，是人们进一步所关心的问题。

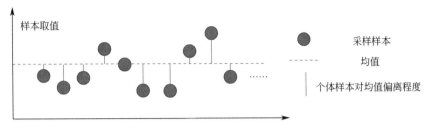

图 2-13　样本均值、方差的示意图

十余年来，蓬勃发展的深度学习技术可以被视为研究者对上述问题的回答。深度学习是一种人工智能技术，它可以利用海量数据进行训练和学习，从而实现自动化的模式识别和预测。深度学习可以应用于各种领域，例如图像识别、语音识别、自然语言处理等。2006 年，李飞飞教授意识到了专家学者在研究算法的过程中忽视了"数据"的重要性，于是开始带头构建大型图像数据集 ImageNet。ImageNet 包含了两万多个类别的 1400 万张图像。同时，由于人工神经网络的不断发展，"深度学习"的概念被 Hinton 等人提出。通过模仿人类神经元的结构，研究者可以搭建较深的神经网络，利用反向传播算法使模型从自己的错误中学习，从而能够充分利用规模较大的数据。深度学习和大型数据集 ImageNet 几乎同时诞生，并且碰撞出巨大的火花，看似巧合，但实际上是由于数据采集、存储技术的发展，使人类可利用的数据从量变到质变的必然结果。从此，人类可以利用大数据训练出性能极佳的模型，在某些领域甚至可以超越人类的表现。

在图像识别领域中，基于神经网络的 AlexNet 在 ImageNet 分类竞赛中的表现引起了全世界的关注。AlexNet 的错误率为 15%，而第二名的错误率高达 26%。自此，深度学习走上了蓬勃发展的道路，在各种领域发光发热。在棋类竞技领域，AlphaGo 击败世界排名第一的棋手柯洁，三局三胜；在困扰了生物学家多年的蛋白质结构预测领域，AlphaFold2 于蛋白质结构预测大赛 CASP 14 中对大部分蛋白质结构的预测与真实结构只差一个原子的宽度；而在美术领域，NovelAI 生成的图画已经媲美人类画师，细节、光影、动态都令人满意。2022 年 11 月底，ChatGPT 发布，这是迄今为止功能最为强大的 AI 聊天程序之一，能够通过学习和理解人类的语言来进行对话，还能根据聊天的上下文进行互动，真正像人类一样来聊天交流，甚至能完成撰写文案、翻译、代码等任务。图 2-14 总结了上述部分前沿的深度学习技术，值得注意的是，这些令人惊叹的模型都是基于海量数据训练而来，因此它们可以被认为是大数据分析的较为前沿且成功的成果。

从古到今，人们都在孜孜不倦地从数据中挖掘信息，获取知识，甚至汲取智慧。人们的周围一直不缺

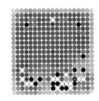

AlphaGo围棋

AlphaFold2
蛋白质结构预测

NovelAI 图片生成

图 2-14　前沿深度学习技术

少数据，只是缺少能够有效采集、储存数据的方法。一旦这些技术出现，数据分析的发展也成为必然。在未来，人类能够利用的数据量级可能会进一步增长，到时是否会出现比深度学习更为强大的数据分析技术，值得期待。

2.4.2 分析工具与平台

大数据学习离不开相关的分析工具与平台，上面介绍的各种大数据分析技术都需要对应的工具来实现。就基础工具而言，Python 语言是分析、挖掘数据的较好选择，具有丰富的实用程序和库，易于学习，在大数据处理、分析、可视化、深度学习等方面都非常实用。而当面对海量数据时，则需要通过利用大数据分布式计算框架，如 Hadoop、Spark，结合机器学习和数据挖掘算法，实现多种计算模式，以完成对巨量数据的处理和分析。下面我们简要对上述工具进行介绍。

（1）Python 语言

Python 是由荷兰数学和计算机科学研究学会的吉多·范罗苏姆于 20 世纪 90 年代初设计的开源编程语言。它支持多个平台并且免费，可以在多种系统环境（Linux、Windows 等）上运行。根据 TIOBE 的调查，截至 2023 年 1 月，Python 已然成为最为热门的编程语言之一，超过了长期以来的 Java 和 Javascript。Python 很适合初学者，因为它的语法简单、易读，可以帮助大数据分析者专注于管理大数据并挖掘其中蕴含的信息，而不是浪费时间以理解语言的细微技术差别。这是很多人选择 Python 进行大数据分析的主要原因之一。

Python 语言对于大数据的强大分析处理能力得益于它对库的广泛支持。库是具有相关功能模块的集合，这也是 Python 的一大特色之一。如果说数据分析像是采矿的话，Python 库就像是一个顺手的工具箱，包括锄头、锤子等工具。大多数 Python 库对于数据分析、可视化、数值计算和机器学习都有很大用处。大数据研究需要大量的科学计算和数据分析，而很多Python 库都提供这些功能的高效实现。

（2）大数据分析平台

虽然 Python 可以进行数据分析相关的编程，但是当算法使用的特征、数据量太大的时候，学习、训练时间过长就是一个问题。针对于此，需要开发出能够运用廉价计算机、工作站集群提高计算性能的分布式计算平台。目前相关的大数据分析平台众多，较为有名的是 Hadoop 和 Spark。

Hadoop 是一个开源框架，支持使用简单的编程模型跨计算机集群对大型数据集进行分布式存储和处理，从而加速模型训练。Hadoop 能够从一台计算机扩容至包含数千台计算机的集群，每台机器提供本地计算和存储功能。通过这种方式，Hadoop 可以高效存储和处理从 GB 级到 PB 级的大型数据集。同时，Hadoop 还包括了分布式计算和资源调度模块，使用者可以运用 Hadoop 作为数据分析算法实现的并行计算平台来提升运行速度。总而言之，Hadoop 更像一个分布式管理、存储平台，可以管理一个分布式集群，并且具有一定的容错性与灵活性，来帮助使用者对海量数据进行分析。

和 Hadoop 类似，Spark 也是一个大数据处理框架。从 2009 年开始，Spark 便已经成为世界上关键的大数据分布式处理框架之一。Spark 可以在非常大的数据集上快速执行处理任务，还可以在多台计算机上分布数据处理任务，可以单独使用，也可以与其他分布式计算工具一起使用。相比于 Hadoop，Spark 具有自己的机器学习支持库，里面专门实现了一些常用的传统机器学习算法，因此对机器学习的支持更好。

小结

    在当今的数字社会中，大数据技术具有重要的价值，从收集到分析，大数据技术可以用于多种用途。本章介绍了大数据基础，包括数据类型、数据采集、数据储存以及数据分析。其中，数据类型这一小节介绍了不同来源和模态的数据；数据采集这一小节介绍了互联网和物联网的数据采集；数据储存这一小节介绍了多种数据存储方式；数据分析这一小节介绍了基本的大数据分析理念与分析工具。通过本章的学习，可以加深对大数据技术的理解，为后续更加多样，更加灵活地应用大数据技术打下基础。

参考文献

[1] 张雪萍. 大数据采集与处理[M]. 北京：电子工业出版社，2021.

[2] 阿里巴巴数据技术及产品部. 大数据之路：阿里巴巴大数据实践[M]. 北京：电子工业出版社，2017.

[3] Padgavankar M H, Gupta S R. Big data storage and challenges[J]. International Journal of Computer Science and Information Technologies, 2014, 5(2): 2218-2223.

[4] Deng J, Hu J L, Liu A C M, et al. Research and application of cloud storage[C]. 2010 2nd International Workshop on Intelligent Systems and Applications. IEEE, 2010: 1-5.

[5] 赵春晖. 大数据解析与应用导论[M]. 北京：化学工业出版社，2022.

[6] 周志华. 机器学习[M]. 北京：清华大学出版社，2016.

[7] 邱锡鹏. 神经网络与深度学习[M]. 北京：机械工业出版社，2020.

[8] Goodfellow I, Bengio Y, Courville A, et al. Deep learning[M]. Cambridge: MIT press, 2016.

[9] 李航. 统计学习方法[M]. 北京：清华大学出版社，2012.

[10] Hinton G E, Osindero S, Teh Y W. A fast learning algorithm for deep belief nets[J]. Neural computation, 2006, 18(7): 1527-1554.

[11] Deng J, Dong W, Socher R, et al. Imagenet: A large-scale hierarchical image database[C]. 2009 IEEE conference on computer vision and pattern recognition. IEEE, 2009: 248-255.

[12] 颜红梅. PACS 系统影像存储解决方案[J]. 中国医学物理学杂志，2004，21（6）：327-328，326.

[13] 张云. 磁性功能材料的磁晶各向异性能与物性分析[D]. 湘潭大学，2015.

[14] 张成臣. 基于 DapE 蛋白结构的药物筛选[D]. 电子科技大学，2022.

[15] 快速云网络. 快速云：基于云计算的图书馆海量数据存储研究. [OL]. https://www.sohu.com/a/567718128_121404260

[16] 张书宁. 文件系统技术内幕：大数据时代海量数据存储之道[M]. 北京：电子工业出版社，2022.

[17] 中文存储网. 计算机存储历史. [OL]. https://www.chinastor.com/history/

第3章

大数据发展战略与影响

在传染病流行的时期，国家利用海量的数据对疫情进行监控，通过对病例、流行病学、社区传播等数据的综合分析，迅速识别和控制疫情的传播，及时采取有效的应对措施，有效地保护了人民的生命安全和身体健康。同时，大数据技术还为疫情后的复工复产提供了强大的支撑和保障，促进经济的恢复和社会秩序的稳定，彰显了大国风范。企业也可以利用大数据技术，从庞大的数据中分析出市场趋势、消费者需求、产品创新等信息，并进行精准营销，根据消费者的个性化需求进行产品推荐和广告投放，从而推动企业的创新和生产过程的优化。企业的发展其实都离不开国家层面的宏观政策与战略对各个领域大数据发展的扶持。近年来，随着大数据技术的飞速发展，越来越多的国家开始利用大数据来进行决策和管理。本章将会从国家和企业两个层面详细介绍大数据发展战略，并深入探讨大数据对科学研究、社会、企业、就业、人才等方面的影响，帮助读者更全面地了解大数据，提升对大数据的认知。

3.1 ⊙ 国家层面发展战略与影响

在当今数字化的时代，我们用手机购物、打车、社交等行为都会产生海量的数据，我们的生活、工作和社会治理等都离不开数据的支持，政府和企业也在不断地采集、分析和利用数据来提高效率和竞争力。为了保证大数据的发展和应用能够更好地服务于社会，各国政府都制定了自己的大数据发展战略。虽然各国在大数据发展方面的目标和重点根据本国国情、技术实力、社会需求等有所不同，但是从宏观层面上看，它们的大数据发展战略都包括以下三个方面。

（1）数据的采集与管理

现代社会中，数据已经成为国家发展的重要资源，对于国家安全、经济发展、社会治理等方面都具有重要意义。因此，各国政府都在积极推进数据的采集和管理，以保证国家数据资源的有效利用。政府通过采集大量的数据来了解民众的需求、市场趋势、社会问题等，采集数据的途径和数据来源十分广泛，包括经济、社会、科技、环境等方面：例如政府需要了解经济发展的状况和趋势，会采集包括 GDP、国际贸易、产业结构、物价指数等在内的各种经济数据。政府通过公共系统，如医疗保健系统、社会保障系统、教育系统、交通运输系统等，也可以采集与公共服务相关的数据。医疗保健系统可以采集疾病发病率、医疗费用等数据，社会保障系统可以采集人口收入、各项支出等数据。要想了解国家科技方面的发展，则可以通过采集专利数量、科研经费投入、科技成果转化等在内的各种数据。通过环境监测系统采集与环境相关的数据，如空气质量、水质状况、土壤污染等数据则可以了解环境状况。采集数据后，政府便需要有效地管理数据，管理数据是指对数据进行有效地组织、存储、分析和利用的过程，可以帮助政府更好地实现数据共享和交换，避免数据的重复采集和存储，提高政府工作效率。如图 3-1 所示，要想有效地管理数据，采集到的数据需要经过数据清洗、存储、分析和共享这几个步骤，同时要保证数据的安全性和保密性。

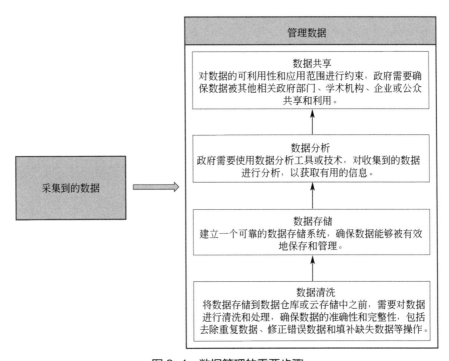

图 3-1　数据管理的重要步骤

（2）数据的应用

在现代社会中，数据应用已经成为促进社会经济发展、实现社会可持续发展和民生改善的重要手段。通过数据的采集、分析和应用，政府可以更准确地把握国家经济发展的趋势和方向，更好地制定战略规划和政策措施，推动经济高质量发展和转型升级。同时，分析和应用在医疗卫生、教育、社会保障等领域的数据，可以优化资源配置和提高服务质量，例如政府可以通过数据分析，了解贫困人口的分布情况和需求，制定更加精准的扶贫政策和措施，更好地满足人民群众的需求和提升幸福感。因此，数据的应用已经成为国家战略的重要组成部分，同时也是推动社会经济发展的重要动力。

（3）数据安全

随着数字化程度的加深，各国政府已经意识到数据安全是国家安全的重要一环。各国政府需要采取措施，防止敏感信息被窃取、泄露或被恶意利用，从而保障国家安全。目前一些国家已经建立了数据安全管理机构和机制，加强对数据的监控和管理，确保数据的安全。此外，保护数据安全也是保护个人隐私的重要措施。人们在日常生活中产生的数据越来越多，个人隐私的泄露风险也随之增加。各国政府通过颁布数据保护的法律和政策,来保障公民的隐私权和信息权。图 3-2 展示了大数据安全保护的四个主要方面:物理安全、网络安全、系统安全和数据安全以及关键技术和措施。其中,物理安全是指对存储和处理数据的设备进行保护,防止非法物理接触或损坏。例如,使用安全门禁系统、监控摄像头等措施保护数据中心或机房;网络安全指保护计算机网络不受非法入侵、攻击或病毒感染等威胁,包括防火墙、入侵检测系统等措施;系统安全指保护操作系统、软件、硬件等系统组件免受非法访问、病毒感染等威胁,系统安全措施包括访问控制、漏洞补丁等;数据安全指保护数据不被未经授权的人或程序访问、更改、删除或泄漏,措施包括数据加密、备份与恢复等。在本书第 10 章还会对大数据安全进行详细阐述,感兴趣的读者可以自行阅览。

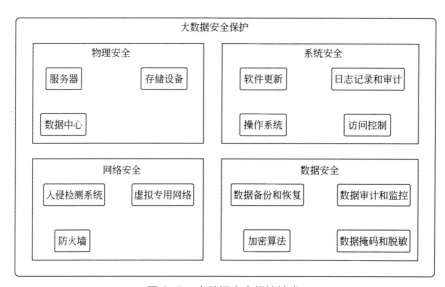

图 3-2　大数据安全保护技术

在数字化时代下,为了更好地推动大数据产业的发展和应用,各国政府根据本国的实际国情制定了相应的发展规划和路径。现在我们一起来探析美国、英国、日本和中国这四个国家关于大数据战略的各自发展及其实施情况。

3.1.1　美国

美国将大数据从商业层面上升至国家战略层面,并推动大数据在研发和应用上的行动。如图 3-3 所示,美国通过实施"三步走"战略,在大数据技术研发、商业应用以及保障国家安全等方面已构筑起一定的技术壁垒。"三步走"战略的第一步是在大数据技术研究方面加强投入,加快技术的研发和部署进程,加快大数据与各行各业的深度融合;第二步是调整政策框架和法律规章,为大数据的发展提供更好的保障和指导,同时保护公民的隐私和权利;第三步是在组织机构、制度规范、人才队伍等方面进行改革和建设,使数据驱动的决策和行动成为组织的主要运作方式,并通过培训和技术支持等方式提高员工的数据应用能力。

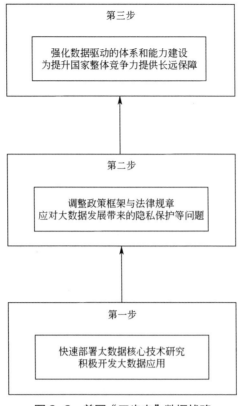

图 3-3　美国"三步走"数据战略

（图中内容）

第三步
强化数据驱动的体系和能力建设
为提升国家整体竞争力提供长远保障

第二步
调整政策框架与法律规章
应对大数据发展带来的隐私保护等问题

第一步
快速部署大数据核心技术研究
积极开发大数据应用

　　自 2009 年美国首次发布《国家创新战略》以来，美国政府就开始着手推动大数据的发展。2012 年奥巴马政府提出《大数据研究与发展计划》，并投入 20 亿美元的资金用于支持大数据相关的研究和创新。该计划的目标是通过大数据技术的应用，提高美国国家竞争力、加速经济发展。此外，美国还成立"大数据高级指导小组"，旨在通过对海量和复杂的数字资料进行采集、整理，帮助政府管理数据、分析萃取信息，提升对社会经济发展的预测能力。2012 年大数据战略的推出帮助美国经济从金融危机中复苏，政府可以更好地了解市场趋势、就业机会和劳动力需求，从而更好地规划和实施经济政策，缓解就业不足和收入不平等问题。

　　在此基础上，美国政府还出台了一系列政策和计划，包括"国家大数据研究和发展战略""智慧城市倡议""人工智能战略"等，以促进大数据技术的应用和推广。美国大数据战略的特点是重视技术研发和应用，鼓励创新和市场竞争，推崇公私合作的模式。美国政府和企业在大数据领域的投资和研发都很活跃，这也促进了大数据技术的不断创新和进步。

　　美国一直致力于推动大数据领域的发展，并为此制定了一系列的大数据战略来加强数据采集、数据管理、数据保护和数据应用。为了使政府管理数据以及不同组织之间共享数据变得更加便捷，政府制定了包括 Open311 在内的一些标准，主导了《网络安全法案》和个人数据保护等一系列措施，以提高网络安全威胁监测和应对能力，建立网络安全信息共享机制。此外，受欧盟通用数据保护条例（GDPR）的影响，许多美国公司也被要求遵守 GDPR 规定的个人数据保护措施。美国政府还出台了《数字经济法案》和《先进制造业国家战略（NSAM）》等计划，推动数字技术的创新和应用，促进数字市场的竞争。这些计划规定了建立数字经济部门、促进制造业数字化转型等章程，以促进数字技术在经济方面的应用并提高制造业的竞争力。

3.1.2 英国

在大数据开始兴起的时候，英国政府学习美国的经验和做法，同时结合自身国情和需求，采取了一系列措施来支持大数据的发展。政府投入更多的资金用于大数据研发，并强化了整个行业的顶层设计，这些措施促进了英国大数据行业的快速发展和创新。

英国于 2010 年上线政府数据网站 Data.gov.uk，同美国的 Data.gov 平台功能类似，但相比于美国为了推进政府自身的公共数据开放，英国政府数据网站的意图更侧重于提升公共部门对大数据信息的挖掘和获取能力。以此作为基础，2012 年英国政府出台了一系列旨在推动数字经济应用的政策措施，比如政府数字化战略，具体由英国商业创新技能部牵头，成立数据战略委员会对大数据进行管理，同时开放大数据，为政府、私人部门、第三方组织和个体提供相关服务，吸纳更多技术力量和资金支持。2017 年，英国政府发布了《数字发展战略》，该战略强调了数据的重要性，鼓励政府和企业加强数据的采集、分析和共享，以推动创新和经济增长。同时，该战略也提出了一系列措施来支持数据应用的可持续性发展，如建立数据中心、加强数据保护等。

在数据安全保护方面，英国政府取得了一系列的进展和成果。为帮助各界组织了解和遵守欧盟通用数据保护条例（GDPR）的要求，英国政府信息专员办公室（ICO）发布了《通用数据保护条例指南》，旨在保护个人数据的隐私和安全，为数据安全提供更为严格的保障。英国政府也建立了一个由政府、行业和学术机构共同组成的"国家网络安全中心"，致力于保护国家的网络安全和数据安全。该中心提供全面的网络安全服务和支持，为企业和公众提供教育和培训，并对网络攻击进行分析和反应。

在 2020 年 9 月，英国数字、文化、媒体和体育部（DCMS）为了帮助英国经济复苏，发布了一份名为《国家数据战略》的重要文件。这份战略旨在支持英国充分利用数据，通过数字经济的发展促进经济增长。如图 3-4 所示，英国《国家数据战略》提出了"四大支柱"以推动数据的合理应用：数据基础、数据技能、数据可用性和数据责任。在数据基础方面，要求数据以标准格式记录在现代化系统上，同时保证数据可发现、可访问、可互操作、可重用。数据技能则需要教育系统提供适合的技能培训以确保人们拥有必要的数据技能。数据可用性的目的是确保数据能够产生最有效的影响，为此鼓励公共部门、私营部门和第三方之间更好地协调、访问和共享数据，提高数据的可用性同时，也要确保数据的安全和隐私受到充分保护。最后数据责任指的是必须以合法、安全、公平、合乎道德、可持续、负责任的方式使用数据。以四大支柱为基础，英国制定了数据领域的五个优先行动任务以抓住在经济、就业、公共服务和科学研究方面的机遇。该战略的发布被认为是英国政府在数字应用领域迈出的重要一步。

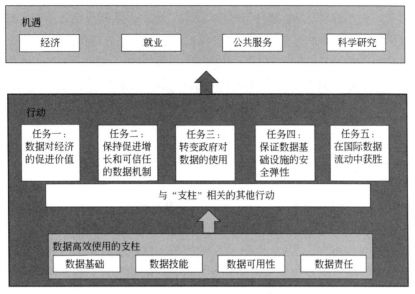

图 3-4　英国《国家数据战略》核心内容框图

3.1.3　日本

日本的大数据战略，以务实的应用开发为主，在数据和能源、交通、医疗、农业等传统行业结合方面，日本的大数据应用较为广泛。

2012 年 6 月，日本 IT 战略本部发布电子政务开放数据战略草案，迈出了政府数据公开的关键性一步。2012 年 7 月，日本政府推出了《面向 2020 年的 ICT 综合战略》，大数据成为发展的重点。2013 年 6 月，日本公布新 IT 战略——创新最尖端 IT 国家宣言，明确了 2013～2020 年期间以发展开放公共数据为核心的日本新 IT 国家战略。在应用当中，日本的大数据战略已经发挥了重要作用，ICT 技术与大数据信息能力的结合，为协助解决抗灾救灾等公共问题贡献明显。

面对日本人口密度大、国土面积狭小的现实难题，日本政府利用大数据技术采集交通、气象、医疗等方面的数据，推动智能交通系统、智慧农业和医疗信息化的发展。例如，在京都市，日本政府利用大数据技术采集交通数据，分析交通拥堵情况，优化交通规划，提高城市通行效率。通过监测土壤和气象条件，日本政府帮助农民进行精准农业管理，提高农作物的品质和产量，缓解土地资源有限的困难。面对日本人口老龄化严重的情况，日本政府推进医疗信息化，推动医疗大数据的采集和分析，提高医疗信息的共享和利用效率，进而帮助医疗机构更好地了解患者的健康状况和治疗效果，提高医疗保健水平。这些措施有助于提高城市的可持续性和生活质量，优化城市规划，更好地满足人们的需求。

为了应对日本长期经济低迷的问题，政府采取了多种措施来推动数字化产业的发展。其中包括提供财政支持、税收优惠等，支持创新型企业发展，并鼓励它们利用大数据技术开发新产品、新服务。一些企业，例如日本机械制造商 FANUC 已经开始利用先进的数据分析来实时监测和优化机器运行状况，开发了名为"FIELD system"的工业互联网平台，提高生产效率和质量，促进生产利润的提升。

数字化时代，为了保证国家大数据安全，日本采取了一系列政策、战略和措施。其中，政府制定的《网络安全基本法》和《个人信息保护法》明确了数据保护的责任和义务。此外，政府还设立了信息安全政策会议（ISPC）和内阁官房信息安全中心（NISC），前者负责制定日本网络安全基础战略，后者作为执行机构负责统筹落实该战略，制定了信息安全基本计划和信息安全政策指针，加强对关键信息基础设施的保护。

3.1.4　中国

自 21 世纪以来，我国的大数据领域发展受到了高度重视，实现从跟随到领跑的转变。如图 3-5 是我国数据战略从萌芽、酝酿到确立和深化的各个阶段的布局历程。2014 年 3 月，大数据首次写入政府工作报告。2015 年 10 月，党的十八届五中全会中正式提出了"实施国家大数据战略，推进数据资源开放共享"的方针。这表明中国已将大数据视作战略资源并上升为国家战略，期望运用大数据推动经济发展、完善社会治理、提升政府服务和监管能力。2016 年，工业和信息化部发布《大数据产业发展规划（2016—2020 年）》，在分析总结产业发展现状及形势的基础上，围绕一个核心、两个支撑、三大重点，打造一个数据、技术、应用与安全协同发展的自主产业生态体系，以加快大数据技术和产业的发展。

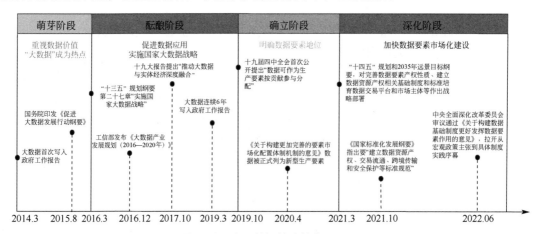

图 3-5　中国数据战略的布局历程

作为一个拥有众多人口的国家，中国产生的数据量十分庞大。因此，我国需要具备强大的大数据处理和存储能力，同时建立起完善的数据管理和安全保护体系，以确保数据的安全和合理利用。为了实现这一目标，我国在大数据领域制定了一系列的法律制度和规范。例如建设国家级数据中心，实现数据的集中管理和统一调度，提高了数据的安全性和可靠性。此外，我国还建立了多个省级和市级数据中心，推进地方数据资源的整合和利用，这样的措施有助于构建一个完整的数据管理体系，促进数据的合理利用和保护，同时也为经济社会的发展提供了有力的支持。另一方面，根据国务院提请审议国务院机构改革方案的议案，政府正在计划组建国家数据局，统筹数据资源整合共享和开发利用，统筹推进数字中国、数字经济、数字社会规划和建设等。这些措施和规划有助于我国更好地管理和利用海量数据，推动数字化经济和社会的快速发展。

此外，为了促进经济转型升级，我国政府将云计算和人工智能等前沿技术作为推动数字经济发展的重点。这些前沿技术的发展为我国的大数据产业带来了快速发展的机遇，涌现出一批具有实力的企业，如阿里巴巴、腾讯和百度等。这些企业推动了大数据在电子商务、金融、医疗和智慧城市等领域的广泛应用。正因为如此，可以看出我国政府在促进数字发展应用方面已经取得了不小的成就，并且已经具备很强的竞争力。

总体来看，我国的大数据产业在政策、技术和市场等方面都在快速发展，这一趋势在很大程度上得益于完备的数据保护法律体系。例如《中华人民共和国个人信息保护法》《中华人民共和国网络安全法》和《中华人民共和国电子商务法》等法律法规，为大数据的安全保护提供了法律保障，这些法律的实施为中国的大数据产业发展提供了坚实的后盾。

3.1.5 各国大数据发展战略对比与总结

在百年未有之大变局的今日，大数据已成为全球范围内不可忽视的战略性资源，各国政府纷纷推出大数据战略以应对数字化时代的挑战。美国、英国、日本和中国作为目前全球大数据发展最为突出的几个国家，其大数据发展战略对全球大数据产业的发展和应用产生了深远的影响，表 3-1 是这四个国家对应的大数据发展战略简要概述。

表 3-1 美、英、日、中四国的大数据发展战略

国家	战略
美国	实施"三步走"战略，打造大数据创新生态
英国	紧抓大数据产业机遇，应对经济挑战
日本	开放公共数据，夯实应用开发基础
中国	实施国家大数据战略，加快建设数字中国和数治中国

在各国都积极推动大数据发展的背景下，相互借鉴和相互影响是必然的。例如，英国《国家数据战略》是对美国的《大数据研究与发展计划》的借鉴，这种相互借鉴的做法，使得各国在大数据发展的道路上，避免了重复劳动，更快速地发展和应用大数据技术，取得了更为显著的成效。除了相互借鉴经验外，各国还制定了一系列基于本国国情和需求的政策和措施。虽然各国的政策存在一定的差异，但它们都着重于数据的采集与管理、数据的应用和数据安全，以实现长期的可持续发展。

随着数据技术不断进步，数据的采集与管理、数据应用和数据安全这三个领域也在不断发展。物联网、人工智能等技术的发展，以及传感器、智能设备等的广泛应用，使得数据采集变得更加普遍和多样化，数据管理的自动化和智能化程度也在不断提高。数据应用不断深化，从简单的业务流程自动化发展到更复杂的预测分析、人工智能等领域，以支持更加智能化和个性化的决策和服务。与此同时，随着数据量和应用范围的扩大，数据安全问题也变得越来越重要。未来，数据安全的趋势将是综合性的、持续性的和自适应的。综合性指数据安全需要综合考虑多种因素，如物理安全、网络安全、系统安全和数据安全等，以全面保障数据的安全性。持续性指数据安全需要不断更新和提升，随着技术和威胁的不断演变，数据安全措施也需要不断升级和改进。自适应性则是指数据安全需要根据不同的场景和需求做出相

应的调整和适应。综合这些趋势，数据安全将变得更加全面、持续和灵活，以应对不断增长的威胁和挑战。另外，随着云计算、边缘计算等新技术的广泛应用，数据安全的挑战也变得更加复杂和严峻。

为了推动大数据的发展和解决数据隐私和安全等共同挑战，各国政府正在积极合作。例如，美国和英国政府成立了"数据合作伙伴关系"，定期召开高层会议，讨论政策和合作事宜，推进两国政府在数字经济和公共服务方面的交流和合作。美国和中国在贸易谈判中多次就数据安全和知识产权保护等问题展开讨论和协商。此外，各国还制定共同的数据标准和互操作性协议，确保数据可以在不同国家和组织之间自由流通和交换，便于开展技术创新和共同研发。例如，日本和中国的一些企业合作研发了数据去标识化和差分隐私等数据隐私保护技术。总的来说，美国、英国、日本和中国等国家之间的数据隐私和安全合作不断加强，共同应对这些挑战，确保数据的安全和可靠性。这些合作举措不仅是政策层面的合作，更关乎人民的切身利益，为大数据产业的健康发展提供了坚实的基础。

3.2 ➡ 企业层面发展战略与影响

大数据技术不仅成为了各个国家占领新一轮技术革命制高点的关键"战场"，同时在企业之间掀起了新一波技术转型升级的浪潮。从谷歌、阿里等互联网企业，到麦当劳等传统行业企业，无不在借助大数据所驱动的数字化转型以获得更高的商业回报与竞争优势。大数据可以给企业带来许多帮助，一般来讲，有以下几个方面。

（1）大数据为洞察市场需求、把握时代潮流提供支撑

当企业需要了解市场需求和时代潮流时，大数据技术可以帮助企业进行数据分析，从而更好地了解消费者的需求和行为。通过对消费者的行为、偏好、购买历史等数据进行分析，企业可以更好地了解市场需求和趋势，从而更好地制定营销策略、推出新产品等。例如，通过对消费者的购买历史进行分析，企业可以了解到哪些产品比较受欢迎，哪些产品需要改进等。此外，大数据技术还可以帮助企业进行竞争情报分析，了解竞争对手的市场表现和策略，从而更好地制定自己的营销策略和战略规划。

（2）大数据为电子消费产品赋能，结合物联网技术改善用户体验

大数据技术和物联网技术可以结合使用，实现智能化的产品和服务，从而更好地满足用户需求。例如，智能家居产品可以通过物联网技术实现设备之间的互联互通，而大数据技术可以帮助企业了解用户的使用习惯和需求，从而更好地为用户提供个性化的服务和体验。大数据技术还可以帮助企业进行智能化的售后服务。例如，通过对用户的反馈、历史数据等进行分析，企业可以了解到用户遇到的问题和需求，从而提供更快速、更准确的售后服务。

（3）大数据为软件产品与服务提供强大技术支持

大数据技术可以帮助企业进行用户画像分析，了解用户的需求，从而推出更符合用户需求的软件产品和服务。大数据技术还可以帮助企业进行软件产品和服务的优化和改进，提高

软件产品和服务的性能和用户体验。当企业需要扩大规模时，大数据技术可以帮助企业了解哪些地区或用户群体对软件产品和服务的需求比较高，从而制定相应的营销策略和推广计划。此外，企业还可以通过云计算等技术手段来扩大软件产品和服务的规模，从而更好地满足用户需求。

（4）大数据帮助传统行业转型升级、提升效率和竞争力

大数据技术可以帮助传统行业进行数字化转型，提高企业的竞争力和效率。例如，通过对生产、销售、物流等环节的数据进行分析，企业可以了解到哪些环节存在问题和瓶颈，从而进行优化和改进。此外，大数据技术还可以帮助企业进行供应链管理和风险控制。例如，通过对供应链的数据进行分析，企业可以了解到哪些环节存在风险和问题，从而采取相应的措施进行风险控制。此外，大数据技术还可以帮助企业进行市场营销和客户关系管理。

由此可知，在大数据时代下，如何利用好大数据带来的能量对于企业的生存与发展有着至关重要的作用。下面我们以大数据时代最具竞争力的几家知名企业为例，包括谷歌、苹果、腾讯和阿里，介绍这些借助数据挖掘技术取得巨大成功的公司是怎么实施大数据发展战略的。

3.2.1 谷歌

谷歌是一家全球领先的技术公司，其业务的核心谷歌搜索在世界市场具有统治地位。谷歌每天会进行 85 亿次搜索。根据谷歌官方当前的数据，谷歌搜索目录（Google Search index）规模已达到 1 亿 GB。如图 3-6 所示，谷歌和 YouTube 分别占 2022 年 12 月网站访问量排行的前两位，而且这两家网站流量之和超过之后 48 家网站总和。谷歌的大数据发展战略重视挖掘用户的搜索大数据，发现社会热点与用户需求，从而实现精准营销，为广告投放者创造了巨大的经济效益，并提前规避社会和舆论风险等。

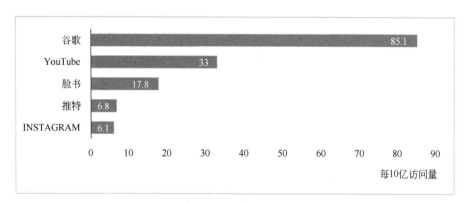

图 3-6　2022 年 12 月网站访问量全球排行前五名

谷歌可以分析搜索记录，发现热点话题和趋势，帮助企业感知市场需求和变化。例如，谷歌趋势（Google Trends）是一个基于谷歌搜索数据的在线工具，它可以显示不同地区、不同时间段、不同类别的搜索热度和相关性。通过这个工具，企业可以了解消费者的兴趣

和需求，调整产品策略和营销策略，抓住市场机会。在谷歌官网上，谷歌趋势展示了纽约地区 2022 年搜索量最大的几个关键词，比如纽约地区搜索 disco 这个词的次数超过了美国其他地区，又比如纽约地区 2022 年最火的一道菜肴是一种蔬菜沙拉。这些案例都展示了谷歌发现热门信息的能力。

谷歌可以对特定人群实施精准营销，提高用户满意度和忠诚度。例如，谷歌智能广告（Google Smart Ads）是一个基于谷歌搜索数据和机器学习技术的广告平台，它可以根据用户的行为、兴趣、位置等因素，自动创建和投放个性化的广告。通过这个平台，企业可以精准地触达目标用户，提升品牌知名度和好感度，增加销售额和利润。

谷歌可以通过分析搜索记录，帮助企业提前规避社会和舆论风险。例如，谷歌危机响应（Google Crisis Response）是一个基于谷歌搜索数据和地图技术的公益项目，它可以在发生自然灾害或人为危机时，提供实时的信息和资源，帮助受影响的人群和组织。通过这个项目，企业可以及时了解危机情况和影响范围，采取相应的措施，减少损失和负面影响。自 2017 年以来，谷歌危机响应预警次数达 39 亿次，在 30 多个国家与 25 个官方伙伴开展合作，协助应对了疾病传播、Laura 飓风、澳大利亚山火等事件。

通过深耕搜索与广告推荐领域，谷歌取得了巨大的成功。2021 年，谷歌的广告收入为 2090 亿美元，占谷歌总收入 80%以上。这 2090 亿美元的巨额收入，竟是谷歌看不见摸不着的广告算法和数据积累创造的，让人惊叹于大数据技术巨大的经济价值。由此可知，大数据技术可以帮助企业洞察市场需求，把握时代趋势。

3.2.2 苹果

苹果公司是一家横跨硬件、软件领域的大型科技公司，同时以超过 2 万亿美元的市值成为全球市值最高的公司。苹果公司的业务涵盖设计、研发、销售消费者电子产品、计算机软件与互联网在线服务等产品。苹果公司是一家以创新著称的科技公司，它不断推出新颖而又实用的电子产品，赢得了全球消费者的喜爱。苹果公司重视将大数据技术应用在旗下的各型产品，如 iPhone、AppleWatch 等，在优化产品设计、改善用户体验的同时注重保护用户的隐私，提升了产品的竞争力，得到诸多用户的青睐。

苹果公司利用大数据分析用户的行为、偏好、需求等信息，从而优化产品的设计、功能、性能等方面。例如，苹果公司在 iPhone 手机上使用了人工智能和机器学习技术，让手机能够自动识别用户的面部特征、声音、手势等，实现了面部解锁、语音助手、手势控制等功能。这些功能不仅提高了便利性，也增强了安全性。

除此之外，苹果公司还在 iPhone 手机上集成了大量的大数据分析技术，优化了拍照、云存储、打字等种种体验。例如，苹果公司使用了深度学习技术，让手机能够自动调整拍照参数、美化照片效果、识别照片内容等，让用户拍出更美丽的照片。又如，苹果公司使用了云计算技术，让用户可以将手机中的照片、视频、文档等文件上传到云端存储，并在不同设备上同步访问，节省了手机空间，也方便了用户管理和分享文件，如图 3-7 所示。再如，苹果公司使用了自然语言处理技术，让手机能够根据用户的输入习惯和语境推荐合适的单词和表情符号，提高了用户打字的效率和趣味性。

图 3-7 苹果云服务

除了手机，苹果公司还在手表、平板、电脑等其他电子产品上也应用了大数据技术，为用户提供了更多的智能化功能和服务。例如，苹果公司在 Apple Watch 手表上使用了传感器技术，让手表能够监测用户的心率、血压、睡眠质量等健康数据，并通过大数据分析给出相应的建议和提醒，帮助用户改善健康状况。又如，苹果公司在 iPad 平板上使用了增强现实技术，让平板能够将虚拟的图像和信息叠加到现实的场景中，为用户带来了更丰富的视觉体验和互动方式。再如，苹果公司在 MacBook 电脑上使用了推荐系统技术，让电脑能够根据用户的浏览历史和喜好推荐相关的内容和应用，为用户节省了搜索时间，也增加了用户的兴趣和满意度。

值得一提的是，苹果公司在使用大数据技术时也非常注重用户隐私的保护。苹果公司采用了本地化的数据分析方式，即在用户设备上进行数据处理和分析，并加密传输和存储数据，很大程度上避免了用户数据被泄露或滥用的风险，这种做法得到了用户的认可和信赖。不仅如此，苹果期望通过将用户隐私保护作为关键特性，相对竞争对手取得竞争优势。

以上从业务、技术、安全等角度谈到了苹果公司与其他科技巨头相比，在大数据战略上所具有的一些独特之处，可以总结为表 3-2。综上所述，苹果公司是一个充分利用大数据技术打造智能化产品的典范，它通过大数据分析优化产品的各个方面，为用户打造了智慧生活。苹果公司的成功也启示了其他企业，大数据技术是提高电子产品竞争力和创新能力的重要手段，只有紧跟大数据技术的发展趋势，才能在激烈的市场竞争中脱颖而出。

表 3-2　苹果和其他巨头的对比

企业	苹果	谷歌等其他科技巨头
业务范围	电子产品与软件	大部分是软件与服务
大数据来源	互联网、物联网	多来自互联网用户数据
大数据技术特色	大数据、AI 技术与物联网技术、智能终端相结合	云服务、大数据平台等
大数据安全与隐私保护	较为重视	近年受到了法律监管和舆论争议

3.2.3　腾讯

在当今的信息时代，大数据技术已经成为各行各业的重要驱动力，尤其是在软件服务领域，大数据技术可以支撑软件服务，确保软件服务可靠运行。腾讯是中国最大的互联网公司之一，也是全球最大的游戏公司之一。腾讯的大数据战略重视云平台的建设，是大众点评、滴滴打车等一众软件的云服务提供商，近年来，游戏PUBG和哔哩哔哩的成功走红，更加展现出腾讯大数据支撑软件服务运行的能力。

PUBG是一款极其火爆的游戏，它有着庞大的玩家群体和复杂的游戏场景，对网络、计算、存储等资源的需求非常高。为了保证PUBG在全球范围内的流畅运行，腾讯云为其提供了覆盖全球的网络节点、弹性计算资源、分布式存储系统、实时数据分析等多项服务。通过大数据技术，腾讯云可以实时监测和调整PUBG的网络状况、负载均衡、安全防护等方面，保障了PUBG的高可用性、高性能和高安全性。正是因为有了腾讯云的技术支撑，PUBG才能成为全球最受欢迎的移动游戏之一。

除了游戏领域，腾讯云还在直播领域展现了其大数据技术的优势。哔哩哔哩是中国最大的二次元视频平台之一，也是一个拥有众多年轻用户和创作者的直播社区。随着哔哩哔哩用户规模和内容量的不断增长，其直播服务也面临着巨大的挑战，如何保证直播画质、稳定性、互动性等方面都需要依靠大数据技术来解决。腾讯云为哔哩哔哩提供了全面的直播解决方案，包括直播推流、转码、分发、录制、回放等功能。通过大数据技术，腾讯云可以根据不同设备、网络、地域等条件，智能调整直播码率、分辨率、帧率等参数，保证直播画质清晰流畅。同时，腾讯云还可以实时收集和分析直播数据，如观看人数、弹幕数量、礼物打赏等指标，帮助哔哩哔哩优化直播内容和运营策略。腾讯云为哔哩哔哩近两年的飞速发展提供了重要的技术支撑，并使其成为中国最具影响力的直播平台之一。

由此可见，软件产品和服务离不开大数据技术的支撑。大数据技术可以为软件服务提供强大的网络基础、计算资源、存储空间、数据分析等能力，保证软件服务的可靠运行和优质体验。腾讯公司支撑游戏PUBG和哔哩哔哩直播服务的成功案例，充分展示了大数据技术在软件服务领域的应用和价值。随着大数据技术的不断发展和创新，有理由相信，未来的软件服务将更加智能、高效、多样，为用户带来更多的便利和乐趣。

3.2.4　阿里巴巴

阿里巴巴（简称阿里）是中国最大的电子商务平台和云计算服务提供商之一，也是全球领先的数字化经济体，旗下业务涵盖了电子商务、金融、物流、娱乐等多个领域。阿里的大数据发展战略中非常重视助力传统企业进行数字化升级，通过发挥其大数据技术方面的特长，深度参与到大润发、老板电器、海底捞等传统行业企业的转型中来，成功为企业创造了新的效益。以下以大润发为典型代表，介绍阿里是怎么做到这一点的。

大润发是中国台湾的一家大型连锁量贩超市，成立于1996年，经营理念主打新鲜、便宜、舒适、便利。1997年，大润发在大陆成立上海大润发有限公司。2010年，成为中国大陆零售百货业冠军。但近年来，大润发作为传统大卖场，营收持续下滑，必须通过业务创新走出困境。在新零售线下融合的大背景下，大润发开启与阿里云的合作，推动大卖场重构。阿里为了支撑大润发这样的新零售企业实现数字化转型目标，为企业提供了一个完整的零售云业务中台解决方案，其中集成了小程序管理、业务中台、研发平台等部分，具备全渠道零售、全域会员营销、智慧门店等业务能力，如图3-8所示。

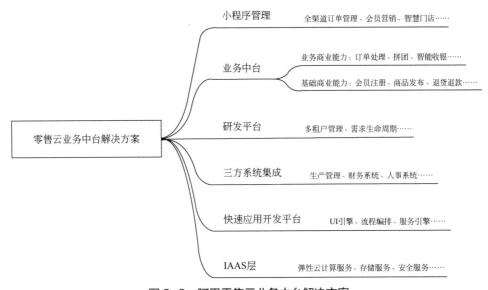

图3-8　阿里零售云业务中台解决方案

阿里巴巴通过搬站上云、业务中台化、门店数字化等手段不仅改善了大润发消费者的购物体验，也帮助大润发打造新零售模式，具体如下。

搬站上云：通过搬站上云，持续引入中间件及安全产品，为大润发承接线上流量赋能提供稳定高效的基础设施保障。利用云上的弹性伸缩能力，应对大促期间300%以上的突发流量。

业务中台化：通过业务中台化改造为门店瘦身，提升对接阿里集团各个业务合作效率。业务中台化改造，提升系统开发对接效率，新业务上线时间缩短50%，全渠道线上业务占比逐步提升至15%。

数据中台化：通过建立数据中台和经营分析体系，为营运部门提供灵活的数据分析支持。数据中台化可以实现数据的集中管理、共享和利用，提高数据的价值和效率。数据中台化可以帮助大润发实现全域数据的采集、清洗、整合、分析和应用，为业务决策提供数据支撑和智能推荐。

门店数字化：门店数字化，采用巡迹分析门店客流和动线，电子价签进行动态调价，提升门店变价及时性、准确性，降低人工和耗材成本。

通过以上几个方面的合作，阿里巴巴为大润发提供了全方位的数字化解决方案，助力其实现新零售的转型升级。据统计，大润发超过100家门店完成数字化升级，同时，采用智能接入网关，建立门店与总部、门店与阿里云的高可靠访问链路，相比专线成本降低60%。

由此可见，大数据技术在支持新兴产业崛起同时，也可以帮助传统行业提高效率和竞争力。阿里巴巴作为大数据技术的创新者，不仅赋能自身的业务发展，也赋能传统行业的转型升级。阿里巴巴与大润发的合作是一个成功的案例，展示了大数据技术在传统行业转型升级中的应用和价值。

3.3 ➡ 大数据如何影响世界

在前面两个小节中，介绍了几个重要国家和大型科技企业的大数据发展战略。不管是国家还是企业都在大数据赛道上相互追赶，这使得大数据技术飞速发展。与此同时大数据技术的发展已然对世界的方方面面都产生了重要的影响，不管是宏观上的科技、经济发展，还是每一个具体的人。习近平总书记也在十九届中共中央政治局第二次集体学习时的重要讲话中指出："大数据是信息化发展的新阶段"。如图 3-9 所示，大数据对世界的影响是非常广泛的，本节将围绕大数据对于科学研究、社会变革、企业建设、个人发展四个方面的影响进行总结介绍。

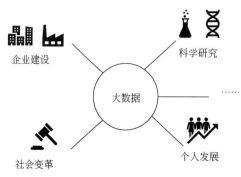

图 3-9 大数据对世界的影响拓扑图

（1）科学研究

首先，大数据技术为科学研究带来了新的机遇。过去科研工作者的研究数据非常有限，这也限制了研究方法的探索。但是大数据时代，这个限制被不断突破，基于大量数据的科研成果不断涌现。例如，人工智能技术的研究就离不开大数据的发展，特别是近些年人工智能领域研究最火热的"神经网络"就需要大量的数据。虽然"神经网络"在 20 世纪就已经出现，但是受制于当时计算机算力以及数据量的限制，当时的效果不如只需少量数据的机器学习算法。在 2.1 小节提及的人工智能 ChatGPT 就是一种基于神经网络的技术，需要大量的数据进行训练。此外，各个领域的数据都大规模地增长，通过对海量数据的分析，科学家可以发现新的知识和规律，揭示自然界的奥秘。天文学家通过对大量的天文数据进行分析，可以更深入地了解宇宙的起源和演化。医学研究也可以从大数据中获益，例如通过分析大量的基因数据，医生可以更好地了解疾病的发病机制，并研发出更有效的治疗方法或药物。

（2）社会变革

梅宏院士在人大讲座中提到："大数据为人类提供了全新的思维方式和探知客观规律、改造自然和社会的新手段，这也是大数据引发经济社会变革最根本性的原因。"大数据技术使得社会变得越来越依赖数据驱动。随着科技的进步，各种传感器和设备能够收集到大量的数据，这些数据提供了对社会现状和趋势的全面了解。政府、企业和科学研究者都能够利用这些数据来优化决策、提高效率和提升服务质量。例如，通过分析犯罪数据，警方可以更有效地维护社会安全。可以说大数据技术加速了社会变革的进程，通过数据分析能够更快地发现问题和机会，并采取相应的行动。

大数据技术的发展也带来了新的就业机会。随着大数据技术的发展，需要专业人才来管理和分析大数据。数据科学家、数据工程师、数据分析师等岗位可能会成为未来就业市场中的热门岗位。因此，为了应对大数据技术的发展，高校和培训机构也开设了更多的大数据相关专业与课程，将培养更多的大数据专业人才。

当然，大数据技术也带来了新的社会问题。随着数据量的增长，数据隐私和安全问题日益突出，需要通过相应的法律和技术措施加以解决。例如，随着物联网和人工智能技术的发展，大量个人数据被收集和分析，这需要通过数据保护法规来确保个人隐私得到保护。

（3）企业建设

在大数据时代，除了大数据相关的企业不断发展，也有越来越多的传统企业开始向数字化企业转型，大数据技术可以帮助企业更好地了解客户需求和市场趋势，从而提高企业的客户服务水平和销售效率。例如，在电商领域，企业可以利用大数据技术更好地了解客户购买习惯，并且有针对性地向客户推送商品，提高销售额和客户满意度。大数据技术也可以帮助企业更好地管理资源和优化运营。例如，通过对生产线和物流网络的监控和分析，企业可以更好地调度资源和优化运营流程。大数据技术还可以帮助企业提高研发和创新能力。例如，通过对研发数据和专利数据的分析，企业可以更好地研发新产品和新技术。

大数据技术是企业发展的重要驱动力，它可以帮助企业提高经营效率和创新能力，提升竞争力。但是，企业也需要注意大数据技术所带来的风险，如数据安全和隐私保护。

（4）个人发展

从个人发展的角度上看，大数据可以帮助个人更好地了解自己，提高自己的能力和技能。例如，通过分析个人的社交媒体数据，可以了解个人的兴趣和偏好，从而帮助个人找到更适合自己的职业和学习机会。此外，大数据还可以帮助个人更好地了解市场需求和就业机会，并帮助个人更好地定位自身在就业市场中的地位。随着大数据和人工智能技术的发展，对大数据分析和处理能力的需求将会增加，因此掌握大数据技能将有助于提升个人在就业市场中的竞争力。

虽然大数据在很大程度上促进了个人的发展，但是这也更容易让人陷入"信息茧房"。"信息茧房"指的是人们在信息环境中被单一观点、信息或偏见所包围的状态，这种状态会对人们的思考、判断和决策产生负面影响。比如在浏览社交媒体或是短视频平台时，人们很容易把个人的偏见误认为是真理的存在，这也加强人们的偏见和成见，导致他们很难更换观点和思考方式。因此，在大数据时代，对于个人而言，应当保持自己的判断力和鉴别力，跳出"信息茧房"，让自己能够做出更加全面、客观、科学的决策。

总之，大数据已经成为当今世界发展的重要驱动力之一，也不断改变着世界，人们需要更好地利用大数据技术，提升自己，为社会做出贡献。最后，大数据技术的发展也带来许多新的机遇与挑战，接下来的各个章节将会介绍大数据在各个领域的应用。

小结

本章介绍了世界各大强国在大数据时代的发展战略，以及国内外具有代表性的大企业是如何在大数据时代脱颖而出的。此外，本章还介绍了大数据对于各领域的影响。不论是国家还是企业，都在努力抓住大数据时代的机遇，发展数字经济，保障数据安全，实现智能化转型。而身处大数据时代的每一个人也离不开大数据的发展与变革。"日月掷人去，有志不获骋"，只有紧随大数据的潮流，才能不被这个时代所抛弃。

参考文献

[1] Nick R. TECHNOLOGYRanked: The Top 50 Most Visited Websites in the World.[OL]. https://www. visualcapitalist. com/top-50-most-visited-websites/

[2] Google. Orgnaizing Information-How Google Search Works.[OL]. https://www.google.com/search/howsearchworks/how-search-works/organizing-information/

[3] Jason W. Gmail Users: How many people use Gmail in 2023?[OL]. https://earthweb.com/how-many-peopleuse-gmail/

[4] The Register. It's a crime to use Google Analytics, watchdog tells Italian website.[OL]. https://www.theregister. com/2022/06/24/italy_google_analytics/

[5] Google. About Google.[OL]. https://about.google/

[6] Samuel A. Here's why Apple believes it's an AI leader—and why it says critics have it all wrong.[OL]. https://arstechnica.com/gadgets/2020/08/apple-explains-how-it-uses-machine-learning-across-ios-and-soon-ma cos/#h1

[7] Apple. Privacy-Features-Apple.[OL]. https://www.apple.com/privacy/features/

[8] 腾讯大数据. 大数据江湖十年：腾讯底层技术的进化往事. [OL]. https://zhuanlan.zhihu.com/p/384967208

[9] 腾讯云. 2022 腾讯全球数字生态大会大数据专场召开，多款大数据应用产品全新发布. [OL]. https://view. inews.qq.com/a/20221201A06WTZ00

[10] 阿里云. 工业大脑_工业互联网平台_智能制造. [OL]. https://www.aliyun.com/product/ai/brainindustrial

[11] 阿里云. 阿里云-数据智能平台. [OL]. https://datapaas.aliyun.com/product/idata

[12] OpenAI. ChatGPT: Optimizing Language Models for Dialogue[OL]. https://openai.com/blog/chatgpt

[13] Sunstein C R. Infotopia: How many minds produce knowledge[M]. New York: Oxford University Press, 2006.

[14] 张真. 数字环境下高校图书馆教育服务提升策略研究[D]. 杭州师范大学，2016.

[15] 李荣. 国外主要大数据战略[J]. 计算机与网络，2019，45（1）：42-43.

[16] 闫亚飞，张立佳，贾苹. 大数据领域研究态势及热点分析[J]. 河北省科学院学报，2021，38（5）：50-61.

[17] 青秀玲，董瑜. 英国政府发布《国家数据战略》[J]. 科技中国，2021，1：101-104.

[18] 顾颖. 大数据时代背景下政府管理创新研究——以南京市为例[D]. 东南大学，2018.

[19] 李振. 大数据时代国家信息安全面临的挑战及对策研究[D]. 苏州大学，2018.

[20] 武锋. 加快大数据发展是大势所趋[J]. 全球化，2016，4：91-102.

[21] 包霞琴，黄贝. 日本网络安全政策的现状与发展趋势[J]. 太平洋学报，2021，29（6）：51-61.

[22] 孔德强. 基于异构图的实体关联性挖掘[D]. 北京交通大学，2018.

[23] 王辛楠. 大数据背景下我国精准宏观调控研究[D]. 上海财经大学，2020.

[24] 梅宏. 大数据发展现状与未来趋势[J]. 交通运输研究，2019，5（5）：1-11.

第 **4** 章

社交媒体大数据

近些年来，随着互联网的飞速发展，越来越多的人使用网络查阅资料、购买商品以及联系交流，一个庞大的社交网络逐渐形成。为了方便人们更好地聊天交流、分享生活，社交媒体搭建起交流的平台，允许用户编辑和分享文字、语音、图片和视频等多样的信息，将人们紧密联系在了一起，极大改变了人们的生活。起初，QQ、微信等社交软件的兴起建立了人们通信的纽带。随着信息的积累和大数据技术的发展，淘宝、哔哩哔哩等软件的兴起为人们提供了购买优质商品、观看各类视频的服务，给人们的生活带来了极大的便利。本章将以大数据在社交媒体（social media）中的应用为切入点，从社交媒体的发展历史、关键技术、典型应用场景和应用实例等方面进行介绍。

4.1 ➲ 概述

随着移动互联网和智能手机的普及，社交媒体在如今的日常生活中可谓是无处不在，已经成为人际互动、获取资讯与服务的主要渠道：使用微信与朋友和家人保持联系，在网易云音乐平台分享交流感受，在电商平台和亲朋好友共同拼单享受优惠，通过微博实时了解当前热点事件，在抖音、快手等平台上发现感兴趣的短视频等。大数据技术在社交媒体的发展中起到了怎样的作用？社交媒体上又产生哪些数据促进了大数据技术的发展？本节将介绍社交媒体的发展历史及大数据技术在其中起到的关键作用，并对社交媒体上产生的海量数据进行介绍。

4.1.1 社交媒体发展历程

本小节将分国外和国内两个部分梳理社交媒体的发展历程（发展时间轴如图 4-1 所示），并介绍大数据技术在其中发挥的作用。

（1）国外社交媒体发展历史

国外社交媒体的历史可以追溯到 20 世纪 90 年代，当时第一个社交网站是 "SixDegrees"。SixDegrees 于 1997 年推出，一直活跃到 2001 年。该网站以 "六度分离" 理论命名，该理论表明地球上任何两个人之间最多只通过六个人就能建立联系。该网站允许用户创建个人资料、与朋友联系以及共享信息。该网站是最早允许用户上传照片的网站之一，也是最早允许用户根据自己的兴趣搜索其他用户的网站之一。SixDegrees 被认为是早期社交网络的先驱，但未能跟上该领域快速发展的步伐，功能更新缓慢，导致用户对其厌倦，从而大量流失，最终被关闭。可以看到，这个阶段社交媒体上的信息以文字为主，允许用户上传照片的功能才刚刚开始普及。这时想要添加其他用户，只能通过主动搜索，网站还无法做到智能推荐可能有关联或感兴趣的人。

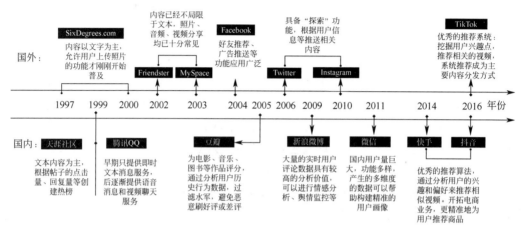

图 4-1　国内外社交媒体发展时间轴

Friendster 是 2002 年推出的社交网站，是最早广泛流行的社交网站之一，巅峰时期注册用户超过 1 亿。该站点允许用户共享照片和视频。MySpace 创立于 2003 年，也是早期最受欢迎的社交网站之一。该站点的特点在于为用户提供了一个与艺术家和乐队交流的平台，许多音乐家和乐队使用该网站来推广他们的音乐并与粉丝交流。在这个阶段，社交媒体上分享的内容已经不局限于文本，照片、音频、视频分享均已十分常见。随着用户数量的增多以及活跃度的提高，问题逐渐显现：这些多媒体数据需要更大的存储空间，对网络带宽、服务器处理速度也有更高的要求。2004 年，由于访问量过大，Friendster 服务器负载过重，导致网站速度缓慢甚至无法登录，大量用户因此而流失。

随着互联网的进一步普及与多元化发展，以 Facebook 与为首的社交媒体开始登上舞台。Facebook 是 2004 年推出的社交网站，由马克·扎克伯格和他在哈佛大学的一群同学创建，最早在哈佛大学试运行，之后迅速扩大到其他大学，并于 2006 年向公众开放。多年来，Facebook 已发展成为全球最大、最具影响力的社交媒体平台之一，每月活跃用户数以亿计。它还额外扩展包括了很多其他功能，如即时消息、实时流媒体等。在 Facebook 成功的背后，有着大数据技术的重要功劳。首先，通过分析用户的好友关系、兴趣和行为等因素，Facebook 会为用户推荐可能认识的人或可能感兴趣的小组，这项功能可以帮助用户扩大自己的社交圈子，与更多的人建立联系。其次，基于对用户浏览、点赞、评论等行为的分析，Facebook 会对用户可能的偏好进行预测，从而精准将相关广告推送到用户首页，这也是其获取盈利的一种方式。

随着移动互联网和智能手机的普及，Twitter 和 Instagram 等移动社交媒体平台相继推出。Twitter 以简洁的消息格式和短信类似的更新频率而闻名，Instagram 则以其图像分享功能而著称。这些平台上可分享的内容非常丰富，包括文本、照片、视频等。它们还具有称为"探索"的功能，允许用户发现新内容、新账户和当前热门趋势。探索功能的背后也是大数据分析技术在发挥作用，通过分析用户浏览历史等信息，挖掘用户喜好，推荐用户可能感兴趣其他的用户与内容，这些功能可以帮助平台吸引用户停留更长时间。

21世纪10年代之后，社交媒体进一步普及和演变，新兴的社交媒体平台如TikTok（抖音的海外版本）等开始流行起来。这些平台专注于视频分享，并取得了巨大的成功。TikTok以其富有创意且经常"病毒式"传播的视频而闻名，内容广泛，包含了从对口型和舞蹈挑战到教学和DIY等各类视频。截至2021年12月，TikTok在全球拥有超过10亿的月活跃用户。TikTok如此流行的一大关键是其优秀的推荐系统。它通过分析用户的浏览、点赞、评论、收藏等行为，挖掘用户的喜好，将类似的视频推荐给有契合兴趣点的用户，更容易引发用户产生共鸣。而当用户看到不喜欢的视频的时候，其观看时间会很短暂，甚至会特别标注要屏蔽这类视频，此时系统又会默默记下用户的行为，并减少相关内容推荐。可以看出，基于大数据分析技术的视频推荐系统是其成功的关键因素之一。

（2）国内社交媒体发展历史

国内社交媒体的发展可以追溯到2000年左右，在这个时期，中国社交媒体界的知名产品相继被推出。

在网络论坛方面，天涯社区是其中龙头。它于1999年成立，又名天涯网，是中国最早、最具影响力的网络论坛之一，拥有超过1亿注册用户。天涯社区为用户提供了一个讨论广泛话题的平台，包括政治、时事、娱乐和个人经历等，曾流传出《武林外传》《明朝那些事》等畅销作品。该平台以其生动多样的讨论而闻名。受限于那个年代的网络、储存等硬件条件，文本是该平台产生的主要数据类型。平台会根据帖子的点击量、回复量等创建一个热榜，汇聚实时热门帖，这是大数据分析技术在早期社交媒体平台的一个应用。

在即时通信方面，QQ是其中翘楚。QQ是由腾讯开发的中文即时通信软件服务。它于1999年首次发布，现已发展成为中国乃至全球最受欢迎的通信工具之一。刚发布时的QQ只提供即时文本消息服务，如今看来十分平常的语音消息和视频聊天服务都是后续逐渐上线。可以看出，在社交媒体发展的过程中，其产生的数据类型也是逐渐变得更加丰富多样。而更丰富的数据类型则帮助平台实现更加多样的功能。例如，如今的用户可以不需要通过键盘输入文字，只需说出想要输入的内容，QQ可以自动地将语音转化为文字，如图4-2所示，这背后其实是大数据的语音识别和自然语言处理技术在发挥作用。

图4-2　QQ提供的语音输入转文字功能

如果说 QQ、网络论坛所代表的是中国社交媒体的"蛮荒时代"，那么，随着移动互联网技术而兴起的以用户生产内容为核心特征的社交媒体平台，则标志着社交媒体黄金时代的来临。凭借过去 10 多年智能手机的全面普及，中国社交媒体也逐渐向移动端转移。同时，随着大数据分析技术的不断发展，社交媒体平台上产生的大量数据也有了更多用武之地。

新浪微博是一个类似于 Twitter 的中文微博网站，由新浪公司于 2009 年推出。用户可以发布称为"微博"的短消息，其中可以包括文本、照片和视频，并通过回复、转发或点赞其他用户的微博来进行互动。微博的简短信息格式和实时性特点，吸引了大量用户加入，为用户提供了一个可以方便地发表个人观点的平台。由此产生的大量数据，尤其是评论数据，是一座"富矿"。例如，商家可以从用户对某件产品的讨论中，推断出产品的优缺点以及用户的需求和意见，由此获得改善产品的方向，并可以制定更有针对性的营销策略。

微信是一款由腾讯开发的多功能应用程序。它于 2011 年首次发布，此后已成为中国最受欢迎和使用最广泛的应用程序之一。经过十多年的发展，现在的微信提供十分多样化的功能，包括即时消息、语音和视频通话功能、社交媒体、移动支付、电子商务、直播、游戏等，如图 4-3 所示。由于微信用途十分广泛，其产生的数据也更加多样，这些多维度的数据可以帮助微信更加精准地构建用户画像，为用户推荐各种商品或服务。

图 4-3　微信提供的丰富功能

抖音和快手都是近几年来兴起的短视频制作和分享应用。它们的一大特点是推荐算法，通过分析用户的兴趣和偏好来推荐相似视频。凭借这项技术，它们取得了巨大的成功，成为目前国内广受欢迎的短视频应用。这些平台也开展了电商业务。相比于传统电商平台，它们在电商业务上具有独特的优势。首先，知名主播受关注度高，有大批量的粉丝，商家可以通过请主播带货来迅速提高品牌知名度。其次，短视频平台主要通过视频内容进行推广，相比于传统电商平台的图片，这使得用户可以更直观地了解产品，提高购买意愿。第三，电商业务与社交功能紧密结合，用户可以在平台上观看他人的购物体验，并通过评论和互动与他人交流，更全面了解产品。短视频推荐技术也可以类似地应用于商品推荐技术，从而更精准地为用户推荐商品。

此外，还有一些较为小众的社交网络平台，如豆瓣等。豆瓣主要关注于电影、音乐、图书等文化领域。评分系统是豆瓣平台最重要的功能之一，用户可以为每一部电影、音乐、图书作品打分，从一星到五星不等。但不是每个用户都拥有相同的权重，豆瓣平台会分析用户在平台上的历史行为数据，从而避免有人恶意刷好评或者差评，从而尽量保障作品评分的客观与公正性。此外，通过大数据技术分析用户的评价、评论、喜好等信息，豆瓣会为用户提供个性化的推荐，如图4-4所示。同时，豆瓣还会研究用户评价、评论、推荐的趋势，了解文化内容的受欢迎程度。这些大数据技术的应用帮助豆瓣平台提高了用户体验，吸引了更多的用户。影视作品的投资方也可以利用豆瓣平台上的评论文本，分析观众喜欢的元素，从而确定指导影视投资方向等。

图4-4　豆瓣根据大数据分析提供的电影推荐

经过二十余年的发展，中国已成为全球最大的移动社交媒体市场，而以微信为代表的移动社交网络在网民中的普及率也已接近饱和。随着市场规模的飞速扩大，移动社交媒体所承载的社会交往和信息传播功能也在不断革新，持续重构着从人际互动、娱乐和工作方式到交易和服务模式等各个社会生活层面的底层逻辑，从而深刻改变了当代社会的方方面面。

4.1.2　社交媒体数据类型

通过对社交媒体发展历史的介绍可以得知，随着互联网的发展，社交媒体上的内容越来越丰富。早期社交媒体上主要产生文字内容；随后图片逐渐出现，使得社交媒体平台内容更加丰富；随着网络带宽的提高和5G网络的普及，社交媒体上音频、视频内容越来越多，是社交媒体未来的发展趋势。

由此可知，从内容形式区分，社交媒体大数据包含以下几种类型：
① 文本数据，例如用户发布的帖子、评论、消息等；
② 图像数据，例如用户上传和分享的照片、表情包等；

③ 音频数据，例如分享的歌曲、用户自制的播客内容等；

④ 视频数据，例如用户的直播视频，以及用户自制的短视频等。

其中，文本和图像是社交媒体大数据的基础组成部分，而音频和视频正逐渐占据更大的比重。

如果从来源区分，则有以下几种类型：

① 用户数据，包括用户的个人信息，如名字、年龄、性别、地址等；

② 互动数据，包括用户之间的互动数据，如点赞、评论、关注等；

③ 浏览数据，包括用户浏览过的内容，以及停留时长等；

④ 位置数据，包括用户在社交媒体上发布的带有地理位置信息的内容；

⑤ 搜索数据，包括用户在社交媒体上的搜索关键词和搜索历史；

⑥ 流量数据，包括用户在社交媒体上的浏览量、点击量等。

通过这些数据，可以为社交媒体上的用户进行画像，分析其行为特征、情感倾向等，以及了解市场趋势和消费者群体的需求，从而帮助商家更好进行产品的改进与营销。

4.2 ◯ 社交媒体大数据关键技术

4.1 节介绍了社交网络的发展历史和数据类型，相信读者对于社交网络有了初步的认知。使用大数据技术用于处理和分析数据，将其转化为对人们有用的信息或知识尤为关键。本节主要针对社交媒体中常用的两项数据处理和分析技术——图像分析和自然语言处理技术进行介绍。

4.2.1 图像分析技术

心理学家赤瑞特拉曾经做过两个著名的实验，发现人类所获取的信息有 80% 以上是来自视觉，而图像和视频则是其中两种最常见的数据形式，如图 4-5 所示。一方面，随着互联网的发展与普及，图像视频平台迅速发展，海量的用户将自己拍摄的图像和视频等通过社交网络上传，另一方面，安防系统迅速发展，在商场、车站、公路等场所遍布的摄像头也能采集到大量的图片和视频信息。这些方式都极大地丰富了图像数据库和视频数据库。与此同时，计算机等设备也拥有了存储大批量信息的能力，为图像分析技术（image analysis technology）提供了必要的数据基础和硬件基础。有了坚实的数据基础、良好的计算机设备以及先进的软件算法，图像分析技术通过对已知信息的分析挖掘，获取对图像中景物的感知、描述和理解等方面的智能信息，具有广泛的应用。由于视频也可以看作是一帧帧图像拼接而来，本小节不再另外阐述视频分析技术。这里，我们将从图像识别、图像处理结合简单的应用案例分别具体介绍。

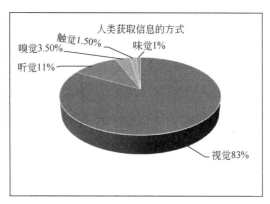

图 4-5　人类获取信息的途径统计

（1）图像识别

图像识别（image recognition）能够通过分析图像，使机器具有类似人眼的功能，能够自动识别出图像中包含的人、物等，最后反馈结果。图像识别技术已经深刻地改变了人们的日常生活。例如，智能手机常用的扫码支付功能，可以从图像中自动识别定位二维码；淘宝、京东等购物平台的拍照识物功能，方便人们随时随地购买自己心仪的物品；在使用智能手机拍照时，可以根据拍摄到的图像自动识别人物和景观并调整模式进行聚焦。在众多的图像识别应用中，人脸识别是最常用的技术之一，本节将以人脸识别（face recognition）为例，展开介绍图像识别技术。

人脸识别技术利用摄像机或摄像头采集含有人脸的图像或视频数据，结合计算机视觉算法，识别人物身份。它主要可以分为图像预处理、特征提取和识别三个步骤，整个过程如图 4-6所示。首先，将目标图像数据输入，对其进行一些预先操作，比如对图像中的噪声白点进行清除等。这有利于排除无关信息的干扰，恢复和使用真实有用的信息。接下来对预处理加工后的图片利用特定算法进行特征提取。特征提取的目的在于挖掘并存储其中人像的显著长相特点，比如浓眉毛、大眼睛、金色长发等可以作为提取到的特征来判别当前人像的身份。最后，结合这些提取到的人像特征，在存有海量人像的数据库中进行搜寻比对，反馈相应的识别结果。

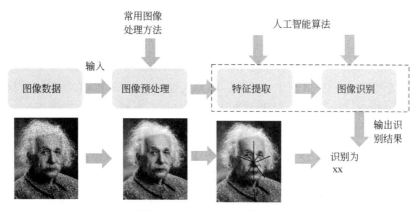

图 4-6　人脸识别技术框架

现如今，人脸识别技术已经相当成熟，应用领域也越来越广泛，如图 4-7 所示。在企业、住宅安全管理方面，人脸识别逐渐成为门禁考勤的一种重要方式。同时，一些先进的防盗门也增加了人脸识别的功能，以保护用户安全；除此之外，人脸信息已经成为电子护照或者身份验证的一种方式，比如最近流行的刷脸支付将人脸信息用于付款的身份验证。在网页信息安全保障方面，人脸识别可以作为手机解锁或者登录电子银行的凭证。而在公安、司法和刑侦领域，人脸识别技术也大有作为，警方可以结合公共场所的监控系统捕获人像数据，利用人脸识别系统，与预先建立的在逃人员信息库比对，在全国范围内搜捕逃犯。

企业、住宅安全和管理	信息安全	电子护照及身份证	公安、司法和刑侦
人脸识别门禁考勤系统 人脸识别防盗门	手机登录、电子银行登录	利用电子身份证建立数据库	利用人脸识别系统和网络，在全国范围内搜捕逃犯

图 4-7　人脸识别应用领域

（2）图像处理

与上一小节介绍的图像识别技术不同，图像处理技术（Image Processing Technology）侧重于对图像的内容进行变换操作。其主要依托于图像变换技术（Image Transformation Technology），可以对图片进行裁剪拼接等，也可以修改图片中的要素，进行各类风格转换。以大家常用的各种修图软件为例，图片经过旋转、裁剪、拼接和美化等操作后，再发布在朋友圈，逐渐成为大众分享照片的常态。最近，一种通过人物照片变化风格生成卡通人像的操作也得到了众多年轻人的追捧，与此同时，从被处理后的图片中恢复出原有的图像也是当前的热门技术；与朋友视频聊天时，用户常常会通过图片处理功能进行美颜、佩戴虚拟装饰物甚至换脸等使得自己更加上镜。本小节以 AI 换脸（AI Face Swapping）为例来介绍图像处理技术。

AI 换脸就是把一段视频、或是一张图像中存在的五官进行变形处理，替换变成一张新的脸。这里的替换并不是简单的剪切和覆盖，而是基于人工智能算法修改原有的人脸特征，在适应图片的情况下改变人在图像中的样貌。一张高质量的换脸图像能够达到"以假乱真"的效果，难以用肉眼进行分辨。AI 换脸技术对于艺术创作和隐私保护都有重要的意义。其可以广泛应用于电影中的特效制作，比如，电影《速度与激情7》的导演使用换脸技术"复活"了去世的主角保罗·沃克，大家很难辨别出主角是换脸合成的。此外，北京冬奥会使用 AI 换脸技术构造出虚拟手语主持人来代替机器人，显得更加亲切活泼。除了艺术创作，AI 换脸还能够在休闲娱乐方面发挥重要的作用。为了能有更好的形象，各类视频平台的娱乐主播可以利用 AI 换脸使得自己的形象更有明星风范，从而吸引到更多人的关注。与此同时，部分网络用户喜欢在小红书、微博等开放平台上分享生活。用户为了避免隐私信息泄露，采用打马赛克的方式遮挡脸部信息会显得刻意，影响图片的美感。但是，通过 AI 换脸技术，既可以保留脸部运动表现方式使得画面和谐自然，又可以保护动态发布者在平台上的隐私安全。

4.2.2　自然语言处理

4.2.1 节针对图像数据，具体介绍了图像分析技术。其实在社交媒体中，与图片和视频相比，人们最常用的是文字信息。本小节将详细介绍同样在社交媒体中具有重大作用的自然语言处理技术。在整个人类历史上，有超过 80%的知识依靠语言和文字的形式记载和流传至今。随着时间的推移，语言种类逐渐变得丰富。得益于近些年来互联网的飞速发展，越来越多的人能够通过社交媒体进行交流，无论是网站、博客中的文章还是社交软件的聊天消息，都极大丰富了语言信息库。而自然语言处理（Natural Language Processing）可以利用计算机对自然语言进行识别、分析、理解和加工，实现人机之间的信息交流。当前这种技术具有丰富的表现形式，本节会从文本理解（Text Comprehension）、语音识别（Speech Recognition）、机器翻译（Machine Translation）3 个方面对自然语言处理进行介绍。

（1）文本理解

文本理解利用自然语言处理技术对长文本进行挖掘和分析，进而提取出文本中隐含的高质量的知识信息，相对传统的人工处理极大提升了效率。其涉及的主要任务包括文本分类、情感分析等，本小节将围绕这两个方面进行介绍。

在今日头条等常用的新闻类软件中，为了给不同的用户推荐不同类别（如科技类、体育类和生活类等）的新闻，这类软件需要将不同类别的文本进行分类，以便完成个性化的推荐。文本分类（Text Classification）是文本理解的一个重要分支，通过挖掘和分析文本，提取出文本的特征和隐含知识，然后把相同类别的文本数据进行归类，最终实现文本资源的收集整合以及文本知识的归类总结。以一个具体的例子来理解，网页后台在制作新闻时会拿到不同的文本，文本分类任务可以通过特定算法挖掘和分析这些文本的特点，比如文本主题和写作风格。然后算法根据特点自动分类，从文本主题和写作的关键字入手可以分为各大新闻主题，如科技类新闻、娱乐类新闻和体育类新闻等。最后，平台将不同类别的文本分类整合放在不同的板块下方便用户高效查看。

文本分类侧重于关注文本的用词和语言风格以及后续的分类任务，但是任何文本都不只是简单的文字和知识，它也会蕴含着写作者的主观的情感。高情商的人能够在和别人谈话的过程中观察对话者的用词、语气和脸色等发掘他们隐含的情感，从而了解到别人对于某件事情的看法和意见。同样的，情感分析可以进一步准确了解文本中想要表达的观点和情绪，获取他人的情绪和意见，为自己的决策和工作提供相关的指导。简单来说，文章中的形容词、否定词以及标点符号等都能够代表这段文字暗含的情感，鲜活的形容词可能暗含愉悦的心情，多次出现的否定词或许宣泄着心中的不忿，而感叹号的使用则可能表达欣喜和激动。情感分析在不同方面也具有广泛的应用。在休闲娱乐方面，影院可以通过观众的评论分析大众对电影的情绪，进而预测电影的口碑和票房，以此增加或者减少排片；在网络销售方面，通过分析用户评价可以了解用户的情绪，推算大众对产品的满意程度，进一步改进自己的产品或服务。

（2）语音识别

随着社交软件的兴起，除了文字输入，语音聊天也逐渐成为了流行的交流方式。有的时候，人们可能不方便听别人发送的语音，这个时候就需要将声音转换为文字。本小节主要介绍自然语言处理在语音识别中的应用。

语音识别主要是在接收到语音之后，将声音信号转换为文字输出。首先机器接收到语音，将其生成初步的文本。由于中文的同音字较多，即使能够辨认输入的语音，确认输出是否正确仍然十分困难。这时还需要根据语法规则和用语习惯等知识，借助相关算法对文本进行纠错和修改，经过润色和完善后输出最终的识别结果。

语音识别应用范围非常广泛。在社交领域，通过语音输入提高线上聊天效率。与此同时，"语音转文字系统"还可以帮助人们转换语音甚至能够帮助大家理解方言。在居家生活方面，可以通过语音识别与声纹识别来辨识房间主人的指令来操控灯光、热水和电源等，极大地便利了人们的生活。在智能客服领域，语音识别有助于分析挖掘客户的潜在需求，为后续提供相关服务做好准备。

（3）机器翻译

不同国家甚至地区的语言不尽相同，在国际化交流中，对话者需要借助机器对不同的语言进行翻译以克服语言障碍。随着计算机和人工智能的进一步发展，各类翻译软件不断涌现，翻译的精确度也越来越高。本小节将主要介绍自然语言处理在机器翻译中的应用。

常用的机器翻译方法可以分为基于统计的机器翻译和基于神经网络的机器翻译。基于统计的机器翻译将输入的长语句切分为短句或更小的语言单位；接着借助经过长期统计建立的语料库中进行比对，找到当前语言下的词句对应的目标语言下的词句；然后将这些目标语言下的短句或语言单位进行拼合，能够得到初步的翻译结果；最后再结合语料库中的用语习惯进行修改和调整，输出最终的结果。而基于神经网络的机器翻译则不需要拆分语句。它利用神经网络挖掘和分析语句信息，模拟人脑的思考方式进行翻译；它不仅会考虑每个词语翻译的局部准确性，还会考虑语句是否通顺、是否符合上下文的逻辑等全局信息。相比于基于统计的翻译方法，基于神经网络的翻译的流畅度和连贯性有了非常显著的提升，更加符合人们对机器翻译的需求。

机器翻译的广泛应用价值不言而喻。在科研工作方面，机器翻译可以帮助工作人员理解外文资料，快速推进项目；在休闲娱乐方面，机器翻译能够在人们外出旅游时为游客提供帮助，方便和当地人进行沟通交流；在社交方面，不同国家的用户可以使用机器翻译阅读网页或 APP 中的文本实现更好的沟通。

4.3 ❯ 社交媒体大数据典型应用场景

在社交媒体中，来自用户的文本、图片、视频等多种形式的信息每时每刻都在以惊人的速度产生和传播，这些数量庞大、形式多样的信息构成了社交媒体的数据库，蕴含着难以估量的应用价值。本节介绍几个社交媒体大数据的典型应用，主要包括用户画像（User Profile）的构建、推荐系统（Recommender System）和社交媒体用户的情感分析（Sentiment Analysis）三个方面。

4.3.1 用户画像

本节介绍互联网社交媒体中一个用途极为广泛的概念——用户画像。当下很多互联网企业会根据用户的基本信息和网页浏览内容、社交活动、消费行为的信息，抽象出一个标签化的用户模型，这就是所谓的**用户画像**。图 4-8 展示了一个用户画像的示例。根据图中的女性用户在社交媒体上留下的操作记录，结合其各方面的信息，平台可以推测出她的一些基本属性，如"追求时尚""高学历""看美剧""月光族"等。这些"标签"组成了这名女性的"用户画像"，并成为各个媒体平台给她提供精准服务的重要依据。

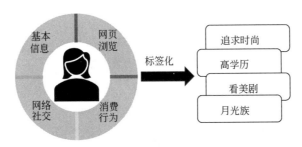

图 4-8　用户画像示意图

本节将首先介绍用户画像的使用场景，接着以商业领域的用户画像为例，介绍在社交媒体中，电商平台如何使用用户画像技术，实现精准营销（Precision Marketing），最后整理出用户画像面临的一些挑战，进而指出用户画像技术未来的发展方向。

（1）用户画像的使用场景

用户画像的用途非常广泛。例如，以淘宝为代表的电商平台，会借助消费者的用户画像描述其消费需求，从而推算出可能的消费行为，帮助电商平台设计更有针对性的营销策略；以抖音为代表的短视频平台，会根据用户历史浏览的视频记录，推断用户可能感兴趣的视频类型，进而更有针对性地推送视频，并适时地推送一些广告内容；以微博为代表的社交平台，会通过用户的历史评论、浏览话题记录以及一些基本信息，推断出该客户感兴趣的话题，或者对一些有着过激言论的用户进行监控，必要时实施警告和干预，维护清洁的网络环境。

（2）用户画像的具体应用——以精准营销为例

正如上一节中介绍的，在社交媒体中，用户画像的用途是丰富多样的。具体而言，用户画像在商业领域用途最为广泛，且逐渐成为互联网营销的重要的组成部分。在商业领域，用户画像能够帮助企业了解客户消费偏好、大众消费趋势等重要信息，把握市场走向，为企业实现精准营销提供决策支持。因此，本节以商业中的用户画像为例，介绍电商平台如何构建用户画像，以及电商平台如何利用用户画像实现精准营销。

根据用户画像，电商平台会使用一些现代的信息技术手段，分析顾客潜在需求，给顾客提供个性化的服务内容，这就是使用用户画像进行精准营销的基本思路。例如，运营商会投其所好，给喜欢喝酸奶的人群优先推送鲜酪乳的购物链接。大数据的使用，使交易模式从最初的人找货物变成了现在的货物找人，让销售方能够依靠更低的成本，获得更大的效益。

以下将举例介绍电商平台如何建立所谓的"用户画像"，进而实现精准营销。首先，电商平台把用户的年龄、性别、职业等原始数据，以及用户在平台上的购买次数、购买间隔、购买类型等的事实记录收集起来，利用一些数据分析方法，挖掘出这些数据彼此之间的相关关系，可以给每个用户贴上定制化"标签"，即所谓的用户画像。例如，根据图 4-9 中所示男性的基本信息，可以给他贴上"在读本科生""00 后"的标签；而根据他在肯德基等餐厅的消费记录，可以给他贴上"肯德基常客"的标签；根据他在淘宝上浏览过的英语四级备考资料的记录，可以给他贴上"英语考试资料"的标签；根据他最近在淘宝上的手机购买记录，给他贴上"购买智能手机"的标签；此外，平台还会进一步生成一些购买趋势标签，例如"西式快餐爱好者""手机壳/手机膜需求"等。当然这类的标签是根据先前的那些事实标签推算出来的，不一定准确。

图 4-9　用户画像的构建举例

有了用户画像，电商平台会尝试根据用户特点，推测出用户的潜在消费需求，并且优先推荐更符合用户需求的商品。如图 4-10 所示，对于上述消费者，电商平台给他的大部分属性都匹配上了能够满足对应需求的商品。当该用户再次浏览电商平台时，就会被这些为他量身定制的商品所吸引，并且很大程度上会购买相应产品。至此，电商平台完成了精准营销。很显然，上述步骤需要有足够强大的数据分析技术作为支撑。

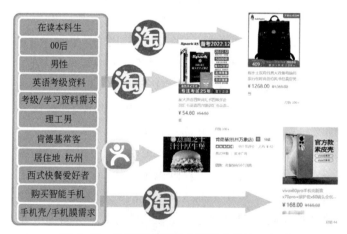

图 4-10　利用用户画像实现精准营销示意图

（3）用户画像构建挑战

当前，用户画像在互联网社交媒体上的实践已经十分普遍，并延伸出了许多相关技术，但是，构建用户画像的相关技术仍有许多亟待解决的问题。本节重点阐述构建用户画像的两个重要挑战，并以此延伸讨论用户画像技术的后续发展方向。

挑战一： 数据的隐私"壁垒"导致多维度的用户数据获取困难。

从上述例子可知，互联网社交媒体平台用户画像的构建，可以考虑多个维度的用户数据，如用户的网页浏览记录、发表评论记录、消费行为等。但是，事实上，这些多维度的数据是很难获取的。因为许多社交媒体 APP 在使用者眼里往往只承担着单一的功能，这导致相关企业能获取的用户数据类型非常局限。例如，人们通常利用 QQ 或微信与他人进行通讯，用淘宝进行网上购物，用豆瓣、微博发表公开评论。即便采集各方面的数据在理论上是可行的，在实际情况中却是很难落实的。为了解决这类问题，有些大型互联网企业会抢先推出各个方面服务，或者和其他类型的互联网企业形成互补。例如，阿里集团同时拥有支付宝、蚂蚁花呗、口碑等服务内容，这三方应用在同一个企业生态体系下，用户数据可以互相共享：支付宝能提供用户的消费记录，反映用户的消费习惯和消费能力；蚂蚁花呗记录用户的借贷历史，反映用户当下的经济条件、信用程度和偿还能力；口碑能够提供用户在餐饮、观看演出等购物记录或者浏览记录，能够反映用户的消费倾向、位置信息、爱好等。利用多个方面的信息，阿里平台能够构建出更加全面、更加多维的用户画像。但是对于现下大部分的企业来说，这些数据的共享难以实现，因为数据的共享受限于个人的隐私保护问题和商业平台之间的互相竞争等诸多复杂的因素影响。综上所述，如何以更好的方式实现数据"破壁"共享，是互联网社交媒体平台需要克服的一个重要难题，或许能带来用户画像技术的新突破。

挑战二： 用户画像构建的技术不成熟造成精准营销的实际效果并不理想。

猜测他人的喜好本身就是一件比较困难的事情。虽然用户画像的构建过程非常清晰，但是不同平台的实际构建效果却天差地别。例如，在本节的例子中，消费者有购买手机的行为，一般的用户画像可能错误地认为这种行为反映了消费者的购物偏好，认为他"喜欢购买电子产品"，因而下一次又会给消费者推荐其他款式的手机。但事实上消费者刚刚购买了手机，在很长一段时间内是没有这方面的购买需求的，因此基于这样的推荐系统做出的营销并不"精准"，反而非常低效。反之，真正有效的用户画像会在"手机购买"的基础上更进一步，即像人一样思考，给出"手机壳/手机膜需求"的用户标签，指导电商平台给消费者推荐手机壳、手机膜这类的商品。但是，这种的推测能力是很难实现的，现在的许多平台的用户画像并不够成熟。但是，好的用户画像直接影响了推荐系统的最终效果，因此，不断提升推荐系统的完备性、精确度会给互联网企业带来更多的商机。例如，字节跳动在 2016 年斥资成立了一个人工智能实验室，旨在不断精练推荐的准确性，让客户黏度不断增加。充分利用大数据资源，不断追求技术革新，是字节跳动不断发展的成功密码。

4.3.2 推荐系统

上节中分析了用户画像的相关内容，其实用户画像在互联网推荐系统中用途很广泛。具体来说，在人们浏览各种网页，使用各类视频平台或购物软件时，某些社交媒体 APP 总会给用户生成定制化的用户界面。并根据用户的喜好推荐感兴趣的相关内容，或直接推送一些热点的新闻。这些个性化界面的形成以及对于用户感兴趣的信息的精准推送，都离不开推荐系统的帮助。本节将从背景、具体概念、原理和应用领域介绍推荐系统。

（1）推荐系统的产生背景

推荐系统的产生离不开互联网的飞速发展。随着科技的进步，互联网不断丰富和便利人们的生活，满足人们不同的需求。首先，任何人都能够在网络上获取信息、发布信息，通过手机的各种 APP，电脑的各种网页消息，互联网用户每天都能发布和接收海量的信息，这也促使着人类进入了信息爆炸的时代。这些过载的信息超过了所能接受和有效利用的范围，提取有用的信息显得愈发困难，筛选出符合用户偏好，适应人们需求的信息显得十分重要。其次，随着社会的进步与物质条件的进一步改善，大家不再局限于基本的食品和住宿需求，阅读、购物和社交等消费需求日趋增多。此外，由于个体间的喜好极具个性化，不同人的需求也有了较大的差异，非畅销品所占据的市场份额相比热销产品并不逊色。正如图 4-11 所示，热门产品销量大但是种类更少，而不同用户喜欢的产品不同，虽然销量较小但是种类繁多，使得销量呈现出起始高但是逐渐扁平化的长尾曲线，这也就是常说的长尾效应。所以，针对不同网络用户的个性化需求，合理向其推荐他们感兴趣的产品、信息或服务，准确地推荐长尾商品是非常必要的。综合以上三点内容，能够充分利用海量数据的推荐系统应运而生。

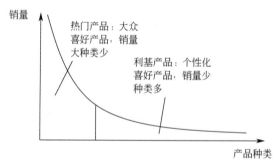

图 4-11　长尾效应示意图

（2）推荐系统的概念

同样是对用户需求信息的定位，搜索引擎（Search Engine）和推荐系统有着较大的不同。使用搜索引擎，用户根据明确的需求可以自主输入想要了解的信息，依靠数据的比对，能够精确查找和定位信息。但是很多时候，用户群体单纯是因为需要娱乐点进视频软件，并没有明确的观看特定一部电影或电视剧的需求，在这个时候，搜索引擎就会失去作用。而相比于需要依赖用户需求的搜索工具，推荐系统则可以在用户没有明确需求的情况下，主动将用户可能感兴趣的信息、产品等进行推荐。

推荐系统是一种分析工具，它能够捕获用户在网页上的浏览、点赞和评论等丰富的行为，分析其中用户和物品间的潜在关系，挖掘用户的需求和爱好，主动为其展示其可能感兴趣的产品与内容。推荐系统在促进产品消费和内容推送的同时，也节省了用户的时间，提升了使用体验。假设某位消费者在双十一促销期间打开淘宝，却不知道可以购买什么商品，他可能会询问周围朋友或者自主发现热门促销产品。由于个体间的差异，也许这些产品并不是他真正感兴趣或需要的。推荐系统能够针对该用户的历史数据以及产品信息等挖掘出他可能感兴趣的衣服、零食等并进行推荐。

推荐系统的架构如图 4-12 所示，其可以通过海量的数据，分析挖掘用户和推荐对象的特点，并利用推荐算法进行匹配，最终为特定的用户生成特定的推荐结果。

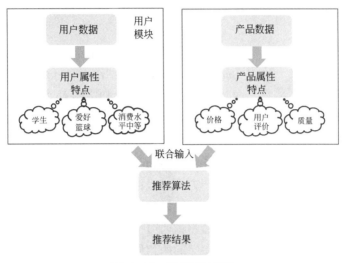

图 4-12　推荐系统架构

（3）推荐系统的应用领域

事实上，大家在手机 APP、各类网页上常会看见"推荐""猜你喜欢""购买过这类物品的人还看过"等话语。如图 4-13 所示，人们常用的电商网站、视频平台、新闻 APP 等中都使用到了推荐系统，覆盖了休闲娱乐、零售商品、工作生活和新闻资讯等各个方面。在休闲娱乐方面，各类视频平台根据喜好推荐相关电视剧或电影，实时观看操作方便；在零售商品方面，比起在实体商场中购物，在电商平台上进行物品的查看和价格质量的比较更加方便，AI也能为各类产品进行相应的推荐；在工作生活方面，出行打车和出差酒店等相关推荐能够保障人们的出行质量；在新闻资讯方面，消息的精确推送能够帮助人们更好了解自己感兴趣的内容。

图 4-13　推荐系统在各大领域中的平台

（4）推荐系统的常用方法

在上一小节的应用领域基础上，本小节将结合一些简单的实际案例介绍一些常用的推荐方法。

基于内容的推荐（Recommendation based on Contexts）：根据物品的相关属性信息以及用户对物品的操作行为（如选择、点赞、转发等）来进行推荐，为用户提供进行相应的推荐服务。举一个简单的例子，比如一个用户观看并点赞了《舌尖上的中国》，通过用户的行为以及该视频的性质，可以分析出该用户可能喜欢观看文化或美食类纪录片，后续可以推荐相关的视频。

图 4-14　基于社交关系的推荐举例

基于社交关系的推荐（Recommendation based on Social Connections）：结合目标用户的社交关系，将用户的朋友、亲人以及相似人群的兴趣喜好等进行推荐。如图 4-14，音乐软件中的"多个好友喜欢"以及朋友圈视频中的"师兄师姐赞过"等都是对于所浏览内容的一种推荐。

协同过滤推荐（Collaborative Filtering Recommendation）：可以被简单理解为基于相似度的推荐。所谓物以类聚，人以群分，一方面，根据物品之间的相似度，结合用户的历史行为寻找与其喜欢物品相似的物品进行推荐，比如图 4-15，一个用户曾经比较喜欢购买服饰，而这件西服外套和这些服饰较为相似，故将该西服推荐给目标用户；另一方面，与基于社交关系的推荐不同，平台能够分析不同用户之间的相似程度，发现与目标用户购买习惯或喜好相似的用户，即使这是一个陌生用户，平台仍能够将该陌生用户购买的商品进行推荐。比如图 4-16，两个用户都喜欢买水果，但是右边的参考用户相比目标用户还购买了西瓜，故系统会将西瓜推荐给目标用户。

图 4-15　基于物品相似度的推荐示意图　　　图 4-16　基于用户喜好相似度推荐的示意图

混合推荐（Hybrid Recommendation）：顾名思义，混合推荐是考虑到现有的一些算法单独使用效果并不好的情况，它可以综合不同的推荐算法寻求更优的推荐效果。

（5）推荐系统面临的挑战

以上小节分析了推荐系统的广泛应用和价值，但是与此同时，构建推荐系统面临的难题仍然不容忽视。首先，推荐系统面临冷启动难题。所谓冷启动问题，是当较多的新用户、新物品加入到原有的推荐系统中，可能无法进行推荐的难题。对于新进入的商品，没有相关的用户消费与评价记录，无法评判商品的质量；对于新进入的用户，也没有历史消费行为和浏览记录，平台也难以分析他们潜在的喜好。较少的信息使得推荐系统难以做到准确的推荐，这样的冷启动问题还没有特别好的解决策略。其次，简化大量复杂的计算问题也是推荐系统需要解决的问题。随着互联网的进一步普及和发展，平台中会存在大量的用户和产品，产生海量的数据，使得数据的处理和计算都有不小的压力。如何持续提升算法效率，不断打造起更加高效的大数据分析平台是需要完成的目标。最后，如何在信息缺失和有噪声干扰的情况下构建准确的推荐系统仍是一个不小的挑战。在实际使用平台的过程中，用户可能因为各种原因向平台输入了错误或不完整的评价信息等。推荐系统需要排除噪声和缺失数据的干扰，不断提升推荐的准确度。

4.3.3 用户评论的情感分析

表达情感是人类与生俱来的一种本能。随着科技水平的不断提高，人们传递情感的媒介更加丰富，表达方式也逐渐趋于多元化。在互联网时代，人们每天都能方便地在 QQ、微信等社交媒体上发表言论、视频，传达自己的感受、分享消费体验等。这些消息蕴含着发布者的感情色彩和情感倾向等。情感分析就是对于这些带有感情色彩的主观性文本进行分析、处理、归纳和推理的过程。本节将对社交媒体大数据的另一个使用场景——情感分析展开讨论，主要包括情感分析的相关背景和情感分析的具体应用场景，重点涉及两类信息（文本、视频）的情感分析方法，最后整理了当前情感分析技术面临的挑战。

（1）社交媒体中的数据"沃土"——用户评论文本

进入 21 世纪，社交平台上的互动数量日趋增长，这些已发布的信息相当于一个庞大的数据库，蕴含着大量的有效信息，是决策者用来分析用户情感、预测未来趋势、决定投资行为的重要参考资源。下面以新浪微博中"考研复试"的话题为例，展示社交媒体评论信息的庞大体量，进而阐明情感分析技术的可实践性。图 4-17 展示了某段时期对于"考研复试"话题的阅读数量变化和讨论数量变化。

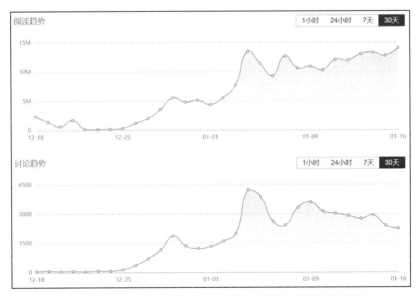

图 4-17　微博"考研复试"话题的阅读趋势和讨论趋势曲线
（摘自新浪微博官网）

从 2022 年 12 月 25 日考研结束开始，到 2023 年 1 月 16 日为止，"考研复试"逐渐成为网友们热议的话题，关于考研复试的讨论呈快速增长的趋势；到 1 月 4 日左右，讨论数量和阅读数量达到了一个峰值阶段，截止到 1 月 17 日下午 2 点，总阅读量超过了 34.1 亿，网友针对这个话题发表的评论数量也达到了 118.3 万条。正在备战复试的网友纷纷留言表示"很焦虑""考研加油"，针对一些考研经验分享的帖子，许多网友评价"很实用""有收获"……距离 2023 年考研复试还有两个月左右的时间，关于"考研复试"话题的讨论会持续，届时将产生更多的数据。网友们针对"考研复试"话题发表的评论中，有些传达了考生的焦虑心态，有些表达了对他人建议的肯定或否定态度。丰富的评论不仅能作为微博客户的重要参考资源，也能成为一些商家、政府部门进行情感分析的原料。决策者使用一些数据分析方法，挖掘文本背后的用户情感，了解当事人的真实心态、筛选有用的评论、过滤掉恶意的评论，让这些文本消息发挥更大的价值。

从以上的例子中，读者可以直观地感受出，互联网社交媒体给人们提供了一个绝佳的发表个人观点的平台，而大众发表的这些评论，相当于是一个巨大的数据仓库，作为情绪分析的充沛原料，能创造更大的价值。因此，在互联网社交媒体蓬勃发展的当下，基于大数据的情感分析技术恰逢其时。

（2）社交媒体中的情感分析应用场景

由上节的介绍可以知道，互联网用户数量充裕，用户活跃，每天都能够产生大量的评论数据，这些评论中蕴含着丰富的个人情感，是情感分析的绝佳原料。当下，绝大多数基于大数据的情感分析技术，都是以文本作为主要载体的。经过几十年的发展，基于文本的情感分析技术逐渐趋于成熟，应用场景也日趋丰富。因此，本节提及的情感分析技术，默认以文本作为分析对象。本节重点介绍社交媒体中的情感分析的主要应用场景，并结合一些具体的情景简要描述情感分析的大致过程。

商品评论分析：参考买家对于商品的评价，从评论文本中推断用户的需求、意见、购买原因及产品的优缺点，根据分析结果评估商品的销售价值，进而给出改善产品的建议，制定更有针对性的营销策略。图 4-18 展示了某电商平台对购买某产品的消费者的评论进行感情分析的流程。

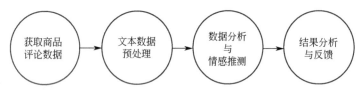

图 4-18　电商平台中的评论情感分析

由图 4-18 中可知，一般的情感分析大都经历了文本（或其他类型数据）获取、数据处理、建模分析和结果反馈四个环节。事实上，在不同的应用场景中，差异之处基本上只是在于最后的结果反馈阶段，即分析结果的具体用途不同。例如，在商品评论分析中，决策者希望从丰富的消费者评论中分析出大众对于某些商品的态度，进而用于评估客户需求变化趋势，改进商品质量。

大众舆论导向分析：当发生一些重大的事件时，政府部门可以借助情感分析技术，掌握公众对于某些热门事件的情感倾向，将其作为政府制定相关政策的重要参考之一。对于政府来说，一方面，可以通过分析社交媒体的舆论走向，利用主流社交媒体传播声音；另一方面，利用评论情感分析方式听取群众呼声，及时了解到群众的刚需，也便于政府更好地为人民服务。

影评分析： 了解用户对于某些影视作品、综艺节目的情感态度，进而调整剧情走向、上线时间和下架时间。现下有许多的电影评价网站，这些评价网站上记录了观众在观看了电影或者是电视剧之后的感受，从事影视行业的导演、制片人、投资影视拍摄的投资方需要利用这些评论文本，分析观众对于某种类型的影片、某些特定的拍摄方式或者是某个演员的接受程度，预测观众的观影喜好变化趋势，从而确定下一步的电影制作方案、投资方案等，从而制作出更加符合大众审美的影视剧作品，创造更多的商业价值；关于电影评论的情感分析，将在4.4.2节中以具体的案例形式更详细地介绍。

（3）基于视频的情感分析技术：一种新兴的情感分析方式

以上的小节重点着眼于以传统的社交媒体评论方式——文本消息为载体的情感分析技术。随着互联网技术的发展，社交媒体平台供用户使用的表达方式也逐渐趋于多元化。除了文本形式，现在许多的社交媒体平台都运行用户使用视频、图片的方式传达情感。本节重点介绍以视频为主要对象的情感分析场景。

当下，许多的社交媒体平台，用户表达方式不仅仅局限于文字。一些平台提供图片或者视频等形式的信息发布渠道，还有一些社交媒体直接将短视频作为传播主体。平台使用者可以通过视频或音频记录某些产品的使用情况，或是记录个人当天的经历，并将这些消息发布在社交媒体上。例如，淘宝等电商平台给消费者提供了分享视频的渠道，让消费者可以通过录制视频，展示所收到的产品的实际情况，并且更加直观地表达他们对于这些产品的看法。此类视频给对产品感兴趣的其他潜在客户提供了产品的清晰概念。消费者更喜欢视频或音频格式来分享他们的想法，因为它们更加生动、更有吸引力。视频中的图像和音频都可以作为反应用户情感的重要信息。因此，利用视频进行情感分析也是情感分析技术的一类重要的形式。但是，相较于文本形式，利用视频进行情感分析的相关技术起步较晚，研究也较少。

通常在一段视频中，主要有两种类型的数据信息，一种是图像的视觉信息，一种是语音的听觉信息。由此衍生出两个维度的情绪分析技术，一种是利用图像进行情感分析的技术，另一种是利用音频进行情感分析的技术。下文将对两者展开介绍。

利用图像进行情感分析： 这种技术通过学习数字图像存储库里面的图片，提取图像或者视频中的面部表情进行解释和分类，大致分析出评论者的喜怒，进而反馈出用户对于某些产品或者某个事件的褒贬情感。其具体的流程大致如下：首先使用摄像机或视频素材来检测和定位人脸。接着是对图像进行预先的处理工作，例如把图像剪裁到合适的尺寸，把图像模糊的部分做适当的还原，最后利用一些数据分析方法学习与表情识别相关的属性，完成情绪的情感分类任务。

利用音频进行情感分析： 这种技术尝试从说话者的语音、语调中推测出表达者的情绪。单独的语音消息在通信类的社交媒体中比较常见，如微信、QQ等，但是这类的消息往往涉及用户的隐私，不便用来分析。在公共的社交平台上，语音信息往往出现在视频中，因此针对音频的情感分析通常会在视频中和图像信息一并进行分析。

（4）情感分析技术面临的挑战

本节中主要介绍了基于两类社交媒体消息的情感分析技术，分别是基于文本的情感分析和基于视频的情感分析，其中，基于视频的分析技术又涉及图像和音频两个维度的信息。以文本为主要分析对象的情感分析技术最为成熟，因为文本能用特定的词汇表达情感，文本数据也便于计算机的处理和运算；基于图像和音频的情感分析主要出现在基于视频的情感分析任务中，这类技术还在发展的起步阶段。当前衍生出上述多类的情感分析方法，但是这些基于大数据的情感分析技术同样面临着诸多挑战。

人的感情是非常复杂的，人类尚且无法完全准确地揣测出他人的想法，利用大数据实现的情感分析，在一些棘手的情况下，更是捉襟见肘。例如，对于文本数据来说，机器难以理解文本中的讽刺，对于一些新鲜的词汇，机器也难以理解其含义；对于视觉数据而言，机器难以辨别刻意的、被强迫的表情；对于音频的信息，机器在进行情感分析时面临着不同地区口音难以辨别、表达习惯差异大等挑战。因此，情感分析技术的发展任重而道远。

4.4 ⊙ 社交媒体大数据分析案例

在以上的小节中先后介绍了社交媒体的基本概述、社交媒体大数据的关键技术以及典型应用场景。本节将给出两个具体的大数据分析案例，包括短视频 APP、电商平台中的推荐系统以及基于大数据的电影影评情感分析。

4.4.1 推荐系统应用实例

本章在 4.3 小节中介绍了推荐系统的基本概念和简单算法，并提到视频平台是推荐系统的重要应用领域之一。本小节将以推荐系统在视频平台中的应用为例，为大家详细介绍其应用流程。

（1）视频平台发展背景

视频平台在近些年来发展势头迅猛，随着智能手机和互联网进一步普及，抖音、腾讯视频等已经成为当前网络用户的主要视频观看平台。根据人民网 2023 年发布的《中国互联网发展状况统计报告》和图 4-19 显示，截至 2023 年 6 月，中国网络的视频用户规模在不断快速上升，已经扩增到 10.44 亿人，而投入的时间长达日均 2 小时左右。视频平台之所以能够获得非常大的用户黏性，并吸引用户花很多时间在"刷视频"上，视频推荐系统不可或缺。它可以筛选高质量视频，并同时高效追踪用户的实时兴趣点，个性化分发推荐内容和给用户提供沉浸式的体验，以此来牢牢吸引大家在平台上"刷"个不停。

（2）视频平台的推荐系统实例

如图 4-20 所示，一个推荐系统之所以能产生这么好的效果，主要得益于以下两个关键因素：具有多个评判环节的入库视频多层筛选机制和精确的用户分析与推荐机制。本小节将以《舌尖上的中国》纪录片视频为例，介绍针对社交平台上传、审核后的视频，是如何通过对用户数据的分析以及推荐算法，将其推荐给一个热爱美食的用户。

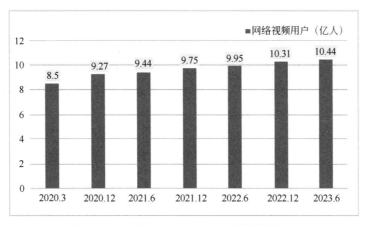

图 4-19　2020—2023 年中国网络视频用户

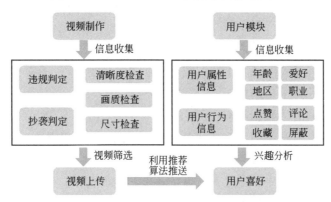

图 4-20　视频平台推荐系统架构示意图

视频筛选机制：打铁还需自身硬，视频本身的质量关系着用户体验，是直接决定是否值得推荐的关键因素，视频平台设计了层层筛选机制，力求向用户推荐更多好的视频。《舌尖上的中国》是一个原创的美食节目，它以富有文化底蕴的语言、专业的解说和精美细腻的画面介绍了中国各地的美食，受到了众多好评。视频制作完成后，给出美食、文化和历史等标签并上传至平台。平台在第一步初步筛查时，截取其中的部分画面并检查解说内容，判断其没有明显违规和抄袭的情况后，进行视频的清晰度、画质以及尺寸的检查，该视频能够得到很高的评分。图 4-21 中是视频中截取的一些画面和足够精彩的解说词。

图 4-21　《舌尖上的中国》筛选检查结果

视频推荐机制：对于视频平台用户来说，视频只是质量优秀并不足以吸引他们。"汝之蜜糖，我之砒霜"，每个用户都有自己的喜好，准确为不同的用户推荐不同的产品是第二大关键因素。用户的基本属性信息和其使用视频软件的相关行为信息为平台分析用户推荐视频打下了基础。为方便理解，本小节以一个喜欢美食的年轻人用户使用视频平台为例进行介绍。

推荐步骤一：用户基本数据获取

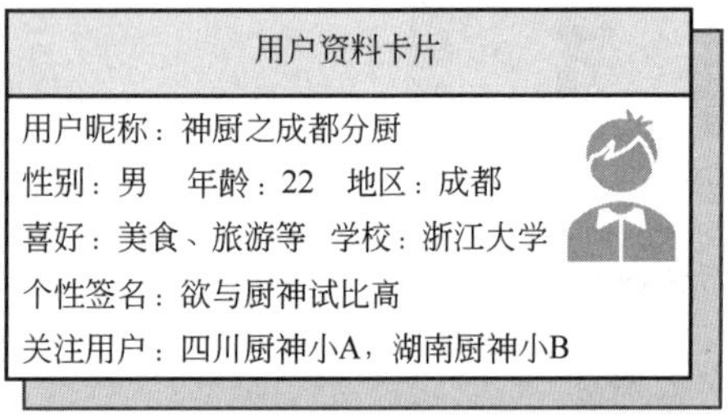

用户资料卡片	
用户昵称：神厨之成都分厨	
性别：男　年龄：22　地区：成都	
喜好：美食、旅游等　学校：浙江大学	
个性签名：欲与厨神试比高	
关注用户：四川厨神小A，湖南厨神小B	

图 4-22　用户填写资料和关注视频制作者

如图 4-22 所示，用户在注册账号的时候填写了一些简单的资料。从用户的头像、昵称、个性签名和关注中能够分析用户的部分喜好标签；而从年龄、学校等资料中能够挖掘用户潜在的社交关系。平台获取到用户以上的基本信息数据。利用 4.3.1 小节相关知识，平台能够初步建立用户画像。推荐系统就能简单结合以上信息进行初步推荐。比如根据用户来自浙江大学这一信息便可以给用户推荐浙江大学校友或关于浙江大学的视频；而根据关注的视频上传者，平台也会推荐其关注用户上传的视频。

推荐步骤二：用户行为数据获取

其次，随着用户观看视频的增多，他对于喜欢的视频所进行浏览、评论、点赞以及放入收藏夹等相关行为会被平台记录下来，会被认为对该视频"感兴趣"或"喜欢"该类视频。如图 4-23，用户的浏览记录中记录了其观看的各类美食视频，并在观看一个美食视频时为其点赞，还将自己喜欢的视频放入了收藏夹中，这样的"喜欢"行为会被记录下来。而当他浏览到不喜欢的视频，就会快速划过、忽略或者特别标注要屏蔽不感兴趣，此时平台也会记录下用户"不喜欢"的行为。比如图 4-24 中，该用户刷到了一个足球视频，但是他不喜欢此类内容，就选择进行反馈自己不喜欢足球板块。以上两种不同的记录会给视频赋予不同的权重标签。对于用户可能感兴趣的视频赋予更高的权重分数，而对于不感兴趣的视频赋予较低的权重分数，不同的视频根据权重进行排序，将得分更高的视频推荐给该用户。例如一个介绍成都美食的视频会在该用户的候选视频列表得到 90 分，而一个介绍足球的视频可能只能得到 20 分，推荐系统推荐时更有可能将一个美食视频推荐给用户。

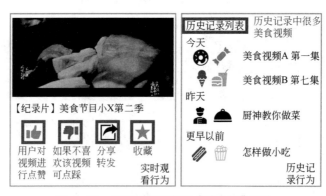

图 4-23　用户对于视频的"感兴趣"行为

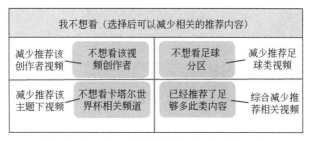

図 4-24 用户对于视频的"不喜欢"行为

结合以上的分析,平台通过用户基本信息和行为数据能够分析出用户"喜好美食视频"的结论,所以有较高的概率为用户推荐美食视频。首先,在美食视频当中,《舌尖上的中国》有着很好的口碑和极大的热度且符合用户的"喜好标签",平台非常倾向将该视频进行推送。其次,结合 4.3.2 节中提到的协同过滤推荐算法,平台在庞大的用户视频数据库中通过分析能够找到与该用户喜好类似的用户,这类同样喜欢美食的用户有较大的概率观看过《舌尖上的中国》,平台也会因此进行推荐。综合以上的流程,这个喜欢美食的用户最终在平台的推荐列表中发现了推荐的视频,用户进行观看后进行点赞和评论等行为也会被平台记录用于后续的数据分析以便推荐给更多其他的用户。

4.4.2 情感分析与评论筛选

在 4.3 节中提到,对电影评论进行情感分析,是在互联网社交媒体中情感评论的一个重要的应用场景。本节以《泰坦尼克号》电影评论的情感分析作为具体案例,详细描述针对电影评论的情感分析流程。

(1)电影评论与其相应情感分析

随着人们生活条件的不断改善,人们越来越频繁地走入电影院观看电影;随着社交网络的快速发展,消费者逐渐形成了消费—反馈—参考反馈的消费习惯。在这样的大背景下,大量的电影评论网站应运而生,在这些影评网站上面产生了大量关于影片的评价。对于消费者来说,他们可以根据电影的好评率决定观影行为;对于影院、电影制作方和投资方而言,他们可以利用情感分析技术挖掘出影片多个维度的评价情况,这些丰富的影评作为其调整下一步的经营、制作和投资策略的重要参考。

(2)电影评论情感分析流程

本节将以经典电影《泰坦尼克号》为例,介绍电影评论情绪分析的实现步骤。其大致步骤如图 4-25 所示。

首先,从豆瓣电影平台上面获取现有的评价文本。作为一部具有全球影响力的经典电影,《泰坦尼克号》的观众数不胜数,在豆瓣电影平台上面,共有 349948 条影评(统计于 2023 年 1 月 17 日)。也许电影制造商或者投资者可以雇用员工根据语言习惯和生活经验,逐个从每一条评论分析出这些评论背后隐藏的情感,但是由于人的精力有限,无法高效地将所有的评论都进行逐一分析,因此,完全以人工方式分析影评是不现实的。因此需要依靠一些智能化的方法,也就是一些主流的大数据分析方法,把情绪分析的任务交给计算机来完成。本节中重点介绍这类使用智能化方法进行情感分析的步骤。

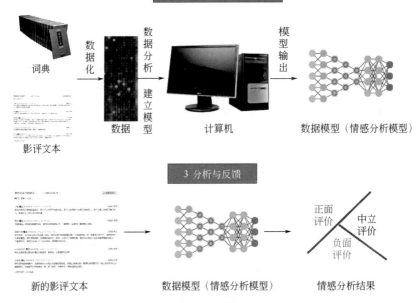

图 4-25　电影评论情感分析过程

① 数据获取与数据处理。将文本通过一定约定俗成的规则，转变成计算机可读取的数据的形式，输送到计算机中。众所周知，人类的语言是十分复杂的，相同的词语，在不同的语境下可能会表达出不同的意思。因此，将一句话中蕴含的信息转化成数据，是一件非常困难的事情，通常一个句子需要用更繁琐的数据表示。因此，成百上千万的影评需要转化成更大体量的数据，传输到计算机中。另外，在利用这些文本的时候，需要将那些无关的信息、难以处理的文本删去，让计算机能更方便地"理解"输入语句的意思。

② 学习：掌握情感分析的能力。在阅读完一段电影评论后，人们就会对这段话想要传达的情感有一定的体会，这是因为人在生长的过程中不断接触周围的人和事物，听过自己或者他人在各种情绪中表达出来的语言，经过长期的"学习"，掌握了一定的情感分析能力。对于计算机来说，同样也需要这样的"学习"过程。让计算机"学习"到情感分析的能力，主要有两种方式。第一种是直接从现有的"词典"中学习。这种方法需要人为地给计算机整理出一本词典库，将各种与情感有关的词语标注上相应的情感类别，并传输给计算机。例如，"兴奋"对应着正面的情绪，而"难过"则对应着负面的情绪。把记录有这类词语的词典输入到计算机中，让计算机找到正确的数据对应关系，在实际用于电影分类时，计算机碰到"兴奋"

这个词就偏向于分析出评论发布者的正面情绪。在碰到"难过"这个词就偏向于分析出发布者的负面情绪。但是这种"词典"通常偏向于收集那些通用的词语，针对性不强；另一种方法，是让计算机针对特定的任务展开学习。人们会给计算机一些示例性的电影评论，然后告诉计算机某种类型的评论通常传达的是正面情感或是负面情感。当计算机学习了足够多的影评后，就能给那些之前没有见过，但是与之前评论相似的评论进行自动的情感分析。例如，《泰坦尼克号》中五个典型的评论，很好地代表了几类不同的情感：

"我甚至连一张他的画像都没有，但他永远活在我心中。"我敢说，这是我一直**深爱**的电影。——5 星评论

高中时代的大片，最让我**动心**的是音乐。——4 星评论

如此**平庸**的一部片却缔造了一个票房神话。——3 星评论

不喜欢俩主角，也**不喜欢**这种商业模式的剧情。不过船沉的时候乐队和老伯爵夫妇那些人让我感动。——2 星评论

从小就觉得**不好看**，无意冒犯。——1 星评论

有时候，人们可以根据一句话中的一些词语，直观地感受出这句话想要表达的中心思想，例如第一句话中的"深爱"、第二句话中的"动心"、第三句话中的"平庸"、第四句话中的"不喜欢"等。计算机在学习的时候亦是如此。利用数据分析方法，计算机可以计算出某些词和发布者想要表达的情感有着高度的相关性，那么，计算机就会调整与这些词相关的计算比重，在分析时重点比对与之相关的信息，不断调整、优化分析策略。

③ 分析与反馈。在以上的介绍中可知，在计算机"学习"如何进行电影评论情感分析的过程中，本质上是让计算机完成一个复杂的优化任务。当计算机从"词典"或者已有的电影评论中学习并掌握到情感分析的能力后，对于待处理的电影评论，就可以用相同的运算规则给出情感分析，并且转化成可读性强的分析结果，给电影制造商或者投资人提供参考。本例中，将《泰坦尼克号》影评进行分析，可以感受观众对于这部电影的男女主角、具体情节设置等细节的情感倾向，并依此制定改进方案；片方也会参考观众对于电影的整体喜爱程度决定电影是否再次重映。当然，这些分析结果在多数情况下只是作为众多的参考因素之一。

小结

本章以社交媒体为切入点，介绍了大数据技术在社交媒体中的应用。在全球化的背景下，社交媒体建立起了人们交流的纽带。随着信息的积累，社交媒体中的数据能够被充分使用和分析，大数据技术也随之不断发展。从兴起到繁盛，社交媒体历经了三十多年的发展历史，社交媒体中的数据类型和展现形式也不断充盈；利用图像分析技术和自然语言处理技术，人们可以识别和理解图片、文字信息中蕴含的深层知识，发掘社交媒体大数据的潜在价值；随着数据分析技术的蓬勃发展、智能设备的全球化普及，大数据技术在社交媒体中得到了广泛的应用。通过分析用户填写的资料和相关行为，平台积累了足量的数据，可以建立用户画像和推荐系统，还能完成分析用户的情感倾向等颇具挑战的任务。采用先进的大数据技术，分析顾客潜在需求，为顾客提供个性化的服务内容，一方面能够实现精准营销增加收益率，另一方面顾客也能享受到更优质的服务。除此之外，用户对产品的反馈也非常重要，挖掘评论

中蕴藏的情感倾向能够帮助政府了解民众的需求进而做出更好的决策，也能够帮助商家了解用户对产品的满意程度，提高产品的品质。最后本章以视频平台中的推荐系统实例和基于《泰坦尼克号》电影的情感分析实例展示了大数据技术在社交媒体中的具体应用。本章为读者提供了社交媒体大数据的基本概况，感兴趣的读者可以以此为基础展开深入了解。

参考文献

[1] 李敏跃，李威龙．人脸识别系统的研究与实现——图像获取、定位、特征提取和特征识别[J]．广西工学院学报，2005（S3）：97-100．

[2] 张飞飞，张建庆，屈思佳，周琬婷．跨模态视觉问答与推理研究进展[J]．数据采集与处理，2023，38（1）：1-20．

[3] Chandrasekaran G, Nguyen T N, Hemanth D J. Multimodal sentimental analysis for social media applications: A comprehensive review[J]. Wiley Interdisciplinary Reviews: Data Mining and Knowledge Discovery, 2021, 11(5): e1415.

[4] Farzindar A, Inkpen D. Natural language processing for social media[J]. Synthesis Lectures on Human Language Technologies, 2015, 8(2): 1-166.

[5] 姚海鹏，王露瑶，刘韵洁．大数据与人工智能导论[M]．北京：人民邮电出版社，2017．

[6] He X, Yan S, Hu Y, et al. Face recognition using laplacianfaces[J]. IEEE transactions on pattern analysis and machine intelligence, 2005, 27(3): 328-340.

[7] Szabo G, Polatkan G, Boykin P O, et al. Social media data mining and analytics[M]. New Jersey: John Wiley & Sons, 2018.

[8] Falk K. Practical recommender systems[M]. New York, NY: Simon and Schuster, 2019.

[9] Revella A. Buyer personas: how to gain insight into your customer's expectations, align your marketing strategies, and win more business[M]. New Jersey: John Wiley & Sons, 2015.

[10] Standage T. Writing on the wall: Social media-The first 2,000 years[M]. New York, NY: Bloomsbury Publishing USA, 2013.

[11] 李洁．国内不同社交媒体间的市场竞争研究——以 QQ 空间、新浪微博以及微信为例[D]．电子科技大学，2015．

[12] 刘姝秀．我国社交媒体发展新趋势探究[J]．新闻文化建设，2021，5：75-76．

[13] 张乐．分布式网上信息实时监控和动态采集系统[D]．南昌大学，2005．

[14] 林俊俊．面向用户个性化兴趣准确表达的推荐算法研究[D]．电子科技大学，2021．

[15] 张芳．基于项目流行度与用户信任度的协同过滤推荐算法研究[D]．山东科技大学，2018．

[16] 李琦．基于社交网络好友信任度的个性化推荐系统研究[D]．哈尔滨工业大学，2014．

[17] 林莉媛．文本情感摘要方法研究[D]．苏州大学，2014．

第 5 章

体育大数据

今晚世界杯决赛押注法国赢还是阿根廷？斯蒂芬·库里这次出手的超远三分能否压哨命中？AlphaGo 如何愈战愈勇击败各路职业选手？这些看似复杂各异的体育赛事背后，其实都有着大数据和统计分析的影子。当下，随着大数据技术和人工智能的不断发展，数据量和数据采集速度不断提升，为现代体育和相关的业务领域带来了前所未有的挑战与发展机遇。自21世纪以来，越来越多的体育项目也在逐渐运用大数据技术进行场外或场内的辅助。比如，在足球比赛中，球队可以通过分析球员在比赛中的跑动轨迹、传球次数、射门次数等数据来制定更加科学合理的训练计划和战术安排。在篮球比赛中，球队可以通过分析球员在比赛中的投篮命中率、抢篮板次数等数据来制定更加具体和具有针对性的轮休计划和方案。同时，大数据技术还可以对球迷的消费行为进行分析，为各大赛事俱乐部提供精准的市场营销策略。大数据技术在体育行业以及衍生的各个方面都扮演着不可或缺的角色，尤其是在博弈类体育和体育竞技赛事评价等方面都有着体育大数据的应用。本章将首先概述体育大数据的发展历史和各种现代化应用。随后，本章将通过介绍体育大数据的关键技术、典型应用场景以及具体的数据分析案例，向读者展现大数据在现代体育中的妙用。

5.1 ⊙ 概述

说到体育相信大家都不陌生，但是体育中的大数据可能大家就了解甚少了。实际上，在云计算、物联网、智能化技术的推动下，体育产业同样迎来了现代化的数字时代。各种各样的体育赛事以及相关的商业化运作每时每刻都在产生海量的数据。近几十年来，随着现代化体育事业的发展，体育大数据的采集、存储、应用和商业化部署也经过了多个阶段的发展，逐渐走向成熟。本节将先介绍体育大数据的发展历程，再介绍几种常见的体育大数据类型。

5.1.1 体育大数据的发展历程

从 20 世纪中期到现在，体育大数据的发展受到了多方面的推动和影响，包括科技的进步、市场需求的发展，以及社会环境的成熟等。图 5-1 展示了体育大数据发展的三个阶段，接下来将对这三个阶段逐个展开介绍。

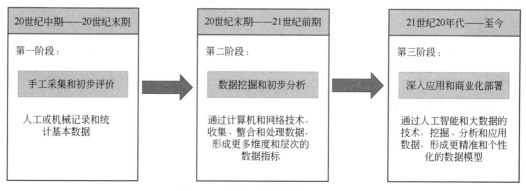

图 5-1　体育大数据的发展历程

第一阶段：数据的手工采集和初步评价。在这个阶段，主要是采用人工或机械的方式对体育比赛中的一些基本数据进行记录和统计，例如竞技比赛中的得分、射门次数、传球次数、犯规次数等数据，或者是博弈类比赛中的棋谱、牌谱等记录。这些数据主要用于呈现比赛结果和评价，但还没有形成深入的分析和应用。这个阶段大约始于 20 世纪中期，一直持续到 20 世纪末期。在 20 世纪 80 年代，美国职业篮球联赛（NBA）开始使用计算机来记录比赛数据，这些数据包括得分、篮板、助攻等基本数据。虽然这些数据被用于评价球员和球队表现，但由于数据量较小，分析方法也较为简单，因此无法提供更深入的分析和应用。

第二阶段：数据挖掘和初步分析。随着信息技术、网络技术、智能技术等不断发展，体育大数据有了更强大的硬件支撑和软件平台，这使得数据采集、分析和应用更加快速、准确和智能。至此，体育大数据的发展跨入了第二阶段，即数据的挖掘和分析阶段。这个阶段主要是通过初代的计算机和网络的技术，对比赛中的各种数据进行更细致和全面的收集、整合与处理，从而形成更多维度和层次的数据指标，如效率值、进攻指数、防守指数等。这些数据可以用于比赛过程的分析和评估，为运动员和教练提供科学的参考和建议，也可为体育相关的各行各业提供决策支持，如安排更适合的比赛时间，进行相应的宣传等。此外，随着社会的发展，体育不仅是一种娱乐活动，同时也是一种文化表达和国家形象的重要载体，因此得到了政府、社会团体、民间组织等多方面的支持，这些因素进一步地促进了人工智能和大数据分析技术在竞技体育中的应用。例如，在 2002 年韩日世界杯上，日本队使用了名为"JFA-DB"的系统来分析比赛数据。这个系统可以实时收集比赛中的各种数据，并通过机器学习算法来分析球员的位置、移动轨迹、传球路线等信息。该系统可以帮助教练更好地制定战术，并为球员提供具体的训练建议。另外，美国职业棒球大联盟（MLB）也是体育大数据分析技术应用的先行者之一。2002 年，MLB 就开始使用名为"PITCHf/x"的系统来分析投手的投球数据。这个系统可以实时记录投手的投球速度、旋转速度、旋转轴等信息，并通过机器学习算法来预测球的运动轨迹，从而为比赛战术和训练策略的制定提供参考。1997 年，美国 IBM 公司生产的重达 1270 千克的超级计算机"深蓝"，其可以通过对国际象棋棋谱的学习实现对战人类玩家的能力。然而，由于计算机技术发展尚未成熟，这一阶段对体育数据的分析有限，也未具备处理海量、多模态数据的能力，技术水平和商业价值较为局限。

第三阶段：大数据技术应用与商业化部署。这个阶段主要是通过人工智能和大数据的技术，对比赛中的各种数据进行更深入和智能的挖掘、分析和应用，形成更精准和个性化的数据模型，如运动员特征、战术风格、对手特点等。由于数据采集和人工智能技术的进步，对于这些数据的深入分析能够用于比赛前后战术的制定和调整，为运动员和教练提供有效的辅助和优化，因此也促进了相关产业的发展和商业化部署。这个阶段大约从 21 世纪 20 年代开始，至今仍在不断发展和创新中。事实上，国际职业体育联盟和球队已经广泛地应用体育数字化分析，比如美国的四大体育联盟（MLB——美国职业棒球联盟，NFL——美国国家橄榄球联盟，NBA——美国职业篮球联盟，以及 NHL——美国国家冰球联盟）。此外，在体育数据采集方面，目前至少有 10 多家顶级的数据采集商，其中比较知名的包括 Sportradar、Stats Perform、Gracenote Sports 和 Genius Sports 等，它们都为各大知名体育联赛提供多样化的数据分析服务，并与转播方合作，提供多元化的体育赛事转播服务。相关产业在国外起步较早，发展也相对成熟，目前已有多家大型知名公司提供相关业务，如 OPTA、Enetpuls、Sportstradar 等。在几大足球联赛的数据统计中使用较多的便是 OPTA 所提供的数据源，此外还有 ESPN API，Rapid API，iSports API 等数据服务接口不断涌现。同时，在博弈类体育方面，越来越多的围棋和象棋棋手也会主动和 AI 进行对弈，从中学习到 AI 的下棋思路，德州扑克的职业牌手也会通过获取 solver 对手牌的处理方式来学习不同场景下的应对策略。在这个阶段，基于人工智能和大数据技术的火速发展，现代体育的各个延伸产业都迎来了前所未有的发展机遇和商业机会。

5.1.2　体育大数据的数据类型

上一小节介绍了体育大数据的发展历程，从众多案例中相信读者也感受到了现代体育中的数据种类是丰富各异的，包括比赛的统计数据、赛事视频数据和博弈流程数据等。本小节将从数据的收集方式、数据特点，以及应用场景的角度介绍各个类型的体育大数据。

（1）比赛统计数据

比赛统计数据是体育大数据中最为重要也最为典型的一类数据，它可以帮助教练和球员更好地了解比赛情况，制定更合理的战术和训练计划。比赛数据的收集方式主要有两种：手动记录和自动记录。手动记录是指由人工记录比赛中的各种数据，例如得分、犯规、射门次数等。自动记录则是指通过各种传感器和设备来实时收集比赛中的各种数据，例如球员位置、移动轨迹、传球路线等。不同类型的比赛数据有着不同的特点和应用场景，例如，得分和犯规等数据可以帮助教练更好地了解球队的攻防能力，制定合理的战术；射门次数和射门命中率等数据可以帮助球员更好地了解自己的表现，并为下一场比赛做出准备；球员位置和移动轨迹等数据可以帮助教练更好地了解球员的跑位习惯，并为下一场比赛的人员部署分工提供参考。此外，各种统计数据也可用于建立体育赛事预测模型，并进行商业化部署。

（2）赛事视频数据

在体育赛事的进行过程中，往往会产生一系列的比赛视频数据。体育大数据中的视频类数据应用包括视频动作识别、行为识别、时空动作检测等。图 5-2 展示了一个典型的案例，其通过目标检测技术实现视频运动员识别和追踪。现代体育中对于视频数据的分析技术可以用于许多场景，例如，运动员的动作分析、比赛的实时分析、球员的位置跟踪等。在足球比赛中，可以使用视频动作识别足球的运动轨迹和路线，预测传球的方向和速度，结合运动员的轨迹,对赛事进行综合的评价和分析,从而帮助教练和球队制定下一步的战术和轮休计划。在篮球的赛事中,使用行为识别技术,可以对篮球比赛中的球员进行动作的捕捉、识别和预测,以检测运动员在比赛中的位置和相应的传切情况和比赛贡献情况,以评估运动员的综合竞技表现,为合同的续约和签订提供重要信息。

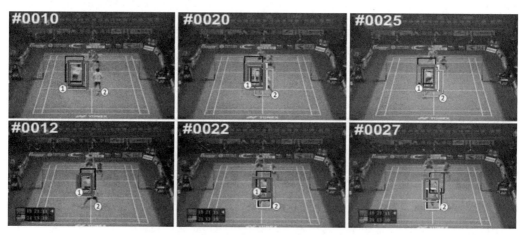

图 5-2　体育视频中的运动员追踪与动作识别

（3）博弈流程数据

博弈类体育项目例如象棋、围棋、扑克等大多为回合制,因此往往会产生一系列的流程数据,而这些流程数据中包含了丰富的信息。例如,在围棋中,每回合的落子位置和对手的应对策略等都是流程数据。这些数据中包含了棋手对于棋局形式的分析和判断。试想下,一个围棋"小白"在观看了足够数量的棋局后,就有可能成为围棋高手。以此类推,如果我们拿着这些围棋流程数据来"教"电脑,那我们也可能能培养出一个精通围棋的 AI。同理,在扑克中,每回合的下注尺度和对手的表现也可以作为我们给 AI 学习的数据。例如,在德州扑克中,如果一个玩家在翻牌后进行了大量下注,那么可以认为他手中的牌比较强,AI 可以根据这个信息来做出决策,如跟注或者弃牌等。通过对这些流程数据的收集和处理,可以训练出更加优秀的 AI,从而提高在博弈类体育项目中的表现。

5.2 ⊙ 体育大数据关键技术

本小节将针对体育大数据项目中用到的一些关键技术进行阐述,包括在博弈类体育项目中广泛应用的强化学习技术,用于预测运动员表现和赛事结果、指导教练决策的赛事预测技术。

5.2.1　强化学习技术

博弈类体育项目最大的特点就是交互性和不确定性。在上一节中,我们提到可以用围棋流程数据来培养一个精通围棋的 AI。在围棋中，需要根据对手每一步落子的策略来选择应对的方式，在这种情况下往往很难预先得知对手所有的行动可能，因此需要培养 AI 自主分析的能力。而强化学习就是一种具有代表性的算法，可以用于博弈分析。象棋中的"深蓝"、围棋中的 AlphaGo 以及麻将、扑克中的 AI 机器人，都是利用强化学习作为核心来对 AI 程序进行训练。在本小节中将会对在博弈类体育大数据分析中用到的强化学习技术进行简要介绍，使读者对博弈类体育大数据中的技术有所认识。

强化学习的核心思想非常简单：做得好给奖励，做不好给惩罚。通过不断的奖励和惩罚，AI 就会知道什么事该做，什么事不该做。我们可以通过小孩子学习走路的例子来理解强化学习。一开始，孩子不知道如何走路，他们会随机地尝试各种方法，比如爬行、站立和行走。当他们成功走了一步时，他们可能会得到父母的赞扬或一些小奖励。孩子通过不断地试错和尝试，最终学会了走路。再比如，想象有一个机器人，我们希望它能够学会在一个复杂的环境中移动，例如在一个迷宫中找到出口。我们可以通过给它一些奖励来鼓励它学习最佳移动策略。每当它朝着出口移动时，我们就会给它一个奖励，当它走错路时，我们就不给它奖励。机器人会逐渐学会如何在迷宫中移动，最终找到出口。

虽然强化学习的思想比较简洁，但它所能达到的效果是惊人的。为说明强化学习的神奇功效，谷歌 DeepMind 团队的创始人杰米斯·哈萨比斯曾展示了 AI 在一个简单的打砖块游戏中的表现。对于打砖块游戏，相信很多读者都有过接触，其游戏界面如图 5-3 所示，它的规则简单，在电子屏幕上部有若干层砖块，一个球在屏幕上方的砖块和墙壁、屏幕下方的移动短板和两侧墙壁之间不断弹动，当球碰到砖块时，球会反弹，而砖块会消失。玩家要控制屏幕下方的板子，让"球"通过撞击消去所有的"砖块"，球碰到屏幕底边就会消失，所有的球消失则游戏失败。把砖块全部消去就可以通关。通过强化学习不断训练 AI，可以发现，在前100 局的游戏中，AI 表现得非常愚笨，常常愣在原地不知道该做什么，但是在不断学习中它发现了要尽可能让板子接近小球，到了第 300 局的时候，它几乎每次都能接到小球，已经比人类强了不少。但是更加神奇的是，到了第 500 局时，它已经可以在各种诡异的角度下找到利用墙体反弹的方法快速通关，仅仅用了 500 局的尝试，它就已经成为了世界上最厉害的打砖块游戏专家。

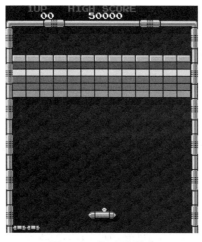

图 5-3　打砖块游戏

现在，人们早已不满足于利用强化学习训练一个只会玩"打砖块"游戏的专家。在棋类、扑克等更复杂的博弈类体育游戏中，强化学习技术也能大放光彩。以围棋为例，棋子排列的全部可能情况数量甚至超过了宇宙中的原子数量。围棋中有很多的局面需要进行评估，因此使用传统的方法很难得到一个好的结果，而强化学习能够让 AI 自主学习最佳的决策策略，在围棋中获得了成功应用。最具代表性的就是 DeepMind 开发的 AlphaGo 和 AlphaGo Zero 系统，AlphaGo 在 2016 年曾经战胜了世界围棋冠军李世石，AlphaGo Zero 更是通过与自己下棋的方式，无需任何人类专家知识，自学成才，战胜了 AlphaGo。这些系统通过强化学习学习到的策略和技巧，极大地推动了围棋领域的发展，我们将在章节 5.4.1 中对 AlphaGo 进行详细介绍。另外，强化学习在国际象棋中也曾一展风采。比如，DeepMind 的 AlphaZero 系统能够通过自我博弈的方式，在不需要人类指导的情况下，学习到国际象棋的最佳策略，其表现已经超过了以往任何的下棋机器人和人类棋手。

5.2.2　赛事预测技术

在各种现代体育项目中，大数据赛事预测技术被广泛研究用于预测运动员表现和赛事结果，从而指导教练决策，或通过教练的决策数据来辅助预测当下的比赛走势和结果。大数据赛事预测技术涉及的数据类型包括实时的运动员的表现数据（如速度、距离、突然停止、方向变化、加速、队友之间的动态距离、运动员关节运动模式、控球情况等）与历史比赛结果等统计数据，也包括教练的决策和布局数据（如教练对阵容的安排、换人策略）。通过对这些运动员表现数据和历史比赛结果数据的建模和分析，大数据赛事预测技术可以预测当下赛事的结果（包括比赛具体比分、胜负等）和赛事中球员的综合表现（包括各球员得分数据和命中率等），从而为接下来比赛中教练的决策和战术布局提供有利的参考信息。例如，在篮球比赛中，研究人员可以收集球员的投篮命中率、篮板球、助攻、抢断等数据。通过这些数据，可以分析球队的进攻能力和防守能力，以进一步预测比赛的结果和球员表现。除了运动员的个人数据，球队整体数据的分析也是必不可少的一环，如球队的整体进攻效率、防守效率等。这些数据可以帮助决策者更好地了解球队的整体实力和球员的风格特点。此外，教练决策数据的分析也可以进一步促进对赛事结果的整体预测。通过对教练的决策数据的分析，可以更好地了解教练的战略意图，从而提升赛事结果预测的准确率。

在收集大量赛事相关统计数据的基础上，可以通过大数据建立机器学习、深度学习模型来构建赛事结果预测模型。以回归分析、决策树、支持向量机、神经网络为代表的机器学习模型可以捕捉赛事结果与收集数据间复杂关系，从而能够利用收集到的赛事统计数据预测相关赛事结果。在使用赛事预测技术进行分析时，连比赛天气、球队的家庭成员，乃至教练的生日都成为了"有价值"的数据。通过大数据预测技术，可以挖掘出这些看似"毫无价值"的因素和比赛结果的关联，这体现了大数据技术惊人的赛事预测能力。此外，在 2014 年巴西世界杯期间，我国的百度公司就通过搜索过去 5 年全球 37,000 场比赛中 987 支球队（包括国家队和俱乐部球队）的数据，构建了包含 20 万名球员和 1.12 亿个数据点的预测模型，实现了自淘汰赛以来惊人的 100%预测准确率。毫无疑问，基于大数据分析的赛事预测技术颠覆了体育赛事的传统格局，为人们提供了一种便捷的方法来预测未来比赛的结果。

5.3 ⊙ 体育大数据典型应用场景

本小节将介绍体育的一些大数据典型应用场景，包括我们日常生活中经常接触的以棋类和扑克为代表的博弈类体育项目以及大数据分析在体育赛事评价中的应用。这些领域的方方面面都存在着大数据的身影。

5.3.1　博弈类体育

博弈类体育是指涉及对弈性质的体育运动，例如棋类或者扑克。在博弈类体育中，人工智能凭借强化学习的方法取得了显著的进步。正如之前所介绍的，强化学习可以使人工智能从大量数据中学习并优化策略，使其在棋类或扑克等游戏中取得优势。以谷歌旗下的 AlphaGo 为例，其利用强化学习在围棋比赛中击败了世界顶级棋手李世石九段，展现出了强大的计算和处理能力。同时，强化学习使得 AI 能够在双方信息不完全可见的情况下做出高效的决策，从而在麻将、扑克等运动中也表现出优越性。现如今，很多公司开发的象棋软件利用强化学习的算法轻松地战胜了王天一、郑惟桐等特级大师。同时，强化学习也在大型游戏中取得了广泛应用，其对战的技术让绝大多数玩家都自愧不如。总的来说，强化学习在博弈类体育项目中的成功应用，推动了人工智能在棋类和扑克等运动中的卓越发展，促使人们对于博弈的认知有了更深入的理解。博弈类体育可以分为完全信息类博弈和非完全信息类博弈，下面将从这两方面展开详细介绍。

（1）完全信息类博弈

完全信息类博弈是指每一参与者都拥有所有其他参与者的特征、策略及得益函数等方面的准确信息的博弈。该类问题的代表是日常生活中常见的棋类运动，包括五子棋、象棋、围棋等。在棋类问题中，双方的棋面信息均是公开可见的，并且博弈双方接收到的信息是完全对等的，因此棋类问题为完全信息类博弈问题。在此类博弈中，AI 每次只需要根据当前盘面，搜索计算以后各种情况下自己的胜率。为了算得远，一般需要让 AI 少看对手和自己不太可能走的地方；为了算得准，需要更加准确地评估多步后的盘面自己的胜率；再加上计算机的强大算力，就使得 AI 能够达到甚至超过人类水平。

AI 自 1956 年提出，短短的几十年时间便在棋类运动中大放异彩。其通过收集从古到今的大量棋类高手的棋局对弈过程，以及海量数据进行训练，利用大数据技术与深度学习模型反复迭代更新，总结出一套自己的行棋方法，从而青出于蓝而胜于蓝，多次击败人类顶级选手。纵观 AI 在棋类中的发展史，也绝不是一帆风顺的，而是起起伏伏，有高潮也有低谷。AI 在棋类中的发展历程如图 5-4 所示，接下来将按照时间顺序进行分别的介绍。

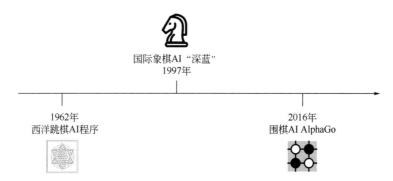

图 5-4 AI 在棋类中的发展历程

1962 年，IBM 的萨缪尔研制的西洋跳棋 AI 程序击败了全美西洋棋冠军，引起了巨大的轰动。在 1997 年，国际象棋 AI 程序"深蓝"击败了棋王卡斯帕罗夫，AI 一时间家喻户晓。随着大数据和深度学习技术的飞速发展，在 2016 年，人工智能公司 DeepMind 开发的 AlphaGo 程序以 4:1 击败围棋九段李世石，至此，AI 在棋类游戏中再无敌手，关于棋类 AI 和大数据的研究也从此一飞冲天。

（2）非完全信息类博弈

和完全信息类博弈相反，非完全信息类博弈是指至少一名博弈者不完全了解博弈中的某些要素，例如参与人的集合、行动顺序、策略等。通俗来讲，非完全信息类博弈就意味着双方得到的信息是不完全、不对等的，需要通过猜测、推理等方式来计算。例如，在桥牌中玩家并不清楚其余人手中的牌，在拍卖会上竞拍人不知道其余人的估价，甚至不知道谁会参与竞拍，在价格或数量竞争中，企业可能知道自己的成本，但不知道竞争对手的成本等。这些都属于非完全信息类博弈问题。而在体育运动中，非完全信息类博弈问题的代表是我们日常生活中经常见到的扑克、麻将以及一些电子竞技游戏。

由于信息的不完全性和不对等性，非完全信息博弈对 AI 提出了更加苛刻的要求，不仅要看到别人打了什么牌，还要猜测别人手中有什么牌，并根据对手行动暗示出的信息，来计算自己的最优出牌方法。由于对手的行为不仅暗示他的信息，也取决于他对我们的私人信息有多少了解，我们的行为透露了多少信息。所以，这种"循环推理"，导致一个人很难孤立地推理出游戏的状态。此外，由于非完全学习博弈任务的复杂性、多样性和特殊性，对大数据的收集、处理和训练技术提出了更具有挑战性的难题。同时需要注意的是，与完全信息类对弈相比，有时候德州扑克、麻将对弈输了，不全是因为打得不好，有可能是一开始牌不好，所以赢面比较低。运气的成分在这类比赛中占比较重，这一点与国际象棋和围棋大不相同。在围棋中，专业选手和非专业选手的对决，几乎从来不会因为运气的存在而马失前蹄或极其偶然地咸鱼翻身。因此为了消除运气成分，评判出选手的真实水平，往往需要大量的对局数来衡量。相比于围棋的三番、五番、十番棋，扑克和麻将往往需要上千手牌才可以区分顶尖选手的竞技水平。从麻将 AI 到德扑 AI 再到电竞 AI，非完全信息类博弈的发展历程如图 5-5 所示，接下来将按照时间顺序逐个展开介绍。

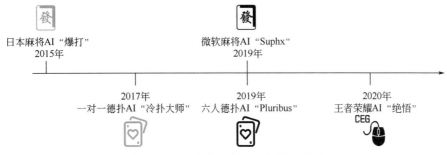

日本麻将AI "爆打"
2015年

微软麻将AI "Suphx"
2019年

2017年
一对一德扑AI "冷扑大师"

2019年
六人德扑AI "Pluribus"

2020年
王者荣耀AI "绝悟"
CEG

图5-5 非完全信息类博弈发展历程

　　2015年，东京大学工学系博士水上直纪开发了一款日本麻将AI，取名"爆打"。爆打从2015年开始在业界知名的高水平专业麻将平台——天凤麻雀上开始运行，至2016年2月已经打了1.3万多场（约13万手牌）。2015年12月一度冲进天凤七段，长期成绩显示平均为六段以上，超越了96.6%的麻将玩家。2019年，微软开发了麻将AI "Suphx"，其收集了数以万计的牌局作为训练数据，通过海量的牌局对弈学习，Suphx展现了惊人的竞争力，最终在天凤平台登顶十段。在5000余场比赛中的稳定段位超过8.7，相比人类顶级玩家的7.4，整整高出了1.3个段位。在牌局中，Suphx会根据形势调整策略，图5-6展示了一个经典的Suphx的麻将牌局对弈策略，由于此时领先较多，Suphx在对弈中采用保守策略，尽管打出六万会比打出六筒的和牌概率更高，但是也更危险，因为不确定对方的底牌，是一种高风险高收益的选择。因此在评估目前的形势后，Suphx选择打出上家刚刚打出的六筒来避免给其他对手"放炮"，从而更稳妥地取得胜利。

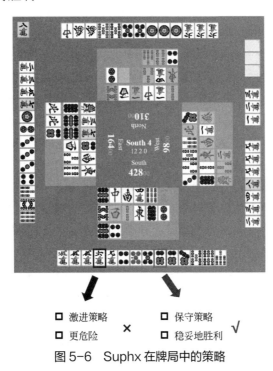

□ 激进策略　　　□ 保守策略
　　　　　　　×　　　　　　　√
□ 更危险　　　　□ 稳妥地胜利

图5-6 Suphx在牌局中的策略

　　除了在麻将方面上的发展，大数据和AI在德州扑克（简称德扑）方面也有相应的成功案例。在2017年1月，世界上最强的四名职业扑克玩家都聚集在位于匹兹堡的大河赌场与

AI 较量牌技。在大数据传输技术的加持下，当一个人类玩家打出一手牌时，动作将会被传送到卡内基梅隆大学 5 英里外的计算机服务器中。经过计算机在海量数据训练下，一款名为 Libratus（冷扑大师）的德州扑克 AI 程序会处理这个动作并产生对应的下一步动作，再将其传递回 12 英里外的玩家对手那里，以此实现一对一的博弈。从 1 月 11 日持续到 30 日，Libratus 与 4 名人类选手共玩了 12 万手一对一不限注的德州扑克。据当地媒体报道，到比赛结束时，Libratus 领先人类选手共约 177 万美元的筹码。在 4 名人类顶尖选手中，输得最少的一位也落后 Libratus 约 8.6 万美元的筹码，从而标志着 AI 在德扑领域开始崭露头角。虽然 AI 在一对一德州扑克对局中，已经能击败顶级人类玩家，但一对多仍是当时待攻克的目标。美国纽约大学研究游戏和人工智能的学者朱利安·滕力思说："虽然从两名玩家增加到六名似乎是渐进的，但这实际上是一件大事。多人游戏是目前正在研究的其他人工智能游戏中一个空白的领域。"

在 2019 年，一款名叫"Pluribus"的 AI 扑克牌机器人在六人无限制德州扑克这项复杂游戏中，碾压了人类职业选手，让人类看到了 AI 的更多可能性。Pluribus 不仅能够在一对多的场景中发挥出色，更是能够应对贴近于日常比赛的多人桌复杂局面，这样的成果可谓是实现了里程碑式的成功。Pluribus 收集到了成千上万的扑克高手对弈牌局，庞大的数据量为训练出一个超越人类的扑克高手提供了可能。多位职业扑克牌手对 Pluribus 给予了高度评价，职业扑克选手 Seth Davies 说："与 Pluribus 比赛最激动的事就是应对其在翻牌前采取的复杂策略。与人类不同，Pluribus 在翻牌前会多次加注。这与人类对局的风格完全不同，很有意思。"世界扑克系列赛冠军 Cris Ferguson 则称："Pluribus 是一个非常努力的对手，任何手牌你都很难压倒它。AI 非常善于在河牌轮下小注，非常擅长在手握好牌时尽量多赢。"职业玩家 Jimmy Chou 表示："每当和机器人玩牌时，我会选择一些新的策略。作为人类，我认为我们倾向于为自己过度简化对局，让对局策略更易于使用和记忆，更倾向于走捷径。机器人就不会走这种捷径，它的每个决定背后都有一个极其复杂而平衡的策略树。"这表明 AI 在扑克这种复杂的游戏中能够展示出高超的技能和能力，甚至能够教会人类选手一些新的策略和思路。

从围棋到德扑、麻将，人工智能正在大数据的基础上解决越来越复杂的博弈问题。那么，在我们的生活中，有没有更加复杂的非对称博弈呢？答案是肯定的。半个世纪前，人类需要使用一部重达 1270 千克的电脑对抗国际象棋大师时，不会想到在半个世纪后的王者荣耀游戏中，AI 可进化至职业电竞水平。这就是王者荣耀的 AI——「绝悟」。这类游戏相比较之前的德州扑克、麻将等非完全信息类博弈游戏更加复杂，其复杂程度不仅在信息的不对称，更在于其开放的游戏规则。游戏规则的开放性让游戏世界会出现很多计算机很难处理的新情况，例如角色选择、技能应用、路径探索、团队战略等，预计有高达 10 的 20000 次方种操作可能性，AI 需要在不透明、高度复杂的环境下快速做出决策。此外，王者荣耀游戏的数据特殊性、复杂性、海量性和多模态特性需要现代强大的大数据技术作为支撑。通过对职业选手的比赛进行分析，使用数以 TB 级的数据进行训练，在 2021 世界人工智能大会上，准备充分的"王者绝悟"挑战五名职业选手，并且取得了最终的胜利，让我们对 AI 技术又有了重新的认知。

人工智能在博弈类体育中的应用非常广泛，本节通过将其分为以棋类为代表的完全信息类博弈和以扑克麻将为代表的非完全信息类博弈进行介绍，来帮助读者有一个初步的了解和认识。

5.3.2 赛事评价

体育竞技赛事评价是对体育比赛进行客观、全面和专业性的分析和评估的过程，对比赛过程、运动员表现、战术策略、技术水平以及赛事组织等方面进行综合考量。通过视频分析技术，赛事实时建模和预测技术体育竞技赛事评价可以提供对比赛的独立见解和专业判断。这种评价不仅有助于观众和体育爱好者更好地理解比赛，还为运动员、教练员和相关组织提供重要的反馈和改进意见，促进体育竞技的发展和提升。体育竞技赛事评价与体育竞技大数据之间存在密切的联系。体育竞技大数据指的是在篮球、足球、游泳等经典体育项目中涉及到的统计类数据，它们从不同角度反映了运动员的效率，以及比赛整体的走势和结果，可以用于各种体育竞技的赛事评价任务。体育竞技赛事评价可以借助体育竞技大数据，利用大数据赛事预测技术来进行更全面、精准的分析。通过对大数据的挖掘，评价者可以获得关于比赛的更多细节信息，包括球队的攻防数据、运动员的个人表现数据、比赛的时间和空间分布等。这些数据可以为评价者提供准确的依据，帮助他们做出客观、科学的评价和判断。例如，在足篮排等体育竞赛中，大数据对于提升竞赛质量有着重大的意义。早在 19 世纪中叶，美国职业篮球联赛（National Basketball Association，NBA）就开始进行比赛中球员篮板球的信息统计，到 20 世纪 80 年代后就已经形成了完整的数据统计体系。而现在每场比赛过后，都会对每位球员的各项指标进行统计。如图 5-7 所示，各个球员的得分、助攻、篮板、抢断、盖帽、失误、犯规等各项数据均会被详细记录与排名。大数据并不仅仅局限于基础的个人数据分析，在队员间的团队效率分析，甚至球队的收入数据、球迷数据分析等方面，都可以看到大数据的身影。通过大数据的分析，教练员可以动态分析对手的球员特质、比赛战术、进攻短板等，从而进行有针对性的调整训练以及战术的布置，可以大大提升比赛时的获胜概率。例如金州勇士队，在 2009 年勇士队在联盟排名倒数第二，而在短短的几年之后，在 2015—16 赛季豪取 56 连胜，一举夺得联盟冠军。实现这样的壮举除了运动员本身的辛勤努力及场上的优异发挥外，也离不开大数据技术为其制定的比赛策略。

图 5-7　NBA 球员得分、篮板、助攻的数据统计

作为世界第一大运动的足球，四年一度的足坛盛宴——世界杯自然备受人们关注。在这种重大赛事中，误判或者是争议判罚会长时间引发球迷的激烈讨论，其中争议最多的当属 1986 年马拉多纳的"上帝之手"。在四分之一决赛阿根廷对战英格兰的比赛中，马拉多纳用手打入一球，并且裁判判定进球有效，其也被阿根廷人称为"民族英雄"。而在近几届世界杯中，大数据技术的引入可以帮助裁判进行判罚，从而很大程度减少误判的发生。2018 年俄罗斯世界杯中，首次在比赛用球中内置 NFC 芯片，通过芯片记录足球的行进轨迹、球员对球的触碰方式等等，并及时反馈给裁判和助理裁判。此外，本届世界杯中还首次引入了视频助理

裁判（Video Assistant Referee，VAR）。VAR 能够对比赛的视频数据进行实时分析，捕捉球员的动作、足球运动的轨迹等关键信息。当出现点球判罚、争议进球、红黄牌判罚及红黄牌罚错等情况时，助理裁判会和主裁进行沟通，严防"上帝之手"再现。VAR 已经在多场赛事中展现出其宝贵的价值，在不使用 VAR 之前，裁判每三场比赛就会出现一次明显的错误，而在使用 VAR 进行辅助之后，统计数据显示每 19 场比赛才会出现一次明显的判罚错误。此外，大数据还可以帮助运动员进行专业的训练和分析。竞技体育的训练较为枯燥，并且需要在日常训练中分析各种数据。传统的人工观测、收集、分析数据的方式费时费力，且结果的可靠性和准确性都难以获得保证。现如今随着物联网、大数据、云计算等技术的蓬勃发展，现代的体育场馆中各种数据记录分析仪器层出不穷，运动员的各项数据分析都会存储在场馆后台的庞大数据库中，教练员可以通过大数据技术对数据库中各项数据指标进行分析处理，从而对应调整训练计划和方式，制定出针对性的专项训练方法，更好地提升运动员的竞技水平。

5.4 ➲ 体育大数据分析案例

在本小节将介绍三个经典的数据分析案例，包括围棋人工智能 AlphaGo 的成长，投篮命中率的预测，以及卡塔尔世界杯中的大数据技术。这些典型案例反映了大数据技术在体育产业中的重要价值，展示了先进人工智能技术在体育领域中所扮演的重要角色。

5.4.1 围棋 AlphaGo 的成长

一直以来，围棋都被看作是棋类运动中最困难、最不可能被人工智能打败的项目。围棋的棋盘由横纵 19 条线组成，共有 361 个交叉点可供落子，棋局中可能的状态约为 10 的 172 次方。面对如此复杂的棋局，倘若没有大数据技术的帮助，一些传统的 AI 方法在围棋中很难奏效。事实上，在 1997 年深蓝击败国际象棋大师卡斯帕罗夫之后，经过多年的发展，棋力最高的人工智能围棋程序仅仅能够达到大约业余 5 段围棋棋手的水准，且在不让子的情况下无法击败职业围棋棋手。2012 年，在 4 台 PC 上运行的 Zen 程序在让 5 子和让 4 子的情况下两次击败日籍九段棋士武宫正树。2013 年，Crazy Stone 在让 4 子的情况下击败日籍九段棋士石田芳夫，这样偶尔出现的战果就已经是很难得的了。

AlphaGo 的研究计划于 2014 年启动，其所取得的战绩和之前的围棋程序相比有显著提升。在和 Crazy Stone 和 Zen 等其他围棋程序的 500 局比赛中，单机版 AlphaGo 仅输一局。2015 年，AlphaGo 击败樊麾，成为第一个无需让子即可在 19 路棋盘上击败围棋职业棋士的电脑围棋程序，在围棋 AI 的历史上写下了浓墨重彩的一笔，这是大数据与人工智能技术在棋类博弈项目变革的里程碑。

2016 年，通过自我对弈数以万计盘进行练习强化，AlphaGo 在一场五番棋比赛中以 4:1 的成绩击败了顶尖职业棋手李世石，成为第一个不借助让子而击败围棋职业九段棋士的电脑围棋程序，举世震惊。五局赛后韩国棋院授予 AlphaGo 有史以来第一位名誉职业九段称号。

围棋"高手"AlphaGo 训练的思想其实并不复杂。如图 5-8 所示，通俗来说，AlphaGo 的训练主要分为两部分，首先是跟着"教师"学习，然后是自我学习提升，也就是前面讲到的强化学习。在"教师"学习环节，AlphaGo 会使用人类专家的棋谱数据进行训练，训练目的是学会人类在一些棋局下的走法。在"自我提升"环节，AlphaGo 会进行自我对弈，通过不断的自我对弈进行学习提升。当然，看似无懈可击的 AlphaGo 也不是全无缺点。由于 AlphaGo 每一步都要进行大量的计算，一旦局面变得复杂，或者对面下出了不可思议的一手，AlphaGo 就难以在短时间内做出准确判断，甚至可能进入混乱模式。例如对战李世石的第四局棋，李世石的第 78 手"挖"是 AlphaGo 认为概率极小的点，这一手之后导致棋面状态进入了 AlphaGo 无法处理的范围，成功顶到了 AlphaGo 的软肋，也最终凭借这一手棋赢下了这局对决。众人纷纷将这手棋称为"神之一手"。

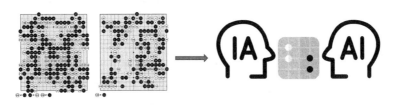

人类专家训练　　　　　　　　　　　　　　　自对弈

图 5-8　AlphaGo 训练过程

2017 年，AlphaGo 宣布退役，它的最后一场比赛是与中国职业围棋选手柯洁进行的一场三番棋比赛，AlphaGo 大比分 3：0 战胜柯洁。虽然柯洁在第二盘棋中下出了精彩绝伦的对弈，被后人称为有史以来最精彩激烈的对局，但是面对进化完全的 AlphaGo，人类的力量还是显得太过渺小。同年，DeepMind 发布了 AlphaZero，它是一个通用的人工智能系统，可以在不知道游戏规则的情况下通过自我博弈学习各种棋类游戏的最佳策略，包括围棋、象棋和国际跳棋等。

总的来说，AlphaGo 的发展是一个漫长而充满挑战的过程，但它的成功也为人工智能在围棋领域的发展开辟了新的道路，激发了更多人的研究热情。此外，AlphaGo 的成功也促进了人工智能在其他领域的应用，如医疗、金融、交通等。人们在 AI 研究中也在不断追求着技术的精进，一次次刷新着人类的认知。

5.4.2　大数据与篮球投篮命中率

在篮球比赛中，投篮是最主要且关键的得分方式，投篮的命中率取决于很多因素，如运动员的身高臂展、体力消耗情况，防守队员的干扰等。借助大数据和先进的人工智能预测技术，投篮命中率的分析也变得不那么难以捉摸。本小节将通过具体的案例来解析大数据技术在投篮命中率分析中的应用。

（1）科比·布莱恩特的投篮命中率预测

读者们对于科比·布莱恩特这个名字应该并不陌生。不得不说，科比是 21 世纪以来，整个 NBA 里进攻方式最精妙、得分技巧最全面的球员之一。在二十多年的职业生涯中，他的比赛录像被一遍遍地研究，人们希望能总结出一些规律，用以限制这个几乎无所不能的男人。那么，是否可以结合经验和已知的信息，用最科学的方式评估科比的某一次出手能够命中篮筐的概率呢？答案是肯定的。在大数据的思维下，即使面对体育比赛这样瞬息万变的场景，机器学习也可以发现其中的"蛛丝马迹"。在机器学习和数据科学竞赛的知名网站 kaggle 中，公布了科比 20 年 NBA 职业生涯中所有投篮出手的相关信息对应的数据，包括了诸如出手方式、比赛地点经纬度、出手位置坐标、比赛剩余时间等信息（如表 5-1 所示）。除此之外还存在一个数据标签，即本次出手是否命中。通过大数据模型能够判断科比在何种条件下会命中，并可以进一步分析哪些是影响科比投篮命中率的重要因素，从而指导教练和球队预测将来的命中情况，并制度相应的训练、进攻和防守策略。

表 5-1　投篮命中率预测涉及的相关变量

变量名称	具体含义	变量名称	具体含义
Action_type	出手方式（细）	Lon	比赛地点经度
Combined_shot_type	出手方式（粗）	Minutes_remaining	比赛剩余分钟
Game_event_id	比赛事件编号	Period	节数
Game_id	比赛编号	Playoffs	是否季后赛
Lad	比赛地点纬度	Season	赛季
Loc_x	出手点 x 坐标	Seconds_remaining	比赛剩余秒数
Loc_y	出手点 y 坐标	Shot_distance	出手区域距离
Shot_type	两分或三分	Shot_zone_range	出手区域距离
Shot_zone_area	出手区域	Team_name	球队名
Shot_zone_basic	出手区域类型	Team_id	球队编号
Game_date	比赛日期	Match_up	比赛对阵
Opponent	对手	Shot_id	出手编号

通过大数据的分析，我们可以发现一些有趣的结果和有用的结论。首先，数据输入的特征种类很多，相关度自然有高有低。我们最关心的，当然是对结果影响力最强的那些特征。可以通过机器学习算法，分析得到那些对投篮命中率影响最显著的特征。与科比投篮成功率关联相对最大的一项特征是出手方式（包括跳投、上篮等），原因可能在于不同的出手方式，其命中率差别本身就较大，例如科比的上篮（包括扣篮）的命中率肯定会高于其中距离跳投，而中投的成功率和三分相比又会略胜一筹。其他特征，诸如一些出手区域的类型（包括禁区、中距离、外线）、出手距离、出手区域等都对命中率也有较大影响。

（2）"手感"与投篮命中率的关系

与篮球命中率相关的，还有一个比较神奇的词汇，那就是"手感"。具体来说，连续得手和连续失误是体育运动中常见的现象。许多篮球运动员连续多次投篮得分（或者投篮不进），许多橄榄球四分卫连续多次传球成功（或者失误），球迷和选手看到了这种现象，认为选手的状态很好或者很糟糕。例如，在洛杉矶湖人和波士顿凯尔特人之间进行的 NBA 总决赛第二场比赛中，凯尔特人得分后卫雷阿伦连续投中了七个三分球。

三维接触的心理学家——康奈尔大学的托马斯·吉洛维奇以及斯坦福大学的罗伯

特·瓦隆和阿莫斯·特沃斯基，对"手感"的现象做了一项有趣的研究。他们调查了100名篮球迷，发现91%的人相信选手"在两三次投篮命中以后的投篮命中率高于在两三次投篮不中后的投篮命中率"，篮球选手也相信状态火热和糟糕的说法。在他们调查的7位职业选手中，有5位相信选手在之前两三次投篮命中以后投篮命中的可能性要高一些。对于拥有50%命中率的假想选手在上次投篮命中以及不中的情况下投篮命中的可能性，职业选手的平均估计值分别是62.5%和49.5%。吉洛维奇、瓦隆和特沃斯基考察了各种篮球数据，认为这种常见的感受是错误的，他们最有说服力的数据来自美职篮费城76人队1980—1981赛季的表现。这些教授对每名选手连续2次或3次投篮命中以后投篮命中的频率与这名选手连续2次或3次投篮不中以后投篮命中的频率进行了比较。他们发现，事实上，选手在连续投篮命中以后的整体表现稍差于连续投篮不中以后的表现。然而，这种分析的一个问题是，上述数据没有考虑两次投篮的时间间隔。一名选手的连续2次投篮可能间隔30秒或5分钟，也可能位于一场比赛的上下半场，甚至出现在不同的比赛中。球迷和选手并不认为一个人周二在费城的表现会影响他周四在波士顿的投篮命中概率。另一个问题是，连续命中的选手可能倾向于做出难度更大的投篮动作，这可以解释选手在投篮命中以后整体表现更加糟糕的原因。此外，当一名选手被认为状态火热或糟糕时，对方可能会对他采取不同的防守策略。投篮选择可能还会受到分数、比赛剩余时间以及双方选手累计犯规次数的影响。这个问题存在许多混杂因素。美职篮首发队员平均每场比赛进行10~20次投篮，每个半场5~10次。如果"手感好"是一种相对温和的现象，那么基于5~10次投篮的统计检验不太可能发现这种现象，尤其是当数据中隐藏着不同投篮难度、不同投篮间隔以及其他混杂影响因素时则更为困难。吉洛维奇、瓦隆和特沃斯基的结论不仅与球迷和选手的观念相抵触，而且与大量证据相矛盾。在大量体育运动中，当运动员充满自信时，他们可以做出更好的表现。在一项掰手腕研究中，竞争者被事先告知他们比对手强或者比对手弱。当对决双方获得错误信息、认为弱者更强时，较弱的一方在12场比赛中赢了10场。当对决双方获得关于谁是强者的正确信息时，较强的一方赢得了所有12场比赛。事实上，相关合理的观点认为，连续投篮命中的篮球选手将会变得更加自信，这种信心可以帮助他做出更好的表现。也许，好手感是真实的，但是由于投篮选择、投篮间隔以及防守调整等混杂因素而很难在篮球比赛中被检测出来。

除了篮球，高尔夫球和掷飞镖领域有一些关于状态火热和状态糟糕的实验证据。不过，在这些研究中，志愿者需要反复打高尔夫球和掷飞镖，但他们的报酬却很微薄。面对大量试验，他们几乎没有理由认真对待这件事情，因此研究人员观测到的火热和糟糕状态可能源自动力不足的志愿者专注程度的起伏。如果志愿者专心实验时的成功率较高，感到厌倦时的成功率较低，命中和失误就会在数据中出现聚集，形成连续成功和连续失败的现象。在这些连续成功和连续失败之中，他们的能力并没有出现波动，真正出现波动的是他们的专注力。总而言之，运动员的比赛表现是一种综合的结果，它包括了主观的意志、信心和专注程度，同时也遵循着一定的统计规律。大数据技术可以客观地反映与刻画这种统计规律，而主观因素则决定了在基准表现上波动范围的大小。现在，随着可解释机器学习技术的发展，研究人员可以将运动员主观知识结合体育大数据分析技术，从而提供更丰富的特征信息与更具有可解释的分析结果。

5.4.3　卡塔尔世界杯中的大数据

　　本小节将通过 2022 年卡塔尔世界杯的例子，来介绍大数据技术在世界第一大体育运动——足球竞技领域中所展现的魅力。在卡塔尔世界杯中，大数据技术被广泛应用于比赛分析、预测和决策制定中。数据分析师和研究人员使用大量的历史数据和实时数据来了解球队和球员的表现，并预测比赛结果。这些数据包括比赛结果、进球数、红牌数、黄牌数、控球率等，它们还能够用于优化战术和阵容，并帮助教练和管理团队做出明智的决策。通过使用大数据技术，卡塔尔世界杯的组织者和参赛球队能够更好地了解比赛和提高竞争力。

　　卡塔尔世界杯以阿根廷对战法国作为总决赛，并最终以梅西作为队长的阿根廷国家队夺得大力神杯作为震撼人心的结尾。事实上，卡塔尔世界杯中的比赛表现其实早已能够在大数据技术中窥见一斑。根据国际足联 FIFA（Fédération Internationale de Football Association）提供的 1922—2022 年的 101 年比赛表现，FIFA 通过大数据分析技术对各个国家队进行了 2022 年的世界排名预测，其中排名前五位的国家队分别为巴西、阿根廷、法国、比利时与英格兰。而在卡塔尔世界杯比赛中，阿根廷夺得了世界杯冠军，法国队夺得亚军，巴西与英格兰均进入 8 强，只有比利时在小组赛中并未出线。与此同时，作为冠军的阿根廷在近五年的排名稳中有升，从第 11 名一直上升到第 2 名，足以体现其强大的团队凝聚力与雄厚的实力。基于大数据技术分析世界杯各个国家队的表现，可以辅助预测卡塔尔世界杯的比赛排名。

　　此外，卡塔尔世界杯中不同队伍间的比分也可以通过大数据分析技术进行预测。FIFA 国际足联提供了从 1930 年到 2018 年共 21 届世界杯的全部比赛的比分，这些数据可以用来预测世界杯中小组赛、淘汰赛的队伍比分。在 1998 年、2006 年和 2018 年，法国队均攻入总决赛并取得了非常优异的成绩，这些数据无不体现着法国对于足球世界杯的重视，这也昭示着在 2022 年世界杯中法国队的比分会具有极强的竞争力。可以看到，在卡塔尔世界杯决赛中，法国与阿根廷 3:3 战平，最终抱憾于点球大战中，也印证了大数据对历史比分数据的分析。事实上，通过大数据分析技术对各球队队员、教练风格、得分率、控球率等变量的分析，可以预测不同队伍间的具体比分，彰显了大数据分析的强大。

图 5-9　卡塔尔世界杯明星球员梅西与姆巴佩的 FIFA 评分示意图

　　以梅西、罗纳尔多、内马尔为代表的世界巨星球员往往是球迷们关注的焦点，而通过大数据分析技术可以对这些明星球员历次比赛的表现进行计算，从而量化球员们在比赛中的不同属性值，以预测球员在比赛中的表现。事实上，通过分析球员们的比赛数据，如进球数、助攻数与传球数等，足球俱乐部的精算师们会给其表现开出不同的身价，以侧面反映这些球员的综合能力。如图 5-9 所示，FIFA 国际足联通过球员在当年比赛中的各项具体数据，去计算不同球员的六项综合属性给予评分，即速度能力、盘带能力、射门能力、防守能力、传球能力与对抗能力。例如阿根廷队队长梅西，FIFA 对其盘带能力、传球能力与射门能力评分均在 90 分以上，体现了其既可以作为球队进攻组织者，又可以作为球队主力进攻者的强大突破能力。而在卡塔尔世界杯决赛主赛程中，梅西射门进球 2 次，贡献助攻 1 次。本次比赛阿根廷夺得的 3 分均有梅西的贡献，印证了数据分析中所得出的结论。对于法国队的前锋姆巴佩，FIFA 对其能力进行大数据量化评分，其速度达到了惊人的 99，盘带能力与射门能力均大于 90，非常突出，但传球能力 85 比较一般。在决赛除点球大战的赛程中，姆巴佩加速过人射门进球 2 次，点球 1 次，为法国夺得了全部的 3 分，也反映了其惊人的进攻能力，但其助攻能力相比于梅西而言仍有较大差距。这些结果体现了大数据量化分析的准确性。

 小结

本章以体育及其各方面的业务发展为切入点，介绍了大数据技术在现代体育的应用。我们可以看到，越来越多的体育项目将大数据技术作为场外或场内的辅助工具，大数据的应用可以为运动员、教练和战术分析员提供更多的数据支持，帮助他们做出更好的决策和优化方案，提高竞技成绩，对于提升运动竞技水平具有重要意义；此外，数据科学家可以使用大数据技术来分析过去的比赛数据以预测未来的赛果或是建立智能体模型，从而应用到各种衍生的博弈类体育和赛事建模的场景，带来海量的商业价值。本章以三个经典且知名的数据分析案例反映了大数据技术在实际体育场景中的应用，展示了先进人工智能技术在体育领域中所扮演的重要角色，包括围棋人工智能 AlphaGo 的成长，大数据与投篮命中率的预测关系，以及卡塔尔世界杯中的大数据技术。

参考文献

[1] Silver D, Huang A, Maddison C J, et al. Mastering the game of Go with deep neural networks and tree search[J]. Nature, 2016, 529(7587): 484-489.

[2] Silver D, Schrittwieser J, Simonyan K, et al. Mastering the game of go without human knowledge[J]. Nature, 2017, 550(7676): 354-359.

[3] Silver D, Hubert T, Schrittwieser J, et al. A general reinforcement learning algorithm that masters chess, shogi, and Go through self-play[J]. Science, 2018, 362(6419): 1140-1144.

[4] Heaven D. No limit: AI poker bot is first to beat professionals at multiplayer game[J]. Nature, 2019, 571(7765): 307-309.

[5] Schrittwieser J, Antonoglou I, Hubert T, et al. Mastering atari, go, chess and shogi by planning with a learned model[J]. Nature, 2020, 588(7839): 604-609.

[6] Bai Z, Bai X. Sports big data: management, analysis, applications, and challenges[J]. Complexity, 2021: 1-11.

[7] Morgulev E, Azar O H, Lidor R. Sports analytics and the big-data era[J]. International Journal of Data Science and Analytics, 2018, 5: 213-222.

[8] Patel D, Shah D, Shah M. The intertwine of brain and body: a quantitative analysis on how big data influences the system of sports[J]. Annals of Data Science, 2020, 7: 1-16.

[9] Yang K. The construction of sports culture industry growth forecast model based on big data[J]. Personal and Ubiquitous Computing, 2020, 24(1): 5-17.

[10] Baerg A. Big data, sport, and the digital divide: Theorizing how athletes might respond to big data

monitoring[J]. Journal of Sport and Social Issues, 2017, 41(1): 3-20.

[11] Yu Y, Wang X. World Cup 2014 in the Twitter World: A big data analysis of sentiments in US sports fans' tweets[J]. Computers in Human Behavior, 2015, 48: 392-400.

[12] Lopez-Gonzalez H, Griffiths M D. Understanding the convergence of markets in online sports betting[J]. International Review for the Sociology of Sport, 2018, 53(7): 807-823.

[13] Kong L, Huang D, Qin J, et al. A joint framework for athlete tracking and action recognition in sports videos[J]. IEEE transactions on circuits and systems for video technology, 2020, 30(2): 532-548.

第6章

工业大数据

在四川成都有一家神奇的无人工厂，它能够一气呵成地实现和面、放馅、捏饺子，并把成型的饺子准确地摆放整齐，最终包装成可以售卖的商品。在这个无人工厂中，没有了埋头苦干的工人，却可以每小时生产8万个饺子。那么，是什么使得无人工厂能够拥有如此高效率的智能生产模式？答案是工业大数据。这家无人工厂通过对工业数据的分析设计了高度智能化的生产设备，不仅能够将工人从繁重的手工劳动中解放出来，而且可以及时地调整生产流程以提高生产效率和质量。由此可见，工业大数据在我们的生活中扮演着十分重要的角色。那么，到底什么是工业大数据呢？通俗来讲，工业领域中的所有数据被统称为工业大数据。工业大数据的侧重点和其他领域的大数据并不完全相同，工业大数据主要聚焦于实际工业生产中遇到的问题，用于提高生产效率和质量，创造新的生产价值。下面将从多个方面来介绍工业大数据，包括概述大数据的发展历程和特点，总结工业大数据的关键技术，介绍工业大数据的典型应用场景，最后通过两个典型案例来说明工业大数据是如何在实际中发挥作用的。

6.1 ⊙ 概述

当今世界正处在一个万物智能化的时代，人工智能、大数据不再停留于虚拟的网络世界中，而是已经走进了工厂车间，将工人从繁重的体力劳动中解放出来，为千家万户的衣食住行带来切实的便利。在前面几章中已经介绍了大数据在社交媒体和体育竞技中的应用，那么大数据又是如何为实际的工业生产带来变革与创新的呢？接下来，将介绍工业大数据的发展历程，并讲述工业大数据的特点。

6.1.1 工业大数据的发展历程

在智能制造时代，整洁高效的流水车间、自动化的无人生产过程都为普罗大众的日常生活带来了方便与快捷。然而，工业领域的整个发展历程是坎坷的。实际上，如图6-1所示，工业的发展经历了多个阶段，包含了机械化（工业1.0）、电力化（工业2.0）、自动化（工业3.0）和智慧化（工业4.0）。我们不妨通过回顾工业发展的历程来走近工业大数据，了解工业大数据如何影响整个工业领域的演化和变革。

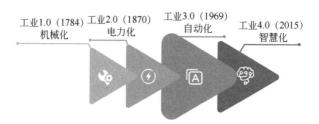

图 6-1 工业领域的发展阶段

（1）工业 1.0

在以蒸汽机技术为代表的工业 1.0 时期，工业大数据还没有出现，因为数据的采集、存储和处理技术都非常有限。在这个阶段，工人们只是单纯的机器操作者，基本按照自己的节奏和经验来控制生产流程，效率较为低下。此外，工人们必须亲自出现在危险、恶劣的生产车间中，并需要超时投入大量时间用于完成生产任务，没有基本的保障和权利。

（2）工业 2.0

在以电力和内燃机为代表的工业 2.0 时期，工业大数据开始出现，因为电气化和自动化带来了更多的数据来源和数据类型，但是数据的分析和应用还比较初级。在这个阶段，工人们在工厂中的工作模式也发生了变化。他们不再是单纯依靠经验操纵机器，而是按照固定的标准和步骤来进行劳动。

（3）工业 3.0

在以计算机和网络为代表的工业 3.0 时期，工业大数据开始逐步发展，因为信息化和数字化提高了数据的质量和数量，以及数据的传输和处理能力，但是数据的利用率还不高。在这个阶段，工人们不再遵循固定的标准和步骤，而是按照计算机发出的指令和程序进行劳动。这也要求工人们需要具备更高的技能和知识，以应对不同产品个性化定制而导致的操作需求的变化。

（4）工业 4.0

在以物联网、大数据以及人工智能为代表的工业 4.0 时期，工业大数据发展迅猛，它使得人类进入了智能化生产时代。在这个阶段，工人们不再是单纯的计算机指令执行者，而是需要和网络实体系统、物联网设备、机器人、3D 打印机等进行协同和互动，以进一步实现智能化工业生产。在某些工业智能生产流程中，工人甚至都不需要亲自出现在车间内，机器设备可以实现自主的决策和操作，有效地减轻了工人的负担。

综上所述，工业大数据是推动工业生产进步的重要驱动力之一，其在工业 1.0 到工业 4.0 的变革发展中发挥着至关重要的作用，为实现数字化、精确化、安全化的工业发展提供了有力支撑。在未来，工业大数据将与人工智能、物联网、云计算等新技术深度融合，形成新的技术应用和业务模式，进一步推动工业生产的转型升级和智能化发展。

6.1.2 工业大数据的特点

与虚拟环境下获取的大数据不同，工业大数据源自工业制造的实体场景，因而具有其独特的性质。除下述的 4V 特点，工业大数据还具有一些独有的特点。以下将结合实际工业场景对工业大数据的特点进行阐述与解读。

（1）工业大数据的 4V 特点

工业大数据包含了一般大数据所具有的 4V 特点，即 Volume（规模性）、Velocity（高速性）、Variety（多样性）和 Value（价值性），下面将详细介绍工业大数据的 4V 特点是如何体现的。

规模性：指的是工业大数据规模很大，并且规模会随着时间的推移而迅速增长。举个例子，一家汽车制造企业每天要生产和检测成千上万辆汽车，每辆汽车都有很多零部件和参数，这些数据就构成了规模庞大的工业大数据。

高速性：指的是工业大数据的产生和传输速度非常快，需要实时或近实时的分析和响应技术。比如，一家发电公司要实时关注和调整电网的用电量和电压，这样才能提供稳定的供电，这些电量、电压数据就要快速地产生和传输，形成了高速的工业大数据。

多样性：指的是工业大数据类型复杂多样。例如，在工厂里，监控器拍下的生产现场视频、工人们记录的生产需求和设备上采集的运行参数等数据构成了丰富多样、种类繁多的工业大数据。

价值性：指的是工业大数据的价值密度是比较低的。举例来说，一家石油开采企业要从海底钻井中获取和处理海量的地质数据，以寻找有价值的油气资源，这些数据中大多数都来源于没有石油的区域，只有一小部分是有用的，这些数据就体现了工业大数据的低价值密度特点。尽管如此，正如沙海淘金，利用人工智能等先进技术，我们仍可以从低价值密度的数据中挖掘到有价值的信息。

（2）工业大数据的独有特点

除了 4V 特点，工业大数据还具有一些特有特点，如图 6-2 所示，包括闭环性、强关联、因果性特点。

图6-2　工业大数据的独有特点

闭环性：指的是工业大数据可以实现从采集到分析再到反馈的完整循环，相较于社交媒体大数据侧重于数据的分析和应用，工业大数据不仅强调挖掘数据背后的价值信息，还强调如何将这些价值信息反馈回整个生产系统，以保证工业生产的最佳效率和质量；举个例子，如果一个温度传感器检测到某个区域的温度过高或过低，就会通过工业大数据系统自动调节空调系统或通风系统，以保持适宜的温度。

强关联：指的是工业大数据之间存在着密切的关联。这种关联可能是时间关联、空间关联或功能关联等。强关联特性使得工业数据具有更为丰富的信息内容，但同时数据分析的难度也会增加。比如，如果一个生产环节的机器速度变慢了，就会导致整条生产线的节奏被打乱，从而影响其他生产环节的工作，因此在分析工业大数据时要全面地考虑这些连锁反应。

因果性：指的工业生产过程中某些变量（因变量）受到其他变量（自变量）的影响，产生数据流动的通路。因果性的特点使得工业数据的分析有迹可循。一个例子是，如果一个产品出现了质量问题，就可以通过追溯其生产过程中的各个参数和条件，找出造成问题的根源。

6.2 ● 工业大数据关键技术

和前文所介绍的社交媒体大数据以及体育竞技大数据不同，工业大数据来源于实际的工厂、机器设备等实体而非虚拟的网络，这就要求关键技术能够建立起实际物理世界和虚拟数据世界之间的桥梁。如同人的感官可以感知真实世界中周围环境和自身状态，工业大数据将智能传感技术应用于工厂中具有实体的硬件设备中收集数据；如同人的中枢神经支配身体四肢活动，工业大数据将信息物理系统应用于工厂里看不见摸不到、但每个设备都配备的控制系统中控制运行；如同人的大脑思考问题寻找策略，工业大数据将工业互联网应用于工厂的虚拟软件平台中智能决策。尽管三种关键技术分别在不同的领域发挥作用，它们都依托了智能算法，使得实际物理世界的工厂设备和虚拟数据世界的算法平台相互作用，从而建立起两个世界间的桥梁。图 6-3 展示了智能传感技术、信息物理系统、工业互联网三者互相渗透、互相补充的关系。

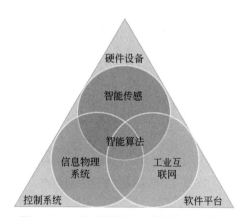

图 6-3　工业大数据三个关键技术的关系

6.2.1　智能传感

智能传感技术用于从工业实体中采集、存储、处理数据，是工业大数据系统的感官。在介绍智能传感之前，不妨先了解一下传感器的概念。我们人类为了从外界获取信息，必须借助于感觉器官，通过视觉、嗅觉、味觉等，才能真实感知世界。然而，仅靠人们自身的感觉器官在很多时候是远远不够的。例如，天气预报员不能依靠体感得出某地的精确温度、湿度；交警很难通过肉眼看出汽车的行驶速度，也无法判断其是否超速。为此，传感器技术应运而生。在日常生活中，传感器无处不在。例如，家用温度计就是一种温度传感器，能够将室内温度以数值形式展现；商场的自动门上安装了红外传感器，探测到有人靠近时门就会自动打开；打开手机的地图导航，GPS 传感器能够为我们提供精确的定位信息……在各种生活场景中，传感器都能够实现对环境的精确感知，为我们提供重要的信息支持。可以说传感器是现代信息技术中重要的"感觉器官"。借助传感器，人们可以将感知"数据化"，让感知变得精确可靠。

那么，日常生活中的传感器是否能满足工业大数据的需求呢？实际上，由于工业生产过程常常在高温、高压等恶劣环境下进行，并且对测量精度的要求也较高，生活中常见的简单传感器是远远不能满足工业领域中的数据测量要求的。为此，就需要引入智能传感的技术理念。传统传感器与智能传感器的组成结构如图 6-4 所示，下面以温度测量为例，通过数据采集与处理、存储、校验三方面功能，具体讲述工业现场中的智能传感技术与普通传感器的区别与联系。

图 6-4　传统传感器与智能传感器的组成结构对比

（1）数据采集与处理

生活中，我们最常见的温度传感器就是家用温度计，它基于液体热胀冷缩的原理工作，人们可以通过温度计上的刻度读取到当前环境的温度值。实际上，家用温度计的精度并不高，温度测量值可能会有 1～2℃的误差；并且对环境的要求也较为严格，只能用于对室内温度等常见温度值的测量。然而在工业生产中，这种简单的温度计就无法使用了。工业生产有时会涉及到高温（数百甚至数千摄氏度）情况下的温度测量，并且对温度测量结果准确度的要求也会更高。为了满足以上要求，就需要使用智能温度传感器，如图 6-5 所示。工业智能传感器具有精密的结构设计，并在传感器内部加装了微处理芯片，在实现数据高精度采集的基础上，还可以根据通过运行大数据算法完成数据处理功能，例如去除数据噪声、校正测量偏差等，实现温度测量、数据处理的一体化。

（2）数据信息存储

对于家用温度计，我们可以从温度计上读取到当前的温度，但如果我们想知道"现在的温度比一个小时之前高了还是低了"或者"这几天的温度变化趋势"该怎么办呢？显然，温度计上不会保存历史的温度数据，我们也就无法了解到这些信息。当然，我们也可以通过定时记录温度的方式来获取温度变化情况，但这就显得十分麻烦了。

家用温度计　　　　　　　　　　工业智能温度传感器

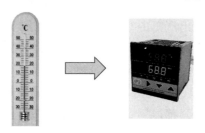

精度：较低（±2℃）　　　　　　　　　　　　　　　　精度：较高（±0.3℃）

环境适应性：较弱（仅室内）　　　　　　　　　　　　环境适应性：较强（室内、室外、高温、低温……）

图6-5　家用温度计与工业温度传感器对比

在实际的工业生产过程中也有类似情况，由于管理人员常常需要查看设备的历史温度变化情况，以了解设备的运行状态，如果使用传统的温度传感器，就需要手动保存数据，这个过程较为复杂；而智能温度传感器可以在其处理器内部的存储单元中存储大量的信息，用户可随时查询。这些信息包括传感器的测量数据，以及历史数据和图表，例如传感器已工作多少小时，更换多少次电源，等等；也包括生产日期、目录表和最终出厂测试结果等，帮助运维人员更好地对设备进行维护。

（3）自检、自校

日常生活中，如果家中的温度计出现了测量偏差，可能会导致测量出的温度值有几摄氏度的偏差，但我们难以通过体感察觉到这种差异；即使发现了温度计的异常，也需要通过冰水浴、校准装置等特定方法去校准，过程较为复杂。这就导致我们无法确认温度计当前是否准确。工业中也同样存在这种情况，并且由于工业中传感器常与运行设备紧密贴合，为了检修传感器，可能需要将设备停机，这会为工厂带来极大的麻烦。而智能传感器由于具备自检自校功能，通过大数据算法自动检测自身状态与测量准度，有效解决了传统传感器检验困难的问题。

通过以上方面可以看到，工业智能传感器通过结合微处理器与工业大数据技术，实现了高精度数据采集、存储以及自检自校功能，是工业领域的重要感知组件，为后续的工业设备控制、维护等任务提供了坚实的数据基础。

6.2.2　信息物理系统

2016年发布的《宝可梦GO》游戏火爆全球，直到今天依旧受到大量玩家的喜爱。这款游戏最大的特点在于它能够连接虚拟的网络世界和真实的物理世界，通过识别来自现实世界的真实物体，叠加虚拟世界的相关信息，让玩家通过屏幕看到"存在"于真实世界的栩栩如生的宝可梦形象。信息物理系统（Cyber-Physical Systems，CPS）正是在工业现场起到了这样的功能，它是集成计算、通信与控制于一体的智能系统，通过传感设备感知真实世界后，控制相关生产设备执行虚拟世界中产生的指令完成生产任务。当然实际的工业生产和游戏是有区别的：游戏中连接虚拟和现实的技术仅仅是一项孤立的技术，而从信息物理系统发挥作用的领域——控制系统的特点可以看出，硬件设备与软件平台同时与信息物理系统有着密切的联系，使得该技术成为数字化工业生产中一个具有完整流程的技术体系；同时游戏和工业生产的目的也有所不同，游戏仅仅考虑如何让玩家拥有更好的游玩体验，往往会超脱于实际，而工业生产讲求生产效率和经济效益，因此信息物理系统的核心目的就是从数据中为工业制造创造价值。

根据信息物理系统的主要特征和核心目的，工业 4.0 环境下信息物理系统包含 5 个层次，能够通过三个步骤逐渐完成从数据中创造价值的过程。如图 6-6 所示，信息物理系统首先利用智能感知层从工厂设备中获取工业数据，这样的数据一般是原始数据，如设备运行时的内部温度等；随后经过信息挖掘层和网络层对潜藏在原始数据中的有价值信息进行提取和整合，如温度数据可以用于判断设备是否正常运行；最后利用整理好的信息在认知层和配置层中将信息转化成决策指令，通过执行指令完成生产动作创造经济效益，如根据温度指示设备存在异常，设备会自行停机防止异常运行缩短自身的寿命。整个过程与人们完成脑力工作非常类似，首先人们需要通过大量的阅读书本、文献或者查看相关视频音频学习基础的知识；这些基础知识之前只是纸上谈兵的碎片信息，经过人们自己的大脑反复思考巩固形成记忆之后，碎片信息就转化为充分理解能够直接使用的知识；最后面对工作中的任务要求，人们只需利用脑海中已经充分理解的知识形成自己的工作方法，按照自己拟定的方法完成任务。可以看出，信息物理系统智能化技术理念在模仿人类的工作学习方式，设备依托信息物理系统可以像人类一样学习、思考和工作。

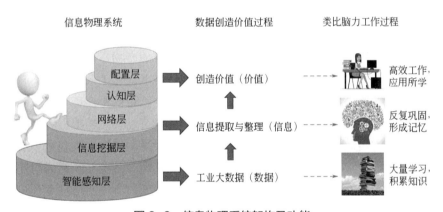

图 6-6　信息物理系统架构及功能

下面以数控机床智能化装备为例介绍信息物理系统的应用与功效。数控机床是一种能够自动完成切削、装配等任务的机器设备，平时使用的螺丝螺母一般都是由它加工获得的。数控机床虽然没有被称作机器人，但它仍然是机器人大家族的成员之一，只是与人们印象中的"小爱""小度"不同，它属于机器人大家族中的实干家。随着数控机床孜孜不倦地工作，设备自身结构，比如用于切削的带锯就会逐渐磨损，可能会造成加工效率和生产质量的下降，磨损到一定程度需要进行更换。原本需要通过经验人工判断磨损程度，经过信息物理系统升级的数控机床能够直接根据自身传感器收集的数据分析学习相关知识，利用自己总结的知识信息判断当前的磨损程度，预测何时需要停机更换部件，并自己添加相应的订单。信息物理系统还可以将设备的"思考"过程通过计算机展示在屏幕中，并帮助存储相应的知识，形成设备自身的"记忆"，这样数控机床就在信息物理系统的帮助下成功摆脱了"复读机"命运，完成向智能化装备的转型。

6.2.3　工业互联网

在日常生活中，人们会在互联网上学习、聊天、购物，并在互联网中进行沟通交流，在互联网的作用下，即使相隔千里人与人依旧能被紧密地联系在一起。类似地，工业互联网作为工业大数据中的关键技术，它能够赋予工业设备自主沟通协助的能力，从而有效提升工业生产效率。需要注意的是，工业互联网并不是互联网在工业中的简单应用，而是具有更为丰富的内涵与外延。如图 6-7 所示，它以网络为基础、平台为中枢、安全为保障，将工业场景中的人、数据、机器三个要素用一个紧密的网络连接在一起，使得它们能够频繁地进行信息交互。

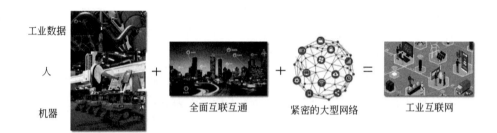

图 6-7　工业互联网概念图

工业互联网作为互联网信息技术与传统工业经济结合的产物，是新形势下工业经济发展的重要推动力。简单来说，工业互联网的最终目的是尽可能地让工业数据流动起来，打破底层制造车间和企业决策高层之间的隔阂。在工业互联网中，企业不仅可以将产品研发状况、生产制造情况、运营销售数据等相关信息进行共享，同时可以分析数据中的相互关系，从而获得有价值的解决方案。这就体现了"流动贯通"的重要性，也与古人观点"水流则清，人动则活"、武侠剧台词"打通任督二脉，功力倍增"不谋而合。工业互联网的构建还拓宽了各个企业尤其是中小企业的信息渠道。在商业竞争激烈的今天，市场的信息对企业生产的指导至关重要，对于具有时效性的商品如烟花爆竹，生产产品的量需要根据当年的具体需求决定。工业互联网用海量数据搭建了企业与市场的桥梁，因此企业能够快速分析市场需求，制定出合理的生产计划。下面本节分别通过火神山医院的建设成果以及酷特个性化工厂两个案例，展现工业互联网的强大功效。

（1）火神山医院建设

在抗击新冠疫情期间，工业互联网在火神山医院的建设过程中发挥了至关重要的作用。武汉火神山医院最受世人瞩目的地方就是它的建设速度。平常建立一个中型的医院至少需要半年的时间，而火神山医院从方案设计到建成交付仅花费了 10 天时间，真正彰显了中国速度。火神山医院的极速建成离不开工业互联网等关键技术的支撑。具体来说，要保障最快的施工速度，建设方需要一个清晰成熟的流程与规划。如图 6-8 所示，当火神山医院施工图纸确定后，施工方就要借助工业互联网对现场机械设备信息数据进行全面联用，从而能够实时监控机械设备的运行状态，智能高效地调度施工现场的各个设备，并保障现场几百台设备的正常运作，最大化设备的运行效率。值得一提的是，在医院的建造过程中，数千万网友通过观看直播的方式化身为"云监工"，在线亲身体验了工业互联网强大的联通信息的能力。

工业互联网平台搭建，实现设备信息数据的全面联通

实时监测设备状况、智能预警设备安全、扮演"云监工"角色

火神山医院迅速竣工并投入使用

工业互联网与普通互联网连接，向大众直播建设过程

图6-8　火神山医院建设过程以及直播画面

（2）个性化定制工厂

现代生活的工业产品往往存在着个性化定制的需求，人们常常希望根据自己的个人喜好定制小到衣服杯子，大到家具装潢等日常用品。随着工业互联网的发展，这种个性化定制的思路被企业迁移到工业生产中，许多个性化定制工厂开始崭露头角。如果仅依赖传统互联网，消费者的具体需求可能无法及时准确地传达到企业生产的工厂中，这会引发消费者的负面情绪以及造成企业生产原料的浪费。这里，工业互联网的作用就是在消费者和生产者之间建立实时的交流反馈机制，让消费者亲自参与到产品的生产过程中，通过屏幕直观地监督生产过程，不再需要企业以聊天消息等方式交流。实际上，目前已经有制造企业应用工业互联网实现了传统服装工厂向个性化定制工厂的转型。通过利用工业互联网拓宽与消费者的交流渠道，在生产出消费者满意的个性化定制产品的同时可以极大减少服装设计生产成本，有效提高生产服装的效率。

6.3 ➲ 工业大数据典型应用场景

随着大数据技术的高速发展，人们逐渐发掘出大数据对工业领域的重要价值，越来越多的工业大数据与相关技术已经广泛应用于生产、物流等各个行业，并取得了显著成效。本节中主要介绍三个工业大数据的典型应用场景：首先介绍生产安全维护场景，包括工业大数据在维护人身安全与设备安全方面的应用；其次介绍智能工业控制场景，包括工业大数据在产品质量控制和智能运动控制方面的应用；最后介绍数字孪生应用场景，包括该技术的前世今生以及相关实例。

6.3.1 生产安全维护

工业化的推进在为人类生活提供丰富物质的同时，也可能给人身安全带来威胁，生产安全事故的频发使得安全生产这一话题越来越受到关注。在工厂中，各处张贴的横幅都是"预防隐患""安全优先"；工业设备旁，也都有着紧密环绕的防护围栏等安全设施。随着人们生产安全意识的不断加强，保障生产安全已经成为工业生产的大前提，是工业生产的最优先事项。

在工业场景中，生产安全维护主要包括维护人身安全与设备安全这两方面的任务。维护人身安全，顾名思义，就是要保障工人在生产区域内不受到伤害，保证生产过程的安全规范；维护设备安全，即维护生产设备保持安全稳定的运行状态，对设备中可能存在的安全隐患进行检测和预警。在大数据技术普及之前，传统的保障工业安全的方法多依靠人力巡检排查，成本高、效率差；而随着大数据技术的快速发展，越来越多的相关技术被应用于工业安全领域，并取得了明显成效。本节中将分别介绍危险行为识别、设备异常检测、设备故障诊断三种典型技术，展示工业大数据在工业生产安全维护任务中的应用方式。

（1）危险行为识别

在工业生产的过程中，工作人员的人身安全高于一切，应当得到足够的重视。然而实际上，在工业一线作业过程中存在着大量的危险行为，例如不系安全带、不戴安全帽、酒后作业、翻越护栏、吸烟等，这些危险会导致安全事故，严重威胁着工业生产过程中的人身安全。如果能够预先对这些危险行为进行全面准确地识别、报警和记录，将大大减少安全生产事故的发生率，有效保障企业与员工生命和财产安全。

大数据为工业中的危险行为识别问题提供了解决方案。基于大数据模型的危险行为识别技术可以把工厂监控中采集的工作人员面部、身体、动作等图像收集到数据库中，由大数据模型学习这些图像中的特征属性；这样，在实际的工业场景中，就可以自动识别框定需要判断的人身、人脸在图像中的位置，并进一步识别图像的框选部分内是否存在危险行为，并及时发出警报，从而实现工业生产环境下的危险动作智能识别。

为了让读者更好地理解这一过程，此处以违规吸烟检测为例说明大数据危险行为识别的整体工作流程，如图6-9所示。首先，通过工厂内摄像头采集监控图像并将其输入到智能人脸识别模型中，该模型能够智能识别图片中的人脸位置，并输出框定了面部区域的图片；框定后的图片将会作为危险行为识别模型的输入，识别模型针对框选区域进行智能识别并给出最终的识别结果：存在吸烟行为，需要及时纠正。

图6-9　危险行为识别流程示例

在国内，目前已有多家大型企业提供面向工业场景的危险行为识别服务，百度就是其中之一。百度智能平台提供了完善的工业场景危险行为识别服务，用户可以通过接入工业场景危险行为识别的专用分析引擎，将待检测的视频或图像输入到平台提供的大数据模型中，由智能行为识别模型识别是否存在例如吸烟、打电话、未佩戴安全帽、未穿工作服等各种典型的工业场景危险行为，并返回识别结果。通过以上步骤，就可以实现工业场景危险行为的快速、精确识别，大幅降低工业安全管理的成本。

（2）设备异常检测

工业生产需要依靠生产设备的支持。然而，就像人会生病，工业设备也会在运行时产生"病症"。随着工业设备的不断运行，其内部组件难免会出现老化、磨损等问题，导致设备的运行状态出现异常，如果这些异常不能被及时发现，将会对设备造成严重损伤，进一步引发严重的经济损失。如何及时检测或预报出设备中存在的异常，提醒工作人员进行检修，是工业领域的重点研究方向之一。

起初，工厂内多由工作人员现场巡查以逐步排查工业设备中可能存在的异常隐患。而随着工业领域的高速发展，各种各样的先进工业设备不断问世。工业设备越来越一体化、复杂化，这导致人工巡检方式难以发现设备中潜在的故障。近年来，随着相关技术的发展，越来越多的大数据前沿技术被应用于设备的健康状态评估。通过将设备实时运行数据输入到模型中，可以智能判别当前设备的健康状态与异常情况。瑞典 ABB（Asea Brown Boveri）公司作为全球最大的工程公司之一，也是工业设备健康评估算法的先驱者之一，在该方面提供了完备的技术支持。这里以 ABB 官方提供的配电设备健康评估策略为例说明大数据是如何进行设备健康维护的。如图 6-10 所示，通过采集待检测设备的运行数据，将数据通过网关传输至平台云端的智能健康评估算法模型中，能够准确判断设备状态趋势，给出健康指数分数，并通过网页页面展示评估结果与前瞻性预测；工作人员可以根据设备健康状态进行相应的维护及检修工作，从而有效减少由于设备故障等原因造成的经济损失。

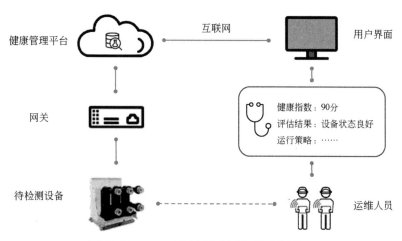

图 6-10　ABB 配电设备健康评估案例流程

（3）设备故障诊断

由上文可知，通过工业大数据，工厂工作人员可以快速、准确地了解到工业设备中是否存在异常状况，但此时还不能清晰地了解到设备中具体发生了什么问题，难以对设备故障进行及时有效的处理。为此，我们需要借助工业大数据来进一步实现故障诊断。

如果说上文介绍的异常检测技术是一份工业设备的"体检报告单"，那么故障诊断技术就是一位能明确指出设备"生了什么病、为什么生病"的医生。工业大数据驱动的故障诊断流程如图 6-11 所示。通过在工业设备上加装温度传感器、压力传感器等各类传感器，实时采集设备运行数据，并将数据传输到故障诊断智能模型中，可以对采集到的传感器数据进行全方位的异常分析，实现对设备故障部位与成因的诊断和定位，预测故障未来的演变趋势，并最终给出合理的诊断结果与维修建议。据物联网知名研究机构 IoT Analytics 统计，截至 2021 年，全球已有超 280 家企业提供工业设备智能故障诊断技术服务，市场规模可达 69 亿美元，国际相关行业领域正在高速发展；在国内，利用工业大数据进行故障诊断也是工业领域的热点研究方向，已有多家公司提供工业设备故障诊断的相关技术服务。以华为云平台为例，该平台提供了完备的工业故障诊断解决方案。其首先通过在各类工业装备中加装传感器以获取温度、压力等多种运行数据，并将数据经工业网关传输至云平台上的智能诊断模型中；模型通过结合多种人工智能典型算法，在对工业设备实现全方位健康评估的基础上，能够智能识别故障发生位置及成因，并将识别结果与维修建议实时可视化呈现给用户，实现设备故障的实时诊断，有效提升工业现场对设备维护修理的效率。

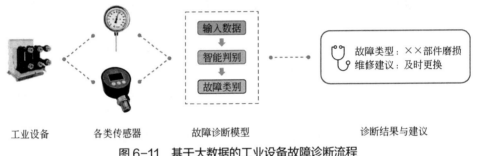

图 6-11　基于大数据的工业设备故障诊断流程

6.3.2　智能工业控制

2023 年 1 月，波士顿动力发布了机器人 Atlas 的最新动态，描绘了未来工厂的美好图景。在波士顿动力的报道中，Atlas 为了帮助高架上的工人师傅，先快速地搜寻工具箱，再用木板自主搭建了一座小桥用于爬上高架，然后准确地把工具箱递给师傅。随后，Atlas 炫技一般地空翻落地，结束了自己的表演。这一切连贯的动作都是智能控制的功劳。

智能工业控制是在人工智能的基础上提出的控制方法，主要表现在机械设备自动控制的多功能化方面，它使设备能够模拟人类的某些特性和功能，从各方面有利于工业生产。工业控制的智能化表现不胜枚举，为了应对不同的生产状况，智能工业控制在各个方面体现了相较于传统工业控制的优势。图 6-12 展示了智能工业控制模仿人类的六大表现，包括了产品质量控制、能源管理控制、仓储物流控制、调度优化控制、自适应调整控制、工艺优化控制。在智能工业控制中，需要大量的工业数据作为支撑。因此，工业大数据的采集与应用是实现智能控制的基础环节。由于篇幅限制，本小节简单讨论智能工业控制在工业产品质量和智能运动两方面的具体实现，向读者展示大数据在智能工业控制的典型应用。

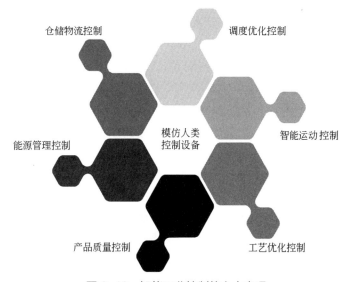

图 6-12　智能工业控制的六大表现

（1）产品质量控制

随着人们生活水平和经济实力的提升，人们的消费欲望变得更加强烈。大家的购物经历也越来越丰富。相信很多人都会遇到下面这种情况：明明在商场上精心挑选了漂亮的衣服或者测试正常的烧水壶，过了短短几天衣服就出现开线的状况，烧水壶也罢工无法使用。当今时代人们早已告别了手工作坊的生产产品，生活中的产品几乎都是通过工业设备生产出来的；然而设备和人一样可能犯错，生产的产品依然存在良莠不齐的情况。这时如何控制产品质量减少残次品的数量就是生产过程中的重要环节。

产品质量控制就是指企业在生产过程中主动检查产品的质量，分析出现残次品的原因并对生产工艺做出调整的过程。在传统工厂的生产过程中，只有经过工艺加工后的产品才能送入检测设备中进行质量评估。由于两道工序的独立性，生产设备往往不能根据产品的质量评测结果对工艺参数进行及时调整，从而导致产品质量不稳定、生产原料浪费、生产成本增加等问题。而现代化的工业生产线会在制造工序中安装数目繁多、功能各异的小型传感器，实时探测温度、压力等相关的工艺参数。如图 6-13 所示，这些传感数据中包含着产品的质量信息，制造工序中的设备可以依靠大数据处理技术在生产过程中对产品质量进行控制，并及时调整相关的生产工艺，形成生产和检测的闭环，有效解决传统工厂中的质量控制滞后的问题。下面简单介绍一些产品质量控制领域的成功案例。

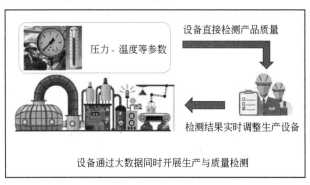

图 6-13　现代工厂产品质量控制过程

为了捕捉导弹这种要求超高精度的产品质量瑕疵，美国雷神（Raytheon）公司部署的自动化系统甚至可以追踪到一颗螺钉旋紧的次数。如果螺钉没有按照规定的次数旋紧，系统就会发送提醒，并且及时调整或者中止对导弹的制造，防止因为紧固件装配不正确这种小问题导致的返工、设备维护等问题，降低生产的成本。而对于精度要求没有那么高的摩托车，美国厂商哈雷·戴维森公司依然可以通过一些制造数据了解摩托车的生产情况。如果某些数据经过分析处理后反映的质量信息未达标，相应的机械装置可以根据信息自动调节，保证优质的产品输出。以往的传统工厂中，无论高精度生产还是低精度生产，机械操作中都会有所偏差，生产的同一批产品或多或少都会有质量问题；而使用大数据技术会让整体的次品率降低，极大程度地提升产品质量。

中国的长安汽车也应用工业大数据成功实现质量控制智能化。长安汽车作为中国知名汽车制造企业，品牌汽车产销累计已突破 1000 万辆，连续 10 年在中国品牌汽车销量榜上名列前茅，这也与它响应时代潮流，转型成为智能制造服务型企业息息相关。企业建有冲压生产线，负责生产轮廓尺寸较大且具有曲面形状的车身覆盖件，比如车门、引擎盖等。以前冲压生产线上设备的加工参数出现波动，车门等工件就容易出现局部开裂的现象，生产过程中需要人工调整；而检测这些开裂、凹凸包等缺陷工件也需要手动进行，检测标准不统一，质检数据也难以存储管理。后来，企业依据产线特征建立了传感器网络，详细记录设备加工参数、性能参数等数据，通过挖掘数据隐藏的信息建立智能预测模型，有效预测工件的开裂风险；同时利用机器视觉识别技术，分析大量的图像数据，自动检测出表面缺陷的工件。二者相互作用，能够实现冲压产品质量的精确控制，解放了人工劳动力。

（2）智能运动控制

无论是实体商场还是网络购物平台，热门的货物总会被一抢而空。然而，即使今天看到"售罄"的标识，隔天商家的货物又会得到补充，这就能够体现出现代工厂的生产效率之高。工厂的高效生产模式离不开对设备的智能运动控制，无论是灵活自如的机械手臂还是井然有序的搬运小车，都是因为智能运动控制技术而变得流畅自然。实际上，智能运动控制的应用已经渗透到了日常生活的方方面面。无论是自主导航穿梭在道路中的包裹配送小车，还是服务业中忙前忙后的送餐引路机器人，都在悄无声息地改善人们的生活质量，让人们感受到科技带来的便捷。实际上，智能运动控制技术的背后仍旧离不开工业大数据，下面将具体介绍工业大数据如何让运动呈现智能化。

智能运动控制是指机器设备可以通过传感器网络精确地感知周围环境和自身状态，高效率地控制机械设备执行运动过程，完成目标任务。整个过程中工业大数据为运动控制提供实时的信息支持，保障设备能够正常运行。这里以机械臂的抓取动作为例介绍大数据对设备的智能控制作用。机械臂抓取动作是常见的基本动作之一，广泛应用于各种工业生产过程中。早在 20 世纪机械臂就已经应用于工业生产，然而当时的设备在运动中往往存在不自然的停顿，给人留下了"蠢笨"的印象。实际上，这是由于当时的机械臂没有任何"思考"与"学习"的能力，无法真正理解人们交给它们的任务，只是一味地按照固定的程序运行，照猫画虎，不得要领。人们往往期望机械臂能够如同人类的手臂一样灵活地完成各种抓取动作，为此，目前很多机械臂设备已经由固定程序的控制转变为智能的控制，这种机械臂在运动的同时还会在智能模型的引导下不断地思考，从而适应外部环境的干扰，处理工作过程中的不确定因素。具体而言，如图 6-14 所示，机械臂的运动过程中自身携带的传感器会实时地探测收集数据，机械臂根据数据对自己的运动轨迹进行调整，不断试探地靠近需要抓取的物体，模仿人类通过"手感"选择合适的位置完成抓取；而在机械臂的思考过程中，收集的数据被转化为运动有关的信息，帮助机械臂预测下一步动作可能发生的状况，从而做出最优的动作。

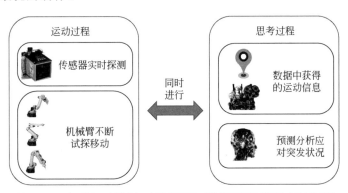

图 6-14　智能运动控制下机械臂同时进行运动过程和思考过程

现如今，智能运动控制已经被广泛应用，并极大地提高了工厂的生产效率。在国内著名的无人工厂，上海通用金桥车间中的凯迪拉克外壳焊接组装生产线上，386 台机械臂仅由 10 多位技术人员管理。这些机械臂能够在工作台上自主化完成繁琐复杂的焊接工作，如同舞台剧一般充满了力量和机械的美感。

除了汽车领域，在食品制造领域也有智能控制技术的身影。随着生活节奏的加快，速食产品市场逐渐拓宽，国内出现了一些知名的速食产品加工企业，比如"老干妈"深受世界人民的喜爱。"老干妈"在保留传统配料加工制造方式的同时，也引进了具备智能控制功能的先进的生产车间设备，教会机器炒制辣椒时能够精准地控制火候，保证生产效率的同时还能保持稳定的口感。

6.3.3　数字孪生

相信大家都看过一些耳熟能详的科幻电影，其中最为吸引人的概念之一当属存在于虚拟世界中的"克隆体"。《黑客帝国》中的机器文明创造了一个完全的数字世界 Matrix，为人类的精神创造了数字化的"克隆体"，并与真实世界中人的大脑相连，真实世界的人和其在数字世界的"克隆体"之间会相互交流、影响。另外，电影《钢铁侠》中的男主角托尼·斯塔克的智能管家系统贾维斯在虚拟数字世界中生成了一个与钢铁侠战甲相对应的数字"克隆体"，在虚拟数字世界里模拟和分析战甲在各种情况下的表现，并实时反馈给真实的战甲以进一步提升和优化真实战甲的各项性能。科幻电影中的人物与虚拟"克隆体"其实是一种数字孪生的关系。那么，什么是数字孪生呢？如图 6-15 所示，数字孪生指的是为一个物理空间中的系统设备创建一个数字空间中的虚拟"克隆体"，从而实现物理空间与数字世界的互动和控制。在现实的工业场景中，通过数字孪生生成的"克隆体"的实时反馈，我们就可以有效地了解真实系统设备的运行状态，从而帮助实施监控运营、执行预测性维护和优化流程。本节将分为两个小节对数字孪生进行介绍，首先介绍数字孪生的起源与发展历程，然后介绍目前工业领域中数字孪生的应用。

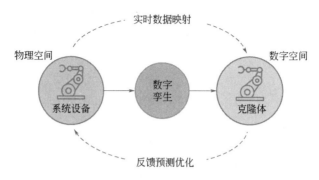

图 6-15　数字孪生概念示意图

（1）数字孪生与工业大数据

在工业领域，数字孪生被视为实现虚拟信息世界与物理世界交互融合的有效手段。许多工业巨头（如西门子、Ansys、达索等）对数字孪生给予了高度重视，并开始着力于探索基于数字孪生的自动化、智能化的生产新模式。数字孪生的发展离不开工业大数据的鼎力支持，如果没有工业大数据，那就没有数字孪生的蓬勃发展。如图 6-16 所示，工业大数据能够在数字孪生中发挥多种作用，包括以下几个方面：建立智慧的生产模型、模拟海量的生产方案、预测未来的维护需求、设计定制化的工业产品。具体来说，数字孪生技术中可以通过分析实时收集的工业大数据，建立起真实可靠的智慧生产模型，以帮助工厂更好地了解自身的生产过程和设备状态；基于工业大数据可以生成大量的虚拟生产方案，并进行比较和优化，以确定最佳的生产方式，从而提高生产效率和质量；通过挖掘工业大数据中隐藏的价值信息，可以帮助工厂预测设备寿命和维护需求，从而避免因设备老化带来的生产停滞，减少维修成本和生产成本；基于工业大数据对用户的喜好需求进行分析以了解消费者需求，从而对个性化的定制产品进行仿真和优化，进一步提升消费者的满意度。

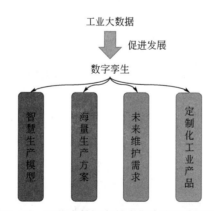

图 6-16　工业大数据在数字孪生中发挥的作用

（2）数字孪生在工业领域中的应用

数字孪生对于工业领域的发展是至关重要的，它能够有效地帮助工厂实现数字化转型和智能制造。如图 6-17 所示，数字孪生能够在工业领域中的各个环节发挥作用，包括智能研发、智能生产、智能管理等。接下来将举一个工业巨头西门子生产汽轮机的例子来说明数字孪生是如何在各个环节发挥作用的。在智能研发环节，西门子利用数字孪生技术，在虚拟数据空间中对汽轮机进行虚拟设计和优化，减少了实物试验的次数和成本，缩短了研发周期。在智能生产环节，西门子利用数字孪生技术对汽轮机的生产线进行了模拟设计和测试，发现并解决了一些潜在的问题，如物料短缺、人员安全等，从而节省了时间和成本，提高了产品质量。在智能管理环节，西门子利用数字孪生技术将汽轮机的生产环境、生产数据、生产流程实现数字可视化，从而及时发现不合理和低效的流程，加以改善和优化，提升生产的管理效率。

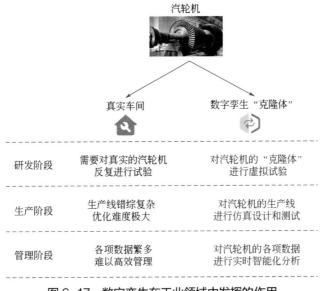

图 6-17　数字孪生在工业领域中发挥的作用

6.4 ⊙ 工业大数据分析案例

"纸上得来终觉浅，绝知此事要躬行"，一切技术只有在实际生活中落地使用才能真正发挥其作用。本节中将通过两个大型集团对工业大数据的应用实践案例，向读者直观地展示工业大数据技术在真实工业生产过程中的具体应用。本节首先介绍浙能集团大数据应用实践案例，展示生产设备安全维护相关技术的实际应用方式与成效；其次介绍京东亚洲一号仓储物流实践案例，展示大数据管理系统在建设无人仓库方面的作用。

6.4.1　浙能集团工业大数据应用实践

本章在 6.3.1 小节中介绍了工业大数据在生产安全维护中的应用，并介绍了异常检测、故障诊断等设备安全维护技术。本小节将以浙能集团火力发电机组为例，为读者详细介绍工业大数据在工业设备安全维护中的具体应用过程。

（1）火力发电厂大数据安全维护介绍

在日常生活中，电力无处不在，各种各样的现代化设备都离不开电的支持。家中的冰箱、电视、台灯等这些常见的家用电器都要依靠电才能正常工作。可以说，电是现代化社会日常生活中的必需品。随着我国经济的飞速发展，社会对电力的需求也在不断提高。在我国的电源结构中，火力发电是目前的主力电源。据统计，在 2015 年至 2022 年期间，我国火电发电量在总体发电量中的占比均超过 60%，是我国电力系统的重要支柱。

一般来说，火力发电厂中使用的发电设备为大型燃煤发电机组，机组体积庞大，并且除了主体结构外还有大量附属系统，这使得厂房整体占地面积通常会达到 $1km^2$ 以上。不妨设想一下，如果要对如此大型的工业设备进行检测与维护，若仅仅依靠人力巡视检查，可能需要数十甚至上百人共同作业，这将极大耗费人力与时间。然而实际上，浙能集团的火力发电厂仅需要数个人就能完成对整个电厂所有设备的监视与维护，这是如何做到的呢？工业大数据为这项任务提供了重要的支持。基于工业大数据技术的火电机组安全维护过程与医院为病人看病的流程很相似，如图 6-18 所示。首先，需要将整体组划分为多个子部件，这个过程类似于医院科室的划分；其次，会在每个子部件上建立大数据运行状态评估模型，对子部件进行"身体检查"；最后，大数据故障诊断模型会结合检查结果与机组运行状态，找出机组故障的具体部位，并给出最终的"诊断建议"。为了让读者更好地了解工业大数据在实际工业生产过程中的应用方式，下面将对浙能集团火电机组的设备划分、运行状态评估以及故障测点分析这三部分流程进行详细介绍。

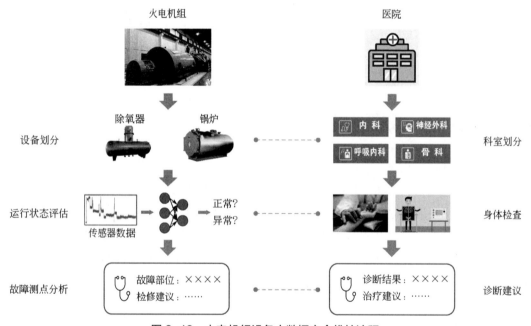

图 6-18　火电机组设备大数据安全维护流程

（2）火力发电厂大数据安全维护流程

● 机组设备划分

我们知道，医院每个科室中的医生会专精于某一个病理领域，能够准确检查出病人特定部位的病症；实际上，由于人体结构十分复杂，医生很难掌握所有的医学知识，也很难对病人全身的情况都了如指掌。而火电机组的检测过程也是类似，由于火电机组具有规模庞大、设备繁多、结构复杂等特点，如果直接使用大数据技术对机组整体进行状态检测或故障诊断，就好像仅让一位医生去检查病人全身的状况，这会导致模型结构复杂、难于及时发现异常以及增加误报警等缺点。为此，就需要对机组进行划分，通过结合相关机理知识与电厂专工经验，将机组整体划分为多个子设备，例如除氧器、锅炉等，将火电机组这个复杂系统的结构进行分解就可以将复杂任务简单化。后续再使用大数据技术对每个子设备进行运行状态分析，就能够明显提高结果的准确性与可靠性。

- 机组运行状态评估

我们在医院挂号进入某一科室后，医生会先为我们进行身体检查，例如把脉、拍 X 光片等，进而了解到病人的健康状态；而对于火电机组也是类似的，在划分出火电机组的子设备后，就会针对每个子设备建立大数据运行状态评估模型，通过它来精确判断子设备的运行状态是否存在异常。具体来说，可以将设备在健康状态下的运行数据（如温度、压力等）输入到其对应的状态评估模型中，让模型对这些数据进行学习。状态评估模型就好像一位"私人医生"，对运行数据进行分析后，就可以了解到当前设备在健康时的数据输出应该呈现何种状态，并针对该设备制定特定的"健康标准"，后续模型将以此为根据，通过实时分析运行数据来评估设备的运行状态。如果数据偏离了"健康标准"，就会认为设备中出现了异常。通过以上过程，运维人员可以快速地了解到机组中各个设备的运行状态，极大程度上省去了多余的人力劳动，让火电厂的运维更加智能化、高效化。

- 机组故障测点分析

在医院中，病人完成身体检查后，医生会结合病人的身体情况与相关医学知识，确定病人的具体病症并开出药方，针对病症下药；而对于火电机组，则是通过大数据的故障诊断模型来完成机组"病症"的定位。如果说状态评估模型给出的是一份工业设备的"检验报告单"，那么故障分析模型就需要从"检验报告单"中找出异常的指标，进而确定设备的具体故障部位。具体来说，故障分析模型通过结合设备运行数据、状态评估结果以及预先存入的专家知识，计算设备中所有测点对该设备的影响程度，准确分析出设备中的故障测点部位以及故障类型，并给出相应的检修方案。通过大数据故障诊断模型，机组维护人员可以快速定位到故障发生部位，并得到故障维修的建议，这有效提高了火电厂设备故障的处理效率，从而保障了火电厂发电过程的安全、高效运行。

通过设备划分、运行状态评估以及故障测点分析三阶段流程，结合先进的工业大数据技术，浙能集团实现了火电厂运维的全智能化，极大程度上节省了人力支出，让电厂的经济效益与安全系数都得到了明显的提升。通过以上案例，相信读者们能够深刻体会到工业大数据的巨大作用，合理利用工业大数据，能够让工业生产的效率大大提升，可以说大数据技术已经成为了现代化工业生产的强大助力。

6.4.2　京东"亚洲一号"无人仓案例

随着互联网的普及，电商平台上的网络购物走进了家家户户，签收快递包裹变得习以为常。与此同时，负责递送包裹的物流企业如雨后春笋般出现在大众的视野，面对激烈的市场竞争，企业必须争分夺秒，与时间赛跑，以最快的速度把握市场风向，做出正确的决策，才能赢得更多的客户青睐，占领更多更好的市场资源。在兵贵神速的准则下，各大物流公司争先恐后，从顺丰公司的"即日达"到京东公司的"211限时达"，从日日顺的"超时免单"到拼多多的"超时处罚"，这些处理措施体现了当今物流企业对时效性的高度重视。实际上，快递公司想要达到快速准确送达的目的离不开大数据技术在仓储物流上的应用。具体来说，大数据技术控制电商仓储机构的设备快速分拣运输货物，保障了物流的快速准确，快递才能够第一时间送达到消费者手中。

"亚洲一号"是亚洲地区电商仓储领域建设面积最大、智能化程度最高的现代化物流中心之一，其中上海市的"亚洲一号"无人仓是世界第一个全流程无人仓库。无人仓库相较于普通仓库，工作人员的数量大大减少。当电商促销来临时，安静的空间中只能听到搬运机器人自动穿梭的声音，仅有几名工作人员检查巡视，完全没有想象中热火朝天的场景。无人仓库和普通仓库运作流程是类似的，考虑到仓库的中转站作用，无人仓库的运作流程可以大致分为三步：收货入库，拣货复核，分拣发货。下面就分别介绍三个步骤中的智能化表现，从而展现出工业大数据在仓储物流领域的重要作用。

（1）收货入库

仓储物流行业中货品如同流水从源头的厂商流向尽头的消费者，而仓库类似于水库，收容来自五湖四海的包裹，暂时存储起来。在京东"亚洲一号"无人存储仓中，货品的摆放看似杂乱无章，实则"乱"中有序。仓库在入口处设置了专门测量物品大小的设备，该设备可以利用智能传感技术精确测量未上架货品的长宽高，根据产品的尺寸信息并结合仓库的货架信息为货品划分最适合的存储位置，合理利用仓库内的空间。仅仅依靠尺寸规划存储空间还不够智能，仓库的大数据管理系统通过工业互联网搜索海量的消费数据分析消费者的购买习惯，总结出消费者经常购买的产品之间的关系，按照这种关系控制仓库机器人进行归类摆放，从而有效提高每轮取货的效率；同时，由于快递发货的时限要求，仓库利用购物平台的预期签收信息将包裹划分为不同的紧急程度，方便仓库在拣货时考虑优先级，将优先级级别相同的包裹存储到相邻位置。这种"乱"中有序的货品存储方式节省了整理仓库带来的人力成本，并为后面的自动拣货提供了便利条件。

（2）拣货复核

为了将来自不同地方的包裹精准地递交到每一位消费者的手中，仓库需要对每一个包裹进行复核，检查运送来的包裹是否有破损，并识别包裹的基本信息准备后续的分拣发货。某个包裹的主要特征可能涵盖这个包裹的尺寸大小，包裹的包装是否明显破损，包裹是否注明易碎品等。这些特征信息都经过专业设备进行提取，用词条的方式为包裹贴上标签，存储到包裹的二维码中，方便其他设备读取相关信息。当包裹被贴上标签之后，拣货机器人就可以根据已有信息判断是否需要送入分拣区准备发货。而部分货品需要重新包装，便会送到无人包装区完成打包工作。为了实现量体裁衣用合适的包装箱打包商品，京东自主研发了智能打包机器人，通过扫描二维码读取商品的尺寸信息，机器人会在智能控制技术的引导下灵活运动，根据商品实际大小当场切割泡沫袋或纸板箱，防止出现浪费包装材料或者商品在包装内部磕碰损坏的现象。在普通仓库中，这个过程的工作最为复杂，耗时耗力最多，而利用大数据管理系统控制相关设备可以模仿工人完成类似的判断操作，并且能够保证非常快的速度，向分拣区输送的能力可以达到 15000 件/时。换句话说，设备组每秒可以处理 4 个包裹，这是人工操作无法企及的速度。

（3）分拣发货

由于包裹都需要通过货车运往具体的区域，仓库中等待发货的包裹都需要经过分拣区按照不同的目的地分拣到相应的仓库出口处。因此分拣区域主要完成包裹的搬运工作。在亚洲一号无人仓中，需要分拣货品由仓库货架自动运输到无人仓的分拣机器人身上。如图 6-19 所示，机器人小车接收到包裹后，扫描其二维码获取包裹的信息，并实时接收来自智能系统整理的其他分拣机器人的运动信息，机器人小车内部的计算机会利用优化算法找到运送的最佳路径，准确地将货品运送到指定出口，完成仓库货品的分拣工作。在这个过程中，小车的运动路线、运动速度等参数会随着仓库里小车周围的情况进行实时更新。因为仓内大数据会为小车提供相应的环境信息，经过信息物理系统中智能算法处理后变成了小车判断决策的依据，小车便可以根据环境变换调整运动，能够在提高分拣的速度同时也提高投递的准确率。在仓库大数据管理系统的智慧大脑中，300 个这样的分拣机器人的运动路线被瞬间计算出来，所有机器人自动在广阔的分拣区域内往来穿梭，每个机器人都能够主动避让障碍物甚至自主排查调整常见的故障。

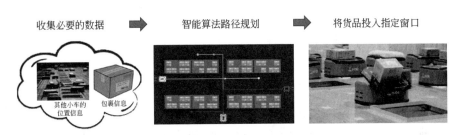

图 6-19　京东无人仓搬运机器人工作流程

从"亚洲一号"无人仓案例中可以看出，工业大数据已经使得仓储物流工作从传统人力向智能设备转变，越来越多的具备智能运动和智能决策功能的设备取代了劳动工人，也正在逐步取代仓库管理者，保障包裹递送过程安全的同时能够让人们享受更加快速的物流速度，感受科技为生活带来的便利。

小结

工业大数据是工业领域海量数据的总称，是工业互联网的核心要素，是工业智能化发展的基础原料。工业大数据可以给工业领域引入更多的创新思维和技术，极大地促进了工业领域的蓬勃发展。本章对工业大数据的相关知识进行了详细的介绍，其中包括工业大数据的发展历程、特点，工业大数据中的关键技术，工业大数据的典型应用场景以及两个和工业大数据有关的真实案例。通过学习本章的内容，读者可以了解到工业大数据的经历了四个发展阶段，并在当前的新时代呈现出了反映工业逻辑的新特点。此外，读者还可以学习到一些工业大数据关键技术，并身临其境地感受目前典型的工业大数据应用场景。最后，通过两个真实的案例分析，向读者更好地展示了工业大数据是如何在现实的工业生产过程中发挥作用的。

除了本章所介绍的内容，工业大数据还包含其他的技术方法和价值创造模式，感兴趣的读者可以在本章的基础上进行更为深入的探究。

参考文献

[1] 国家制造强国建设战略咨询委员会. 智能制造[M]. 北京：电子工业出版社，2016.

[2] DAMA International. DAMA 数据管理知识体系指南[M]. 北京：清华大学出版社，2012.

[3] 李金华. 德国"工业 4.0"与"中国制造 2025"的比较及启示[J]. 中国地质大学学报（社会科学版），2015，15（5）：71-79.

[4] 马兆林. 中国制造 2025 强国之路与工业 4.0 实战[M]. 北京：人民邮电出版社，2016.

[5] 余南平，王德恒. 中国制造 2025[M]. 上海：上海人民出版社，2017.

[6] 孙毅，罗穆雄. 美国智能制造的发展及启示[J]. 中国科学院院刊，2021，36（11）：1316-1325.

[7] 黄乐安. 德国工业 4.0 对中国制造 2025 战略的启示[J]. 中外企业家，2016，34：265-267，269.

[8] 陶飞，刘蔚然，刘检华，等. 数字孪生及其应用探索[J]. 计算机集成制造系统，2018，24（1）：1-18.

[9] 孙学珊，杨欣，李民. 工业云平台的构建与服务新模式研究[J]. 中国市场，2019，2：191-192.

[10] 李媛，马秀丽，杨祖业，等. 工业云平台在煤矿重大设备管理中的应用[J]. 中国仪器仪表，2022，10：31-35.

[11] 李杰. 工业大数据：工业 4.0 时代的工业转型与价值创造[M]. 北京：机械工业出版社，2015.

[12] 中国电子信息产业发展研究院. 工业大数据测试与评价技术[M]. 北京：人民邮电出版社，2017.

[13] 蔡泽祥，李立涅，刘平，等. 能源大数据技术的应用与发展[J]. 中国工程科学，2018，20（2）：72-78.

[14] Huang J, Li F, Xie M. An empirical analysis of data preprocessing for machine earning-based software cost estimation[J]. Information &Software Technology, 2015, 67:108-127.

[15] Castelo-Branco I, Cruz-Jesus F, Oliveira, T. Assessing industry 4.0 readiness in manufacturing: evidence for the European union[J]. Computers in Industry, 2019, 107: 22-32.

[16] Xu X, Lu Y, Vogel-Heuser B, et al. Industry 4.0 and Industry 5.0-inception, conception and perception[J]. Journal of Manufacturing Systems, 2021, 61: 530-535.

[17] Rajesh G, Raajini M, Dang T. Industry 4.0 interoperability, analytics, security, and case studies[M]. Boca Raton: CRC Press, 2021.

[18] Kumar K, Zindani D, Davim J P. Industry 4.0: Developments towards the fourth industrial revolution[M]. Cham, Switzerland: Springer, 2019.

[19] 赵春晖，宋鹏宇. 从结构推断到根因识别——工业过程故障根因诊断研究综述[J]. 控制与决策，2023，38（8）：2130-2157.

第7章

医疗大数据

随着信息化技术的不断发展，医疗大数据已经和我们的生活密不可分。对医疗系统而言，电子医保的推广简化了医疗费用报销的流程，提高了报销效率。此外，人们还可以通过电子医保平台快捷方便地进行在线预约挂号，节省了大量的时间精力。对个人健康而言，智能手环、智能手表等可穿戴式设备也成为了越来越多人的生活必备品。这些产品可以实时监测我们的健康数据，帮助我们制定科学的饮食、运动计划，协助我们调整自己的生活方式，保持良好的身体状态，是我们健康管理的得力助手。这些技术的背后都有着医疗大数据的影子。本章将以大数据在医疗领域的应用切入，进一步讲述医疗大数据的类型、发展历史、关键技术以及典型应用案例。

7.1 ⊃ 概述

电子信息技术的快速发展，使得医疗机构收集到的数据逐年增加。医疗大数据中包括了病历和检查报告等医疗记录，还包括来自可穿戴设备、生物传感器以及医学图像等数据信息。比如，电子医保中所记录的患者基本信息、就诊记录、药品处方、医院费用等。医学检查产生的图像，例如 CT、MRI、X 光等常见的医疗影像，可以帮助医生进行疾病诊断和治疗决策，是一种重要的医疗数据。此外，日常生活中常见的可穿戴设备，例如智能手环、血压计、心电监测仪等收集的基本生理信号，也是医疗大数据的重要组成部分。这种在医疗保健系统中收集到的庞大数据集合统称为医疗大数据。下面将会详细介绍不同类型的医疗大数据以及它们各自的发展脉络。

7.1.1 医疗大数据的类型

本节将首先介绍医疗大数据的常见类型，包括电子病历和电子医保、可穿戴设备数据以及医学图像数据。这三种类型数据在医学研究中都具有重要的意义。

（1）电子病历与电子医保数据

随着信息技术的快速发展，电子病历和电子医保已成为我国医疗领域的重要组成部分，和人们的日常生活息息相关。电子病历是指将患者的病历信息以电子方式进行管理和记录。

在过去，医生们手写纸质病历记录患者的疾病情况和诊疗方案，这种方法既容易出现错误，也不方便存储和统一管理。而如今，电子病历的出现取代了传统的手写纸质病历，患者的病历可以便捷地存储、传输和分享，大大提高了医生的工作效率。电子医保是指使用数字化技术来实现医保报销。传统的医保报销需要通过邮寄或到社保局审核等流程，报销流程繁琐，不仅费时费力，而且存在大量的资源浪费。如今的电子医保系统则使得医保报销变得更加方便快捷，患者只需使用自己的社保卡或者通过手机扫码就可以轻松完成报销流程，极大地方便了患者的就医。

电子病历和电子医保利用信息技术手段提高了医疗服务质量，给人们的日常生活带来了很大的便利。比如，人们可以通过电子病历随时查看自己的病历记录以及医生给出的诊疗方案，更加科学合理地管理个人健康。就医时也可以通过电子医保方便快捷地完成报销流程，大大节省了时间花费和精力消耗。除此之外，对于医院和政府机构来说，电子病历和电子医保也带来了许多好处和效益。例如，电子病历可以提高医生的工作效率和病历记录的准确性，使得医疗服务更加快速、安全和高效。而电子医保则可以遏制虚高收费、规范医疗服务价格，同时降低医疗机构管理成本和人力资源需求。可以看到，电子病历和电子医保的应用在加快我国医疗卫生信息化进程、提高医疗服务水平和质量等方面发挥了重要作用。

（2）可穿戴式设备数据

近年来，可穿戴式设备已经成为了一个备受瞩目的领域，各大制造商纷纷推出了自己品牌的智能手环和智能手表，并且内置了多种功能，可以随时随地地监测用户的健康数据，同时还能够根据实际情况自动调整不同的运动模式。除了手环和手表，专门用于医疗的可穿戴式设备也得到了快速的发展，例如智能血糖仪等。这些设备产生的数据已经成为医疗大数据中不可或缺的一部分。

可穿戴式设备包含两类主要功能。一是健康监测，可穿戴式设备可以采集人体的各种生理指标，如心率、血压、血糖等数据，并将这些数据通过蓝牙或 WiFi 传输到手机或电脑等外部设备上进行存储和管理。用户可以通过这些数据了解自己的健康状况并及时采取措施，同时医生也可以通过这些数据更好地帮助患者进行健康管理和干预。二是医疗诊疗，可穿戴式设备已可以用于医疗诊断和治疗，如心脏起搏器、假肢控制器等。这些设备可以通过感应和控制人体器官的运动和节律来帮助患者恢复日常生活能力，对于残障人士和慢性病患者来说尤为重要。

图 7-1 展示了一个智能远程听诊系统。它基于可穿戴式设备，将信息采集、信息传输、信息存储与分析等功能集合为一身，能为患者提供实时的监控。总的来说，可穿戴式设备数据是指基于智能硬件收集到的各种人体健康相关指标数据，如心率、血压、血糖等。而这些数据可以提供给医院和政府机构进行大数据分析，进一步挖掘出有助于解决健康问题的信息和因素，同时也可以帮助患者进行自我诊断和健康管理。

可穿戴式设备的发展同样给我们带来了很多的好处。对于普通人来说，它可以帮助人们更好地了解自己的身体状况，并及时采取相应措施。例如，当设备检测到血压和血糖值异常时，就会立即提醒用户采取相应的治疗方案。这样不仅可以预防可能发生的疾病，还可以让我们更加关注自己的健康问题，从而促进人们形成更加健康的生活方式。对于医院和政府机构来说，可穿戴式设备数据同样具有很多的优点。例如，医院可以利用这些数据进行慢性病管理和随访，以及为患者制定个性化的治疗方案。政府机构也可以利用这些数据为公共卫生工作提供更加精准的服务和支持。

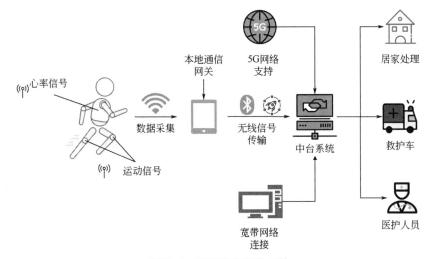

图 7-1　智能远程听诊系统

（3）医学影像数据

医学影像数据是指通过医疗成像技术所获得的人体内部的各种图像数据，例如 CT 扫描、MRI、X 光等。这些医学影像数据在医疗大数据分析中有着非常重要的作用。在诊断阶段，医生可以借助医学图像数据对患者进行快速诊断。例如，利用医学影像可以发现人体内部的器官异常情况，如肿瘤、骨折等。在治疗阶段，医学影像可以用于制定治疗计划和手术方案。例如，在手术中，医生可以根据医学影像来确定手术部位以及需要进行哪些手术操作。在科学研究中，医学影像数据可用于研究人体结构和功能，从而推动医学领域的发展。

随着人工智能技术的发展，医疗影像开始和人工智能相结合来进行疾病的诊断和预测。在新冠疫情期间，很多研究便基于新冠患者的 CT 图像进行建模，如图 7-2 所示。在这里，我们可以将图中的深度神经网络看作是一个专家，让这位专家"看"某位患者肺部的 CT 图像，它就能告诉我们该患者被新冠病毒感染的概率。这意味着医生不需要一一比对图像，只需将图像输入深度神经网络中，便能快速识别哪些人可能感染了新冠病毒。这种技术不仅能减轻医生的负担，还可以避免由于工作量过大而导致的误诊情况。

图 7-2　COVID-19 诊断模型框图

医学影像数据对医院、政府、患者和研究人员都有着重要的意义。对医院来说，医学图像数据不仅可以用于诊断和治疗，还可以用于记录患者的健康历史信息，为患者提供高质量的医疗服务。另外，医学影像也可以帮助研究人员更好地开展医学研究，帮助政府制定公共卫生政策，加强疾病预防和控制工作等。

除了上面提到的三种类型数据，医疗大数据其实还包括基因组学数据、临床试验数据等，它们同样可以为疾病诊断和治疗提供精准化的支持，还可以帮助医疗研究人员更好地了解疾病的发生机制和治疗效果。感兴趣的读者可以自行做进一步了解。

7.1.2 医疗大数据的发展历史

前面的小节中阐述了各种类型的医疗数据。那么在医疗行业的发展过程中，医疗大数据又经历了怎样的演变呢？下面将分别介绍不同类型医疗数据的发展历程。

（1）病历与医保数据的发展历史

病历和医保的数字化发展是当代医疗领域中的重要趋势。随着计算机技术的快速发展，病历信息数字化已成为全球医疗服务的基础，而医保信息的数字化也逐渐受到越来越多的关注和重视。下面将分别从病历和医保两个方面探讨其数字化发展脉络。

① 病历信息的数字化发展　传统的病历信息主要以纸质形式记录在档案室或医院图书馆中，患者需要在就诊时通过手写表格等方式提供相关信息。这种模式不仅效率低下，且容易造成信息泄露、数据丢失等问题。因此，在计算机技术的支持下，病历信息的数字化开始得到广泛应用。

早在 20 世纪 60 年代，电子病历的雏形已经出现，但这时仍然以纸质记录为主。直到 1972 年，美国沃克斯霍尔计划的实施开始了第一个真正意义上的电子病历系统的设计和实施，该系统使用集成的人机界面，允许医生在临床环境中快速查看和更新患者数据。1991 年，美国麻省医院第一个推出了电子病历系统，标志着电子病历在医疗行业中开始大规模应用。到了 21 世纪，随着计算机和互联网技术的快速发展，电子病历得到了深度发展和应用。在这一时期，电子病历已经成为病历信息记录与存储的主要手段，并且在医疗服务中扮演着越来越重要的角色。2014 年，美国卫生部提出了"真正意义上的电子病历"，它将患者、医生和医院连接起来，不仅可以更好地管理和记录患者数据，还可以提供更个性化、高效的医疗服务。

我国也在积极发展电子病历技术。2010 年，卫生部印发了《电子病历基本规范（试行）》。随着相关政策的出台和技术水平的提高，部分大型医疗机构开始试点电子病历。2018 年，国务院办公厅发布的《关于促进"互联网+医疗健康"发展的意见》，为电子病历在移动互联网领域的应用打下了基础。同年，国家卫生健康委发布的《关于进一步推进以电子病历为核心的医疗机构信息化建设工作的通知》中指出，应加强电子病历信息化水平评价，到 2020 年，要达到电子病历系统功能应用水平分级评价 4 级以上，即医院内实现全院信息共享，并具备医疗决策支持功能。截至 2022 年，我国的电子病历系统已经初步建立，从患者信息、诊疗记录等方面实现了电子化、信息化。

② 医保信息的数字化发展　我国的电子医保信息的发展脉络如图 7-3 所示，主要可以分为三个阶段，2000—2011 年的试点阶段、2012—2017 年的政策推进阶段以及 2018 年至今的建设完善阶段。

首先是在 2000 年，我国正式启动了社会保障卡试点工程，各种社会保障服务功能开始走向统一的整合，进入电子化时代，这为医保信息数字化奠定了基础。在 2012 年，我国进一步出台了城镇居民基本医疗保险和新型农村合作医疗政策等。另外，为了克服跨省异地结算困难这一问题，我国也开展了相应的试点工作，使得人们在异地就医时，可以直接使用当地的医保卡进行结算，并在当地的医疗机构进行报销，大大方便了长期在外地工作或者生活的人们。可以看到，随着新政策的不断推出，我国的医保信息数字化进程也在稳步发展。在 2018 年，国家医疗保障局（简称国家医保局）正式成立，进行了医疗资源的整合，实现了医保基金的统一管理和监督，为下一步全国范围内电子社保卡互认互用打下了坚实的基础。至 2020 年，全国已经共有 31 个省市区开通异地就医结算，实现了全国范围内医保信息的互认互用。

图 7-3　我国电子医保信息化发展脉络图

在医保信息化的发展过程中，新政策的不断颁布也离不开大数据技术的支持。例如电子社保卡、电子医保卡等技术应用，数据库技术支持的医保信息平台建设等等。人们的就医也变得越来越方便和高效。现如今，不论人们是在本地就医，还是异地就医，只需手机扫码，就可以实现医保信息的查询和费用报销。可以看到，大数据在医疗领域已经发挥了举足轻重的作用，深刻地影响着人们的日常生活。

（2）可穿戴式设备数据的发展历史

可穿戴式设备已经成为医疗大数据领域中的重要工具。它可以搜集各种健康数据，如心率、血压、血氧、步数、睡眠质量等，并将这些数据通过云计算技术传输到远程医生或者云端服务器进行分析和诊断。我们将基于可穿戴式设备的医疗信息技术的发展从 2010 年起大致划分为了三个阶段，分别是初期阶段、医疗化阶段和人工智能阶段。

初期阶段（2010—2014 年）：在这个阶段，可穿戴式设备主要是智能手表、智能手环等小型电子设备。最著名的代表就是苹果公司推出的 Apple Watch 智能手表，如图 7-4 所示。此外，谷歌推出了 Google Glass，Fitbit 等公司也开始尝试运用可穿戴式设备来辅助医疗治疗，并开始搜集丰富的生理信息。然而，初期设备精度不够高，数据收集与分析技术还比较落后，应用场景还比较单一。

图 7-4　Apple Watch 智能手表

医疗化阶段（2015—2019 年）：在这个阶段，可穿戴式设备应用领域逐渐扩展。例如，智能钥匙扣、智能床垫、智能衣物等多种形态的可穿戴式设备陆续推出。同时，技术日益提升，各大医疗机构也开始采集和应用可穿戴式设备所搜集到的数据，通过可穿戴式设备来开展预防性医疗、远程监管等工作。例如，斯坦福大学医院就利用 Fitbit 等健身跟踪器将患者出院后的生理信息传输给医生进行远程诊断，苹果公司在 2018 年发布的 Apple Watch 4 则新增了心电图（ECG）及心率不正常提醒功能，更加成熟和安全。

人工智能阶段（2020 年至今）：随着人工智能、云计算等新技术的发展，可穿戴式设备中逐渐引入了自然语言处理、深度神经网络等技术，打通医疗领域数据孤岛，为医疗服务提供更精准、更有效的支持。在这一阶段，可穿戴式设备的数据分析模型更加智能，能够适应更加复杂的应用环境。例如，英国在 2022 年已经研制出一款智能口罩，这款口罩可以通过内置的神经网络模型对人类口部的呼吸、咳嗽、交谈等多种复杂行为进行区分，并同时感应空气的流向、振动等环境信息，从而更加精准、灵敏地监测并分析使用者呼吸系统的健康状况。此外，随着数据通信传输技术的不断发展，数据的联通化也成为可穿戴式设备的一大发展趋势，通过与手机、电脑等设备的连接，可穿戴式设备能够将数据传输到其他设备上，从而实现更加广泛的数据应用与共享。

（3）医学影像数据的发展历史

医学影像技术是指通过各种成像技术获得身体内部的结构和功能信息，并将这些信息通过数字化的方式进行存储、分析和诊断的一个过程。早在 20 世纪中期，医学影像便已经得到了广泛的运用，但由于图像技术的不成熟而限制了其发展，这一阶段被称为传统影像时代。到了 20 世纪末期，随着数字影像技术的发展，医学影像也随之进入了数字影像技术时代，影像的采集与处理更加便捷。2010 年之后，随着计算机算力资源越来越丰富，人工智能技术得到了长足的进步，医学影像开始与 AI 相结合，走入了人工智能辅助诊断时代。

传统影像时代（20 世纪 50 年代—90 年代）：在这个阶段，医学影像主要是通过 X 光、CT、MRI 等成像技术获得的二维静态图像。然而，在这个时期，由于成像技术和计算机性能受限，医学影像的获取、处理、存储、共享和诊断都存在较大的困难。此外，不同设备之间的图像格式和协议也不统一，限制了医学影像的共享与应用。

数字影像技术时代（20 世纪 90 年代中期至 2010 年）：随着计算机性能提升，数字影像技术开始逐渐被医学界所接受。医学影像的采集、管理、存储和传输都变得更加方便快捷，同时也出现了 DICOM 等通用数字医学影像通信标准，使得不同设备之间的图像数据更容易互通。此外，研究人员还开始尝试运用机器学习等技术对医学影像进行分析和诊断，提高图片精度和自动化程度。

人工智能辅助诊断时代（2010 年至今）：在这个阶段，随着深度学习等人工智能算法的发展，医学影像信息开始迎来新的突破。通过深度神经网络等算法，可以从海量医学影像中学习有关疾病的特征，并将其应用于医学影像的快速自动化分析和智能诊断。例如，美国食品药品监督管理局批准了一款名为 IDx-DR 的自动疾病筛查软件，该软件基于深度神经网络技术，可以快速检测患者是否有微血管损伤症候群（DR），且无需医生参与，能够有效提高筛查效率。又例如近年来已经研发出基于人工智能的人体肺部 CT 图像分析模型，图 7-5 展示了新冠患者与健康个体的 CT 影像数据，模型能够根据这些图像自动检测出患病者，判别准确率可以达到 99%以上。

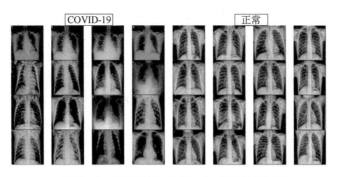

图 7-5　新冠患者与正常人的 CT 影像数据

　　未来的医学影像技术的发展将会和更多的技术相融合，随着人工智能技术、大数据和云计算等新兴技术的不断发展，也将进一步推动医学影像信息的智能化、数字化和个性化，为医学诊疗提供更加精准、高效和便捷的服务。

7.2 ➡ 医疗大数据关键技术

　　上一小节介绍了医疗大数据的类型和发展历史，相信读者已经对医疗大数据有了初步的认识。医疗大数据的发展也离不开大数据技术的支持，数据平台建设可以高效地组织整合不同形式的医疗数据，物联网技术可以实现可穿戴设备的数据采集和通信，图像分析技术可以对医疗影像进行智能化分析，帮助医生更好地进行诊疗和决策。本小节将对上述关键技术进行展开介绍。

7.2.1　数据平台建设

　　医疗数据的形式多种多样，涉及许多不同的模态，现代医疗领域中常见的数据类型大致可以分为：结构化数据、影像视频类、文本类、时序生物信号等。这些不同类型的数据需要在相关平台存储。因此，数据平台的建设是支持医疗大数据发展的关键技术。举例说明，当我们到医院就医时，一般需要到挂号处挂号，在此处我们的个人基本信息包括姓名、年龄等就被录入了医院的数据库中，这类就是结构化的数据；医生为了判断患者的病情，建议患者进行胃镜检查，并得到了一些胃镜图像，这些就是影像数据；医生结合患者的各种检查情况，开具了诊断报告以及注意事项，这就形成了自由文本类数据。结构类数据通常以电子表格、数据库表等形式存储，比如患者的个人基本信息、入院信息和检验结果等，因为其形式较为规范，在医疗数字化方面起到了重要的作用，也是目前应用最为广泛的数据类型。影像数据在医疗中也很常见，比如 X 光片、超声图像和磁共振成像（Magnetic Resonance Imaging，MRI）等。自由文本类数据主要包括医生的诊断报告、医嘱信息、病历以及医学相关文献等文书。时序生物信号数据则来自仪器仪表的测量，例如病人的心电信号、脑电信号，以及各种动态生命监控数据等。通过对这些不同类型的数据进行整合、处理和分析，不仅可以优化医疗资源配置，提高医疗服务的效率，也可以进一步挖掘大数据中蕴含的潜在信息，帮助疾病预防。下面以传染病防控和医院信息平台建设为例，介绍数据平台建设技术。

（1）传染病防控数据平台

流行病的传播会对社会的正常运转产生很大的影响，比如新型冠状病毒感染。疫情初期，若没有海量数据来支持科学的决策，则可能延误最佳防控时机，因此构建完善的传染病防控数据平台有重要意义。

疾控数据平台需要整合多源头的数据，包括但不限于临床诊疗数据、重点防控区域人员特征、人口流动数据等。每一个录入疾控数据平台的人员，都有代表人员身份的唯一主索引和唯一编码，在此基础上关联了该人员的临床诊疗数据，出行记录等涉及多部门多源头的数据，形成包含人员流行病史的病例基本信息，构成流行病数据库。相关的数据库依赖分布式文件系统进行存储，如 Hadoop 分布式文件系统（Hadoop Distributed File System，HDFS），分布式文件系统横跨多台计算机，可以为存储和处理超大规模数据提供所需的扩展能力。这种方式适合一次写入、多次读出的场景，适合做医疗大数据分析的底层存储服务。在大量统一标准的数据支持下，可以根据一些机器学习算法和数学模型来建立流行病预测模型，相关卫生部门可以据此快速分析出数据之间的关联，尽早掌握流行病的传播趋势和传播地点等数据，进行有效的科学防控。

（2）医院信息平台

医院的信息平台是以患者电子病历的信息采集、存储和集中管理为基础，连接临床信息系统和管理信息系统的医疗信息共享和业务协作平台。医院依托其信息平台，可以方便地整合医疗资源，实现在一定的区域范围内以患者为中心的医疗协同服务。下面以患者就诊信息录入医院信息平台为例进行举例说明。

在一定的区域范围内，每一个就医的患者都是系统中的一个实例，拥有一个唯一标识，通过身份证或者电子医保卡等就能进行唯一标识的加载与识别，建立统一的主引擎。除了患者之外，医疗卫生服务人员、医疗科室、医疗术语等实体都有唯一的标识。医院信息平台针对各类实体形成各类数据库，可用于患者、医疗卫生服务人员等信息的检索或者医疗术语和知识的查询。由于医学信息具有类型多样、标准不统一等特点，因此需要使用一些数据集成工具将录入的原始信息进行处理，通常包括数据的提取和转换，最后加载到目标存储数据仓库。其中数据的提取是指把多种多样的原格式数据如患者信息、医学影像等抽象出来，形成统一的数据格式先放入缓存区来等待下一步转换操作。转换操作会筛选出部分有用的数据或者字段，并且将一些编码转变成可识别的符号。加载则一般由数字仓库系统自动完成。这样，数据录入就完成了。

医院信息平台的建设，可以帮助医院管理和整合患者的医疗信息，协同医院内部的医疗资源，进而提高医疗服务的质量和效率。

7.2.2 物联网技术

依托于互联网的数据平台建设实现了医疗数据的高效共享和利用，而物联网技术则是互联网技术的拓展和延伸，其进一步拓宽了医疗大数据的应用场景，特别是在数据的采集和通信方面。物联网技术指的是通过信息传感设备，如射频识别（Radio Frequency Identification，RFID）、红外传感器、全球定位系统和激光扫描器等，按照约定的传输协议，把真实世界与互联网连接起来，实现了更便捷的信息交换和通信。依托物联网相关技术，医疗体系的服务效率和服务质量可以实现进一步的提高，具体来说，一些简单的医疗监护工作，可以通过无线化的方式进行，药品的生产、医疗垃圾的监管等都可以实现全链路的追踪，这些对降低公众医疗成本和提高医院的综合管理水平有重要作用。本小节将主要从个人健康监测、药品追溯与监管两个方面来介绍物联网技术。

（1）个人健康监测

图 7-6 展示了常见的可穿戴式设备，如智能手表、智能手环等，得益于这些智能设备的普及，人们可以很方便地在日常生活中实时监测自己身体的一些指标，而且这并不影响人们的日常活动。例如小米手环就在拇指大小的空间里安装了光学心率传感器、血氧传感器和六轴运动传感器等，可以实现全天候的心率、血氧等指标的监测以及记录运动状态。苹果公司的 Apple Watch 会时不时地检查用户的心率状况，并观测用户是不是疑似存在心律不齐现象。用户每天的健康数据都会通过蓝牙上传到手机 APP，便于用户时刻了解自己的健康状况。依托运动传感器，智能穿戴设备可以在摔倒、车祸等事故发生时帮助用户报警求助。

图 7-6　智能穿戴设备

这些可穿戴设备的系统架构大致如图 7-7 所示，其主要由一个低功耗的微控制器或者应用处理器作为始终运行的 CPU，可以运行一个简单的操作系统，作为整个智能手环的大脑，是智能手环的核心部件，它可以高效地处理各种数据和指令，保证智能手环的运行速度和稳定性。同时拥有加速度计、陀螺仪、心率传感器、GPS、温度和压力等传感器。加速度传感器是智能手环的核心传感器之一，它可以感知手环的运动状态，并记录下运动轨迹和运动强度。加速度传感器是通过感知运动的加速度来判断运动状态，它可以检测手环在三个维度上的运动状态，即水平方向、竖直方向和前后方向。陀螺仪可以感知手环在三维空间中的旋转状态，其原理是通过检测转动的角速度来判断手环的旋转状态，它可以检测手环在三个维度上的旋转状态，即绕 X 轴、绕 Y 轴和绕 Z 轴。心率传感器是智能手环的另一个重要传感器，可以实时监测用户的心率变化。心率传感器的原理是通过感知皮肤表面的光强度变化来判断心率变化，它可以通过 LED 光源发射光线，然后再通过光电传感器测量反射回来的光线，从而判断心率变化。由于手的抖动或者传感器本身的精度问题，采集到的信息会存在一些噪声，因此控制器会对这些传感器采集的数据进行清洗，并进一步解析并融合所有传感器的数据，为用户提供准确的健康信息。这些设备大多依赖蓝牙、WiFi 等模块连接到用户的智能手机或者平板电脑上，或者进一步处理并发送数据到云端。

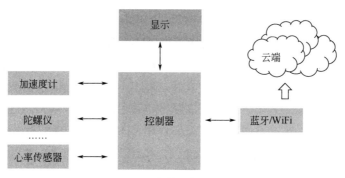

图 7-7　可穿戴设备系统架构

（2）药品追溯与监管

物联网技术在药品管理和用药环节也能发挥很大的作用，药品从生产到使用要经历多个环节，中间涉及许多的人员和企业，如果有不法分子利用环节中的漏洞，造假牟取利益，则会给公共安全造成巨大的危害。借助物联网中的 RFID 技术，可以实现医疗器械与药品从生产、配送到使用过程中的全方位实时检测。基于 RFID 技术的药品追溯与监管系统的原理大致如图 7-8 所示。首先由监管部门对厂家生产的每一件药品或器械派发唯一的 RFID 标签；在配送的过程中，供货商将物流信息追加到 RFID 标签中，如价格、性能和备货地点等信息；医院的有关工作人员可以通过 RFID 标签读写设备扫描标签信息，将有关信息存入医院的数据库；临床科室在使用药品时登记，并扫描标签信息，追加使用医生和患者信息等。RFID 标签就相当于是药品的"身份证"，从药品被生产出来，到物流、仓储以及使用的每一个过程，都能被严密监控，借助读写器，就可以有效检查药品的"身份证"和"行程码"。如此一来，当药品出现问题的时候，便可以快速定位问题的源头，追溯到责任主体，保障医疗安全。

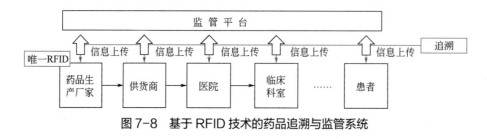

图 7-8　基于 RFID 技术的药品追溯与监管系统

7.2.3　图像分析技术

近几十年来，科学家和工程师们已经开发出"赋予"计算机视力的方法，这就是所谓的计算机视觉，它已经成为计算机科学中最受欢迎的研究领域之一。人类可以用眼睛捕捉周围的环境，并在大脑中进行分析；计算机视觉的工作原理就是使用相机捕捉图像，然后用程序对图像进行分析，这与人类的视觉处理系统非常相似。借助深度神经网络，计算机可以对某类物体的大量图像展开分析，捕捉该类物体图像的颜色、纹理等特点，从而对图片中的目标物体进行识别与归类。

近年来，将计算机视觉技术应用于静态医学图像的研究工作日益增长，由于这些专业的诊断任务具有视觉模式识别的性质，以及医学图像的高度结构化，在放射学、病理学、眼科和皮肤学等领域得到了大量的关注。相对于普通数码相机拍摄得到的图片，医学图像的独特性对计算机视觉技术提出了许多挑战。首先，医学图像尺寸较大，数字化组织病理学切片产生的图像大小可以是我们用数码相机拍摄得到的图像的 1000 倍以上。此外，医学图像还具有和照片图像不同的形式，放射学（如 CT 和 MRI）以及超声波成像等都会呈现出巨大的 3D 图像，这给计算机视觉技术在医疗领域的落地带来了巨大的挑战。目前，在算法工程师的努力下，多实例学习可以从包含大量图片和少量标签的医疗数据集中进行半监督式的学习，卷积神经网络中的 3D 卷积能够更好地从 3D 图像（如 MRI 和 CT）中学习，时空模型和图像配准技术则可以处理时间序列图像（例如超声波）。数十家公司已经获得了欧美国家官方机构的医疗图像人工智能批准，随着可持续商业模式的创建，大数据医疗的商业市场已经开始形成。

在非标准化数据收集的医疗模式中，需要将计算机视觉集成到现有的物理系统中。例如，在耳鼻喉科，计算机视觉可以用于帮助医生通过连接到智能手机的外接设备观察患者的耳朵、鼻子和喉咙。血液和血清学可以利用集成于显微镜的计算机视觉算法进行分析，这些算法可以诊断常见疾病或者对各种类型的血细胞进行计数。面向视频的计算机视觉算法可被集成到内窥镜程序中，用于食管癌筛查、幽门螺杆菌检测等。计算机视觉可以处理包括 MRI、X 光片、CT、超声、PET、组织切片等多种影像数据，处理任务涵盖了图像分类、目标检测、语义分割、图像检索等任务，下面将进行简要介绍。

（1）图像分类

图像分类任务是模型根据输入的图像进行预估，并输出一个对应的判别标签及其置信度。临床上可以使用大量带标注的影像数据来训练计算机视觉模型。图 7-9 展示了用于训练皮肤癌分类的训练样本和标签。训练任务是检验该计算机视觉模型对于皮肤癌分类预估的性能，对照组是由 21 名皮肤科医生独立标注的结果，结果显示计算机视觉模型的分类结果甚至比人类专家更好。

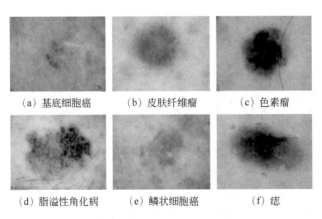

（a）基底细胞癌　　（b）皮肤纤维瘤　　（c）色素瘤

（d）脂溢性角化病　　（e）鳞状细胞癌　　（f）痣

图 7-9　皮肤癌分类的训练样本样例

此外，有研究基于乳腺组织病理学图像进行多分类实验，完成了对包含导管癌、纤维腺瘤、小叶癌等八类乳腺癌的分类任务，相对于传统二分类检测任务提供更丰富的临床诊断信息。

（2）目标检测

目标检测任务由定位和识别任务组成，定位任务是用边界框来定义图像中的哪些像素描绘了感兴趣的对象来定位图像中的对象位置。识别任务是指识别涉及特定类别的对象，或者对边界框内的对象进行分类。目标检测是医学图像分析领域常用的一种方法，目的是检测出患者的初始异常症状。图 7-10 展示了结肠镜检查中，算法自动对可以组织的标注提示，目前基于 YOLO 目标检测算法的处理速度已经达到 98fps，能够完全胜任结肠镜检查的实时视频流处理。医生在有目标检测算法辅助的情况下进行息肉检查，可以显著提高检测的效率，检出的息肉组织数量比没有辅助时多了一倍，这对于减少医生在临床检查时期的漏检意义重大。

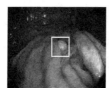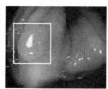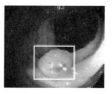

图 7-10　结肠镜检查中息肉组织的识别和标注提示

（3）语义分割

在传统的医学图像分析中，医生需要通过肉眼来识别和分析病变区域，这种方法既费时又容易出错。语义分割技术可以自动地将医学图像分割成不同的区域，从而帮助医生更快速、更准确地定位病变区域。此外，语义分割技术还可以对医学图像进行量化分析，比如衡量肿瘤的区域面积，从而提供更为客观的评估结果。语义分割技术是指将图像像素进行分类，将同类像素划分到同一个分割结果中，从而实现对图像的分割和分析。医学图像分割的目标是在图像中找到人体器官或者解剖部位的区域或者轮廓。目标检测方法可以产生一个感兴趣区域的边界框，而分割方法则更进一步，能够确定该区域内所有像素点的位置。语义分割的应用包括心脏、肺、脑肿瘤、皮肤和乳腺肿瘤的分割。和其他的计算机视觉任务一样，语义分割也可以应用于不同的医学图像形态。图 7-11 展示了肺部 X 光片和眼底血管分割的例子。输入肺部 X 光片，通过语义分割技术识别出肺部位置，并将识别出的分割部位与原图叠加，可以辅助医生更好地检查肺部 X 光片。在原始眼底图像中，受到眼球其他部位的影响，医生难以看清楚血管的分布。通过语义分割技术可以将血管识别并清晰地展示出来，方便后续的医疗诊断。

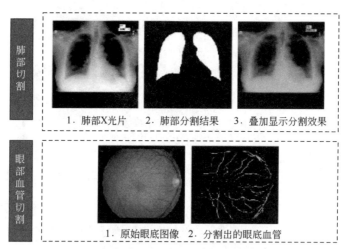

图 7-11　肺部 X 光片和眼底图像的分割效果

（4）图像检索

医疗领域中，除了需要关注个体病患不同阶段、不同类型的医学影像，还需要在医疗数据库中快速检索相似部位和相似疾病的其他影像，甚至是多模态图像的跨库检索需求，这样可以通过横向比较为医生提供更多的决策信息。一个实际的例子是，在肿瘤治疗过程中，医生需要对患者进行 CT、MRI 等多种不同类型的医学影像检查，以了解肿瘤的大小、位置和形态等信息；医生需要时刻关注肿瘤的生长情况，并比较不同时间点的影像，以评估治疗效果并及时调整治疗方案。为此，医生需要快速检索相似部位和相似疾病的其他影像，以便进行更精准的诊断和治疗。图像检索算法可以辅助医生快速找到与当前病例相似的其他病例，并进行比较分析，从而提高诊断和治疗的准确性和效率。

7.3 ⊙ 医疗大数据典型应用场景

医疗大数据与人们的生活是息息相关的，我们的生活习惯密切影响着我们的身体健康。通过收集和分析个人的饮食习惯和日常健康数据，可以有效地发现潜在的疾病风险，也可以帮助我们对已有的疾病制定个性化的诊疗方案，提高治疗效果。从宏观层面来说，通过对医疗大数据中各层次与医疗有关的信息和数据进行挖掘，有助于更好地研究我国医疗健康现状、推动医疗科技创新，从而为服务群众健康需求提供巨大的价值。本小节将从医疗数据信息平台建设、智能化健康监测和计算机辅助诊断与决策三个方面来对医疗大数据在生活中的典型应用进行阐述。

7.3.1 医疗数据信息平台建设

医疗信息平台建设是目前国内医疗平台数字化、智能化改革的重要举措之一，它对于提升医疗机构效率，改善患者就医体验具有重大意义。近年来，国家大力投资于医疗系统信息化建设，由此产生的大量的医疗数据急需相关技术和平台进行处理和利用，从而为医学研究，辅助诊断等做出贡献。同时，来自医院和政府对于患者管理、医疗资源配置、疾病防控以及医疗信息化推广等方面的需求也都推动着医疗信息平台的建设。本小节将围绕医疗信息平台的应用场景和整体架构两个方面进行展开阐述。

（1）医疗信息平台应用场景

医疗大数据平台建设可以服务于哪些应用和场景呢？在医疗行业，绝大部分数据产生于医疗机构内，例如患者去医院的检验、门诊、住院、医保结算等数据都在医院里面产生。除了医院使用数据以外，数据也会通过数据上报或者采集的形式流动到对应的政府机构，包括卫健委、医保局以及疾控中心等。因此，医疗大数据信息平台面向的主要场景是医疗机构、卫健委、疾控中心和医保局等一手医疗信息收集和处理单位。在医疗机构中，大数据平台可以帮助医院和患者实现电子病历的管理和分享，让医护人员能够实时查看病人的病历信息，提高医疗服务效率和准确性。同时还可以实现患者的管理和随访，包括患者的病历信息、预约挂号、在线咨询等，让患者能够更加便捷地获取医疗服务。而对于卫健委和疾控中心来说，医疗大数据平台同样具有十分重要的价值。例如，针对新冠疫情等重大公共安全问题，医疗信息平台有助于收集医院、专家、药店等各方面的疫情数据，通过数据分析及时预测、监测和预警疫情发展趋势，提供科学决策支持。另外，医疗信息平台通过收集并汇总全国的医疗资源和防控物资分布情况，可以协助疾控中心和卫健委将资源合理分派到需要的地方，尽可能减少疫情的扩散和伤害。

然而，对于不同的场景，其医疗数据的信息平台建设会存在一些差异。例如，医院对于个人的辅助诊断有更高的需求，而疾控中心则更关注区域的某种发展态势。因此我们需要针对不同的场景和需求来凝练出大数据平台应该具备的通用核心功能：数据治理、数据协同和更快的数据洞察。数据治理将来自各个领域的数据标准化，提供了统一的数据处理格式。数据协同根据不同场景的功能和数据需求，对数据进行分配和调度，并进行数据监控。而数据洞察则是利用多种大数据应用工具，来挖掘数据并进行快速分析反馈。通过这三者结合，可以很好地将大数据平台应用到各个场景中。

（2）医疗信息平台整体架构

医疗信息平台涉及到大量的医疗数据，包括患者的病历、医学影像、诊断报告、药品信息等。这些数据本身就非常庞大，同时还需要按照一定的规则和标准进行处理和管理，以确保数据的准确性和可靠性。因此，医疗信息平台需要一个强大的底层数据引擎和医疗数据处理部件，可以对海量数据进行高效的存储、处理和管理。同时，医疗信息平台还需要一系列的数据应用支撑和上层的数据应用部分，如人工智能、数据挖掘、数据可视化等，以便医生和患者能够更好地利用这些数据进行诊断、治疗、预防等各种用途。因此，典型的医疗信息平台包括底层大数据引擎、医疗数据处理部件、数据应用支撑以及上层的数据应用，其整体结构如图 7-12 所示。

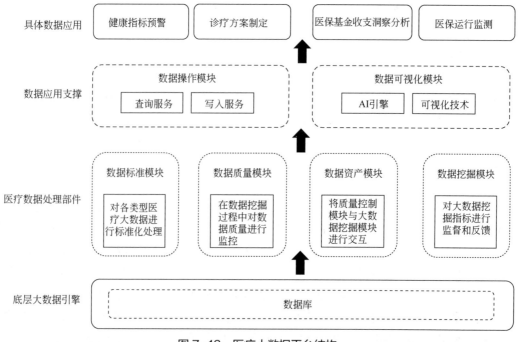

图 7-12　医疗大数据平台结构

底层大数据引擎是医疗信息平台的心脏，它们将大量从个人电子病历和医院信息平台后端收集到的诊断记录、医疗图片、处方等数据进行存储，引擎会对这些大数据进行第一手处理，加工成后续平台可以调用和处理的数据格式。

医疗数据处理部件是对大数据引擎加工所得数据的进一步处理，由于医疗数据来源和格式的多样性，需要对采集到的数据进行清洗和标准化处理。其中，数据标准模块会挖掘医疗大数据中病历文字、医疗图片等不同格式数据的共性，例如它们都针对某种疾病做出了判断，从而将核心的信息凝练到一个统一的数据体系内，更方便对各个类型的大数据进行管理。数据质量模块是数据质量控制的第二道防线，在各类医疗大数据被挖掘利用的过程中，都会对它们进行质量监督，从而防止因为信息平台计算错误或者个别错误的大数据对于医疗诊断结果的影响。数据资产模块将医疗大数据与大数据质量控制模块和大数据信息挖掘模块进行信息交互，从而更好地辅助分析数据。数据挖掘模块提供各自数据评价指标的定义，并在数据处于挖掘流动的过程中对它进行评价、监督及反馈。它的核心在于让我们从大数据中所提炼的信息更加符合各个场景下的需求，提高具体的数据指标。

数据应用支撑层是对医疗大数据的进一步挖掘与精细化开发，针对不同的场景和需求，设计不同的数据服务平台和数据可视化平台。数据服务平台的主要功能除了提供最常见的数据查询服务以外，也提供了医疗场景下常用的数据写入服务，支持共享文档等。另外，数据可视化平台内集成了最先进的计算机视觉和自然语言处理技术，患者只需要输入自己感兴趣的内容，例如血糖指标等，可视化平台就会将一段时间内的血糖变化情况以 3D 报表的格式显示出来，并给出相应的饮食和作息安排推荐，具有更加智能的交互能力。

最后的数据应用是使用者直接可以接触到的医疗大数据平台建设产品，数据应用面向不同的场景，结合数据应用支撑层开发面向行业的数据应用，例如身体关键指标预警、医保基金收支洞察等，为使用者和管理者提供了各式便捷的服务。

7.3.2　智能化健康监测

智能化健康监测是医疗大数据的又一个典型应用。对于疾病的预防往往比治疗的成本更低、效果更好。因此，随着人们对身体健康重视程度的不断增加，个人健康监测领域也受到了越来越多的关注。目前的智能化健康监测主要集中于基于智能穿戴设备的健康监测和基于居家健康监测设备的监测。本小节将从这两方面以及健康监测设备的发展趋势来进行展开。

智能穿戴设备可以收集使用者身体每时每刻产生的大量数据，并让这些数据服务于穿戴者。智能手环、手表是日常生活最常见的智能穿戴设备，它不仅可以记录穿戴者的心率、步数、消耗能量、血氧饱和度等人体关键数据，还可以根据保存的历史大数据对穿戴者的健康状态进行分析判断。部分智能穿戴设备还具有睡眠监测功能，可以通过收集睡眠时的脑电波等数据分析人体睡眠质量、睡眠时间，并给出相应的建议。

智能穿戴设备对于人体关键疾病监控预警起到的作用是不可替代的，因为它们起到了对人体关键数据实时监测的作用。例如，当穿戴者出现心搏骤停、猝死的症状时，智能手表可以立即检测到这一情况并将患者所在的位置和身体状态信息第一时间发送到医院的 120 急救部门，从而极大地节约救援时间，提高患者的存活率。另外，在肺炎的治疗过程中，通过智能穿戴设备对血氧的实时监测也是至关重要的，如果穿戴者的血氧饱和度低于95%，就疑似出现了肺炎的症状，智能穿戴设备会第一时间提醒患者就医，以防病情进一步恶化。除了心跳和血氧指标，血糖也是智能穿戴设备对人体进行健康监控的重要目标，连续血糖检测仪的出现对于糖尿病人的治疗和预防带来了巨大的便利，它可以实时检测患者的血糖水平，具备发现隐匿性高血糖和低血糖的能力。连续血糖监测系统与持续皮下注射胰岛素组成了人工胰腺，具有对糖尿病实时监测、诊断和治疗的功能。图7-13是人工胰腺原理示意图，穿戴式的血糖仪会对人体血糖值进行持续监测，并将数值传到计算机控制系统，计算机控制系统使用血糖控制算法对患者当前血糖水平、患者是否进餐、控制血糖值等进行信息计算处理，并将运算结果传递给胰岛素泵，控制胰岛素泵实时调整胰岛素输注量和速度，从而维持患者的血糖正常，形成一个自动化的血糖闭环控制系统。

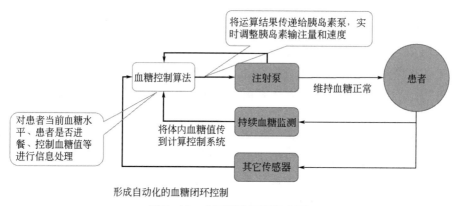

图 7-13　人工胰腺原理示意图

　　除此之外，生活中还有很多可穿戴智能设备来帮助穿戴者进行健康监测，比如智能凝胶鞋垫，它可以监测用户的步态及走路模式，配有智能手机应用，可以无线追踪数据，从而记录和分析一段时间内用户的走路姿势是否健康，并给出相应调整建议和措施。另外还有可以贴在人体上的智能贴片，它能够监测体内水分的充足状态，如果检测到人体水分不足就会立刻将提示信息发送到手机提醒穿戴者喝水。

　　接下来介绍的居家健康监测设备也是健康监测领域的重要组成部分。它作为一种需要电源适配器的分布式传感器设备，虽然不像智能穿戴设备那样可以随身携带、便捷高效，但是在监测能力、功能多样性以及监测准确率方面都要优于穿戴式设备。比如，具有智能检测功能的按摩椅，可以检测使用者的血氧饱和度、心率、疲劳指数等身体数据，其按摩头还具有触觉反馈功能，可以检测使用者的肌肉状态、骨骼和筋膜状况等健康信息。又比如生活中非常常见的智能体脂秤，可以检测使用者的体重、水分、体脂率、BMI等身体指标数据，每次的检测数据都会被实时记载生成身体指标变化曲线图。

　　目前，各种健康监测设备正朝着信息化、智能化、网联化的趋势发展，这对于一些慢性病的管理，尤其是需要连续、高频地监测生理指标的疾病，具有重大的利好。随着智能物联网技术的发展，世界进入了万物互联的时代，越来越多的监测设备具有数据处理、网络通信、健康数据上传至云端等功能，人们通过可穿戴设备或居家检测仪器可将信息实时传送至医院端的大数据信息平台，并配合医生进行线上数字化诊断和治疗。院端系统也会生成患者的电子健康档案，对慢性疾病患者的院内院外情况做到全生命周期的监控，及时发现潜在的病症。

7.3.3　计算机辅助诊断与决策

随着计算机技术的发展和人工智能的兴起，在医疗领域内，计算机辅助诊断与决策系统正逐步走进人们的视野。它能够对医疗大数据进行深入挖掘与分析，整合医学专业知识与临床知识，从而辅助医生开展诊断并制定治疗方案。计算机辅助诊断与决策具有非常深远的现实意义，它不仅可以解放医生的双手，还为医疗资源相对稀缺的地区带来了更为便捷的就医方式。本小节主要介绍基于计算机视觉的辅助诊断和基于电子病历的辅助诊断。

在现代的医疗体系中，往往会采用多种专业的医学设备对患者进行检查，获取专业的医学影像数据，比如核磁共振影像、CT 扫描影像等，这些医学影像数据中包含了丰富的病理信息，可以为医生诊断患者的病情提供依据。依据患者的医学影像，医生会结合医学经验知识进行分析，诊断患者是否患病，如果患病，进一步诊断出病灶区域，以供下一步实施诊疗方案。如图 7-14 所示，医生可以通过观察 CT 影像确定患者肺炎病灶区域或者是患者气胸病灶区域。然而，医生诊断的准确度依赖于专业经验，复杂的病症往往需要经验丰富的专家进行会诊。但是专家的数量毕竟有限，无法满足每一位患者对高质量医疗服务的需求。同时，医生阅片的时间普遍较长，以常见的 CT 影像为例，一般得出诊断结论需要阅片 15min 以上的时间，一定程度上加剧了医生接诊效率低的问题。当出现较多患者时，医生个人精力不足还可能出现诊断错误的情况。

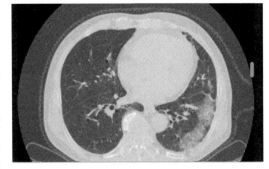

图 7-14　肺炎患者 CT 影像

为了解决上述问题，通过使用辅助诊断技术可以共享医生丰富的从医经验以及优质的医疗诊断资源，同时也可以在保持较高诊断准确度的基础上，提升医生的诊断效率。以基于 CT 影像诊断肺炎病灶区域为例，辅助诊断模型通过学习海量的 CT 医疗数据，以及众多医生丰富的诊断经验，结合前沿的人工智能技术，比如机器学习技术和深度学习技术，就可以得到一个具有 CT 图片诊断功能的 AI 模型，如图 7-15 所示。该模型可以在保证一定诊断准确度和速度的基础上，实现自动/辅助医疗诊断，从而将医生从一些耗时的重复性工作中解放出来，并提高患者就医的效率。

通过计算机视觉技术来辅助诊断具体有哪些优势呢？通过将 CT 图片由 AI 诊断和医生诊断的结果进行对比，可以发现，AI 诊断的准确率在 95%以上，且每张图只需要 3～5s，而医生诊断的准确率与个人经验相关，每张图需要 15min 以上。人工智能诊断在准确度、速度和资源共享上都优于医生诊断。并且，人工智能诊断基于海量医疗数据和医生丰富的诊断经验，可以在各医院、各地区、各国家进行共享。在应对传染速度较快的流行病时，通过人工智能诊断可以成倍提升检测速度，实现快速的诊断筛查。

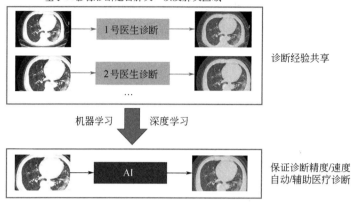

基于CT影像诊断是否肺炎，以及肺炎区域

1号医生诊断

2号医生诊断

...

诊断经验共享

机器学习　深度学习

AI

保证诊断精度/速度
自动/辅助医疗诊断

图 7-15　基于 AI 的诊断方法

　　另一个计算机辅助诊断的案例是基于电子病历的辅助诊断。医生在传统的诊断过程中，会根据患者的病历，对于过往病史和患者当前的状况进行综合的判断、诊断和决策。但是传统的纸质病历本不易于保存，信息缺失严重，阅读困难等问题都对于医生的诊断造成了很大的影响。电子病历的普及以及医疗大数据信息平台的建设，产生了大量的患者医疗数据，这些数据蕴含了丰富的信息，亟待发掘利用。但是这些电子病历同样也存在数据质量较低、格式标准不齐等问题，因此，辅助诊断模型需要利用现有大数据技术，在国内海量医疗数据中挖掘有用信息，提炼出合适的人工智能模型进行封装，使得患者、医院管理者能够使用，提高医疗过程中各环节效率。

　　基于电子病历大数据的信息挖掘主要通过权威医典对电子病历信息进行筛选和结构化处理，从而给 AI 模型提供训练数据，整体方法如图 7-16 所示。首先要借助权威医典，对电子病历、入院记录、手术记录等文本资源进行筛选来提高数据的质量，尽可能地保留有用的信息，剔除不相关信息。然后，对病历进行结构化提取，把病历里的临床表现、体征检查、化验值等信息提取出来做归一化处理，最终形成计算机能识别的结构化电子病历，方便计算机进行进一步分析处理。最后利用人工智能技术从结构化的电子病历数据中挖掘医生的临床经验，训练得到一个 AI 辅助决策模型。在训练模型的时候，可以把典籍里面的重点症状权重调高，例如阿兹海默病、癫痫和偏瘫等症状，从而让模型能更好地针对不同疾病，做出更加精准的决策。

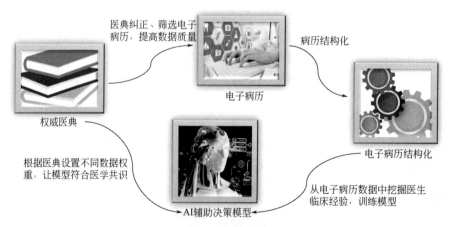

医典纠正、筛选电子病历，提高数据质量

电子病历

病历结构化

电子病历结构化

权威医典

根据医典设置不同数据权重，让模型符合医学共识

从电子病历数据中挖掘医生临床经验，训练模型

AI辅助决策模型

图 7-16　电子病历数据挖掘流程图

借助训练所得的 AI 辅助决策模型，患者在家就可以随时向 AI 进行疾病咨询，AI 会根据患者的描述并结合病历形成一个初步的诊断结果，从而为患者进行导诊和分诊，并将信息发送至对应诊室的值班医生，值班医生也会根据自身经验以及 AI 给出的诊断意见进行综合诊断，再将处置意见反馈给患者，从而大大提高了就医的效率和准确性，为患者带来了福音。

可以预见的是，未来的计算机辅助诊断与决策将会继续高速发展，并在就医的各个环节为医生和患者带来诸多便利。但是，计算机辅助诊断技术也依然存在着一些挑战。首先是数据隐私问题，训练 AI 模型的过程中往往涉及大量患者的隐私数据。如何获取患者对其医疗数据使用的许可，以及如何在各个环节加强数据隐私保护能力，仍然是计算机辅助诊断开发者和管理者需要注意的一大难题。另一个问题是道德伦理问题，由于 AI 本身不具有医师从业资格，目前它只能作为帮助医生诊断的一个工具，并且其辅助诊断的依据和结果尚未受到法律和医学界的充分认可，一旦 AI 判断错误导致了对患者的误诊，AI 的开发管理人员是否需要对患者负责任等问题依然存疑。随着人工智能技术的发展，AI 在未来究竟能否完全承担起医生的职责，这都是人们需要思考的问题。

7.4 ❖ 医疗大数据分析案例

以上的小节先后介绍了医疗大数据所涉及的关键技术和典型的应用场景，本小节我们将给出两个实际的医疗大数据应用案例，包括流感预测和追踪系统，以及 CT 辅助诊断和远程医疗平台，借此让读者更好地理解医疗大数据的巨大应用价值。

7.4.1 流感预测与追踪系统

季节性流感是一种常见的具有高度传染性的呼吸道病毒疾病，通常在秋季和冬季流行，因此被称为"季节性"流感，其症状包括发热、头痛、乏力等。对于老年人和部分患有慢性疾病的人群来说，患上季节性流感可能会产生严重的并发症甚至导致死亡。根据美国疾病控制和预防中心（CDC）的数据，季节性流感每年感染约 5% 到 20% 的美国人口，导致超过 200000 人住院。因此，对于季节性流感的实时监测和未来感染趋势预测是至关重要的，这有助于医疗保健人员和公众了解流感的传播情况，并采取必要的预防措施，从而降低流感传播带来的损失，为控制流感疫情赢得先机。

在 2003 年至 2008 年间，对于愿意分享其搜索数据的用户，谷歌以匿名的形式收集了大量的搜索查询数据。这些数据包括与流感症状相关的搜索词，比如"发烧""咳嗽""感冒药"等。通过对这些海量的搜索数据进行处理和分析，谷歌推出了"谷歌流感趋势"系统（Google Flu Trends）来预测流感在不同地区的活动水平和传播趋势。

具体来说，这些和流感相关的搜索词首先会被分为不同的类别，每个类别会根据其和流感活动的相关程度被分配不同的权重，和流感活动越相关的类别权重就越大，反之权重就越小。

接下来，该系统使用机器学习算法来建模不同类别搜索词的搜索频率和特定地区实际流感活动发生率之间的关系，也就是从大量的搜索数据中寻找和流感暴发相关的因素。例如对流感相关症状的搜索频率增加，往往预示着流感疫情的开始和传播，而对流感治疗以及相关药物的搜索增加，则可能表示流感已经处在暴发期。通过对大量搜索数据的挖掘，该系统最终可以根据某地区流感相关搜索词的查询频率，来生成对该地区流感活动的实时估计，并且可以通过和搜索活动基准的比较，来判断流感活动的增加或者减少。此外，该系统也可以根据搜索数据的更新来实时更新其对流感活动的估计，实现了对特定区域流感活动水平的实时追踪和预测。

在 2009 年，利用此系统的谷歌比美国疾病控制与预防中心提前 1~2 周预测到了甲型 H1N1 流感的暴发，与美国疾病控制和预防中心的官方数据相比，准确率高达 97%。此事件震惊了医学界和计算机领域的科学家。谷歌流感系统为公共卫生监测系统的发展开了先河，它的成功表明了网络搜索数据分析可以为公共卫生提供十分有价值的信息，用于监测和预测传染性疾病的暴发和传播。但单纯的数据分析也不是万能的，过度依赖数据会导致忽略很多其它的因素，例如数据的误差以及错误等，从而造成预测的偏差。在 2013 年，谷歌流感系统的预测结果相较于美国疾病预防中心的数据就出现了严重的偏差，其预测值几乎超出了真实值的一倍，如图 7-17 所示。但总体而言，谷歌流感系统依然在流感预测方面展现了巨大的潜力。之后谷歌重新设计了相关算法，将美国疾病控制与预防中心和谷歌流感趋势系统的数据结合在一个模型中，不断微调预测模型，实现了对流感预测的动态校准。

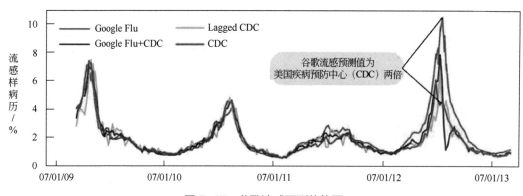

图 7-17　谷歌流感预测趋势图

类似的，百度公司也上线了"百度疾病预测"系统来预测和监测疾病发生和传播趋势。除了互联网搜索数据之外，此系统还结合了其它数据源，例如卫生部门公布的疾病数据、气象数据以及社交网络和流媒体（微博推文）的内容等，来更好地预测和分析疾病的传播趋势和风险。

相较于传统的疾病监测方法，基于大数据的预测系统可以利用实时的搜索数据进行预测，从而在数小时内更新预测结果，避免了传统方法消耗大量时间收集数据造成的预测滞后。当然，这种方式也存在一定的弊端。比如搜索数据会受到用户搜索习惯和主观因素的影响，因此数据并不一定完全准确。但是我们可以从这个案例中看到大数据中蕴含的丰富信息，以及其特有的优势和巨大的应用潜力。只要通过合理的方法加以转换和应用，就可以让大数据真正地服务于人们的生活。可以预见的是，随着大数据技术的发展和更多数据源的加入，基于大数据的疾病预测和追踪系统也会更加全面和准确，从而在我们的生活中发挥更大的作用。

7.4.2　CT 辅助诊断与远程医疗平台

阿里巴巴在 2015 年提出了"Double H（happiness & health）"发展战略，而其中的"health"指的便是大健康领域。在此之前，阿里巴巴已经通过投资医疗企业开始了在医疗行业的探索。自从涉足医疗领域以来，阿里围绕"Double H"战略，迅速展开了全方位的布局，打造了坚实的技术底层。其中，阿里云和数据与科学技术研究院为阿里的医疗健康事业提供技术支持，同时，支付宝、阿里健康以及钉钉则成为阿里医疗健康业务发展的重要载体。阿里健康提出了"以大数据助力医疗，以互联网改变健康"的发展愿景，利用阿里巴巴集团在电子商务、互联网金融、物流、大数据和云计算等领域的优势，全渠道推进医药电商及新零售业务，并为大健康行业提供线上线下一体化的解决方案，促进社会医药健康资源的共享配置，提高了普通民众就医购药的便捷性。目前阿里健康的业务范围已经涵盖了医药电商及新零售、互联网医疗、消费医疗、智慧医疗等多个领域。下面将重点介绍阿里健康在医疗大数据领域探索的两个具体实例。

（1）新型冠状病毒感染 CT 辅助诊断解决方案

本章的 7.3 小节已经提到了计算机辅助诊断技术，这也是医疗大数据的重要应用领域之一。下面将以新冠病毒感染的辅助诊断为例，来具体介绍一个基于 CT 影像的辅助诊断应用。

CT 影像是指，通过计算机断层扫描技术所获得的人体内部组织和器官的二维或三维影像，在医学上常用于检测和诊断各种疾病，也是诊断新冠病毒感染的重要依据之一。在 2020 年 2 月 15 日，阿里巴巴达摩院和阿里云联合推出"新冠病毒感染 AI 辅诊助手"，它可以帮助医生快速进行疑似病例诊断，提高诊断及救治效率。

该系统采用了深度学习和自然语言处理等人工智能技术，可以对患者的病历、实验室检查数据和影像学检查数据等多个方面的信息进行分析和处理，能够快速准确地对新冠病毒感染进行早期筛查和诊断。其工作原理主要包含以下几个步骤，首先是数据的采集，通过与医疗系统和实验室检测设备的连接，该系统可以收集大量患者的原始临床数据以及 CT 影像资料；第二步是数据的预处理，采集到的数据需要进行清洗和分类，统一格式，为后续的模型建立和训练做好准备；第三步便是模型构建和训练，利用人工智能技术和大规模的数据分析，来建立患者的特征模型，如肺部影像特征、实验室检测指标等。最后结合患者的病历资料以及建立的预测模型，来生成诊断的结果和治疗方案建议。

对于训练好的模型，可在 20s 内完成对疑似病例 CT 影像的识别，区分新冠病毒感染、普通性病毒感染和健康的影像并直接计算出病灶的部位占比，其分析结果准确率高达 96%。相比于专业医生的诊断，AI 模型的诊断准确率并不逊色，但诊断速度却得到了大幅提升。此外，相较于普通性病毒感染，新冠病毒是新的病种，很多医生对此接触较少，缺乏相应的诊断经验。在此情况下，AI 诊断技术可以为医生提供有效的诊断鉴别提示，指导治疗方案，显著缩短了诊疗时间。此外，AI 模型还可以减少医生和患者的接触，有效地遏制了疾病传播，有力地支持了防控工作。

率先引入这个产品的是被称为郑州版"小汤山医院"的郑州岐伯山医院。截至 2020 年 3 月，阿里达摩院的 AI 辅诊助手已在湖北、河南、山东、广西等 16 个省（自治区）的 49 家医院上岗，诊断 3 万余例临床疑似新冠病毒感染病例。

（2）远程医疗平台解决方案

阿里巴巴利用阿里云建立了远程医疗平台，通过该平台整合医疗资源进行医疗服务覆盖。业务架构如图 7-18 所示。对于传统的医疗流程而言，无论大病小病人们都需要到医院就医。患者往往需要耗费大量的时间在等待医生、排队、取药等环节，而随着远程医疗技术的发展，这些问题就可以得到有效的解决，从而提高人们就医的效率和便捷性。

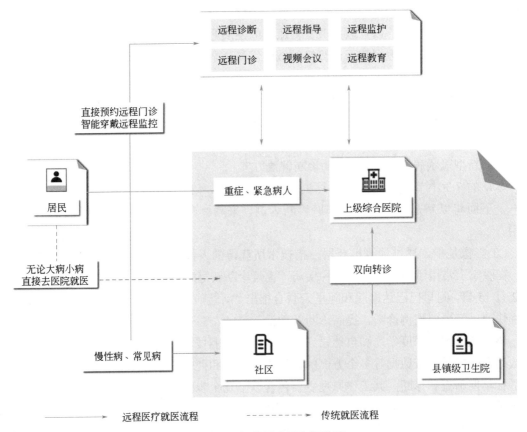

图 7-18　远程医疗平台架构图

利用远程医疗平台，人们可以通过语音、文字、图片等多种方式来描述自己的症状，医疗平台中的问诊引擎首先可以根据用户提供的信息进行病情分析，来提供症状对应的疾病可能性排除、病情评估、就医建议等。此外，该引擎也具备多轮信息交互的能力，可以帮助用户不断细化问题和答案，来进一步提高应答的准确性和诊断效率。如果智能问诊引擎提供的信息不足以满足人们的就医需求，远程医疗平台也提供在线医生咨询服务，用户可以通过平台进行预约挂号，在预约的时间内，患者可以通过视频或者语音通话的形式来和专业医生进行交流，提供自己的个人信息和病情描述，医生会对患者的病情进行诊断并提供更加专业的建议或者诊疗方案。如果医生认为需要药物治疗，也可以方便地在远程医疗平台上生成电子处方，并将其发送到患者的电子邮箱或者手机上，患者可以通过这些处方在药店或者医院领取药物。对于需要跟踪治疗和复查的患者，远程医疗平台也可以方便医生对患者的治疗进程进行跟踪。这种新型的医疗形式大大拉近了患者和医生间的距离，也有效地降低了医疗资源的浪费。

远程医疗平台也采用了诸多先进的大数据技术，例如自然语言处理，知识图谱，机器学习和数据挖掘等等。这些技术的应用可以使得该系统快速理解人们上传的不同形式的信息，准确地识别用户的病情，进而提供个性化的医疗服务。相较于传统的医院就医，远程医疗平台可以更好地保护人们的数据隐私。此外，不同地域的患者均可访问医疗平台，从而防止"黄牛"恶意抢号，具有很多优势。在业务需求上，该平台依托大型综合医疗机构或医学中心，通过整合区域内各级医疗机构的医疗资源实现业务上的无缝衔接和全面协同，能够定向帮扶医疗资源薄弱的医院以及时救治偏远地区的患者。

以上这些案例展示了大数据如何用于改善医疗保健服务和患者治疗效果。从追踪疾病的传播，到改善医疗保健提供者之间的协作与协调，再到提供远程医疗服务，大数据在医疗健康中的应用有可能彻底改变医疗保健的提供方式并改善患者的治疗效果。通过利用大数据和人工智能、机器学习和云计算等先进技术，医疗保健提供者可以获得对疾病模式和患者行为的新见解，从而实现更好的诊断、治疗和整体健康结果。此外，医疗保健中的大数据应用可以通过减少重复服务、避免不必要的住院治疗来降低医疗保健成本。

总而言之，大数据正在为医疗健康领域带来全新的变革，为实时的健康监测、患者的就医问诊以及医生的诊断决策带来莫大的便利。随着大数据在医疗行业中的不断深入应用，未来的医疗水平和效率也将产生新的突破。

小结

医疗大数据是指在医疗领域中产生的海量数据，这些数据包含了患者健康情况、医生诊疗经验等丰富信息，对智慧医疗的发展与探索有着重要的意义。目前，医疗大数据分析在行业内的应用愈加成熟，在部分领域其作用堪比经验丰富的临床医生。人工智能、大数据分析技术的进步，让个性化、精准化的医疗服务成为可能。本章对医疗大数据的相关内容进行了详细介绍，包含医疗大数据的产生背景、发展历程、关键技术、典型应用以及两个医疗大数据应用的案例分析。通过这些内容的学习，读者可以更好地认知医疗大数据的概念，感受大数据技术在医疗领域中发挥的作用。当然，医疗大数据的内容并不局限于此，目前的发展依然处在起步阶段，还有很大的探索空间，感兴趣的读者可以在本章的基础上进行更为深入的研究。

参考文献

[1] Obinikpo A A, Kantarci B. Big sensed data meets deep learning for smarter health care in smart cities[J]. Journal of Sensor and Actuator Networks, 2017, 6(4): 26.

[2] Kavitha M, Jayasankar T, Venkatesh P M, et al. COVID-19 disease diagnosis using smart deep learning techniques[J]. Journal of Applied Science and Engineering, 2021, 24(3): 271-277.

[3] Patton G C, Coffey C, Sawyer S M, et al. Global patterns of mortality in young people: a systematic analysis of population health data[J]. The lancet, 2009, 374(9693): 881-892.

[4] Bellazzi R, Zupan B. Predictive data mining in clinical medicine: current issues and guidelines[J]. International journal of medical informatics, 2008, 77(2): 81-97.

[5] Murdoch T B, Detsky A S. The inevitable application of big data to health care[J]. Jama, 2013, 309(13):

1351-1352.

[6] Weiskopf N G, Weng C. Methods and dimensions of electronic health record data quality assessment: enabling reuse for clinical research[J]. Journal of the American Medical Informatics Association, 2013, 20(1): 144-151.

[7] Jiang F, Jiang Y, Zhi H, et al. Artificial intelligence in healthcare: past, present and future[J]. Stroke and vascular neurology, 2017, 2(4): 230-243.

[8] Guha S, Kumar S. Emergence of big data research in operations management, information systems, and healthcare: Past contributions and future roadmap[J]. Production and Operations Management, 2018, 27(9): 1724-1735.

[9] 赵雪雁, 王晓琪, 刘江华, 等. 基于不同尺度的中国优质医疗资源区域差异研究[J]. 经济地理, 2020, 40（7）: 22-31.

[10] 李春林, 赵翠, 司迁, 等. 智慧医疗的发展现状与未来[J]. 生命科学仪器, 2021, 19（2）: 4-13.

[11] 姚琼, 王觅也, 师庆科, 等. 深度学习在现代医疗领域中的应用[J]. 计算机系统应用, 2022, 31（4）: 33-46.

[12] Zhou B, Yang G, Shi Z, et al. Natural language processing for smart healthcare[J]. IEEE Reviews in Biomedical Engineering, 2022, 17: 4-18.

[13] Suo J, Liu Y, Wu C, et al. Wide-bandwidth nanocomposite-sensor integrated smart mask for tracking multiphase respiratory activities[J]. Advanced Science, 2022, 9(31): 2203565.

[14] 吴智妍, 金卫, 岳路, 等. 电子病历命名实体识别技术研究综述[J]. 计算机工程与应用, 2022, 58（21）: 13-29.

[15] 丽睿客. 移动互联网时代的健康医疗模式转型与创新[M]. 北京: 人民邮电出版社, 2017.

[16] 陈俊桦, 杜昱, 陆侃, 王勇, 夏鸣, 赵珂, 张开友, 毛伟民. 智慧医院工程导论[M]. 南京: 东南大学出版社, 2018.

[17] 朱宏博. 面向多模态医疗大数据的智慧辅助分析与诊断技术研究[D]. 东北大学, 2020.

[18] 乌音嘎. 家庭医疗监测系统[D]. 内蒙古大学, 2018.

[19] Gupta M, Chaudhary G, Albuquerque V. Smart Healthcare Monitoring Using IoT with 5G: Challenges, Directions, and Future Predictions[M]. Boca Raton: CRC Press, 2021.

[20] Gkoulalas-Divanis A, Loukides G. Medical data privacy handbook[M]. Cham: Springer, 2015.

[21] Lazer D, Kennedy R, King G, et al. The parable of Google Flu: traps in big data analysis[J]. Science, 2014, 343(6176): 1203-1205.

[22] 严长春. 医院电子医保凭证应用的实践与思考[J]. 信息系统工程, 2021, 34（11）: 77-80.

[23] 黄奕宁, 徐莉娅, 卢冉, 等. 云南边境地区新发传染病防控预警数据平台构建: 以新型冠状病毒肺炎为例[J]. 中国卫生资源, 2021, 24（3）: 243-247, 252.

[24] 白翔. 轨迹查询系统研究[D]. 河北师范大学, 2022.

[25] 宋博强. 基于电子病历的军队医院信息平台体系结构研究[D]. 解放军军事医学科学院, 2012.

[26] 陈兆俊, 曹来郑, 韩成星, 等. 县级医院信息系统集成平台架构设计[J]. 中国基层医药, 2016, 23（14）: 2238-2240.

[27] 屈啸, 王永利. RFID 数据仓库上的多时空粒度近似聚集查询[J]. 计算机科学, 2012, 39（6）: 170-174.

[28] 章京, 邱桂苹, 赵倩, 等. 基于物联网技术在社区医疗中的应用[J]. 电子世界, 2014（2）: 11-12.

[29] 李怡勇, 汪君, 米永巍, 等. 基于 RFID 技术实现医用高值耗材可溯源性管理的探讨[J]. 医疗卫生装备, 2014, 35（4）: 140-141, 147.

[30] 王温, 曾祥鹏, 胡良晖, 等. 人工胰腺的研究现状和进展[J]. 中华胰腺病杂志, 2018, 18（5）: 359-360.

[31] 张雯. FDA 批准 2010–2011 季节性流感疫苗[J]. 中国医药生物技术, 2010（5）: 400.

[32] 刘海涛. 盘点｜22 款"CT+AI"新冠肺炎辅助产品, 记录影像 AI 的"全行业"抗疫[J]. 大数据时代, 2020, 3: 64-76.

[33] Esteva A, Chou K, Yeung S, et al. Deep learning-enabled medical computer vision[J]. NPJ digital medicine, 2021, 4(1): 5.

第 **8** 章

城市交通大数据

之前的章节分别介绍了大数据在社交、体育、工业、医疗等领域的应用。实际上，大数据与城市交通系统也变得越来越密不可分。随着中国经济的蓬勃发展，城市交通系统变得越来越繁忙，人们对于交通服务品质的要求也在提高，这种变化让交通运行压力骤增。当我们开车上路时，是否曾经遇到过堵车、违章行驶、事故等情况？在城市另一个角落制作的美食怎样才能穿过大街小巷来到我们的手中？这些都属于城市交通系统的普遍问题。基于城市交通大数据发展智慧交通系统，不仅能解决这些问题，还将给我们的生活方式带来翻天覆地的变化。本章将从大数据的角度，深入浅出地探讨智慧交通系统的基本原理、关键技术和典型应用案例。我们将会看到，智慧交通系统的出现不仅改善了城市交通状况，同时也为我们提供了一个全新的视角，帮助我们更好地理解和应用大数据技术。本章首先在 8.1 节概述基于城市交通大数据的智慧交通，随后在 8.2 节进一步介绍城市交通大数据的特点与种类，并在 8.3 节分别讲解行人与车辆目标检测与交通流量预测技术，最后在 8.4 节结合案例深度分析这两种技术在实际中的应用情况。

8.1 ◎ 基于城市交通大数据的智慧交通概述

近年来，随着信息和通信技术的发展，我们的城市交通系统正以前所未有的速度产生大量的数据。这些数据主要来自交通运输的运行和管理过程，包括路面的传感器监测数据、车辆自身运行轨迹数据、物流运输数据、地图和导航数据以及环境监测数据等。数据是这个时代宝贵的资源，但人们必须使用合适的技术对这些资源进行挖掘、利用才能充分发挥出它们的价值。为了解决这些问题，智慧交通系统（Intelligent Transportation Systems，ITS）应运而生了。

智慧交通系统将先进的大数据技术整合到交通系统中，利用大数据和智能算法来对交通进行实时监控、调度和管理。它能够通过传感器和摄像头等设备收集交通数据，包括路况、车辆密度、车速、公交车的行驶路线和站点、出租车的数量、地铁的运营状态等；然后对这些数据进行挖掘和分析，为交通管理者和驾驶员提供精准和实时的信息，以便他们做出合适的决策。同时，智慧交通系统也可以预测和避免交通拥堵、优化道路规划、改善交通安全等。不过，城市交通数据是海量的，有些数据可能一天就能够超过数亿条。只有依靠大数据技术，这些数据才不会被浪费。在城市智慧交通系统的数据分析和应用过程中，大数据技术发挥了重要的作用。大数据技术就像是交通管制中的指挥棒，可以帮助我们更好地理解城市交通运行情况、预测未来的流量变化。正如李光耀先生所说："统计数字的力量，在于揭示真相和趋势。"通过对城市交通的各种形式数据进行挖掘和利用，大数据技术让我们能够更好地掌握城市交通的规律和趋势，从而更好地规划交通路线和制定交通政策，促进城市交通的创新和发展，让我们的生活变得更加轻松、便捷。图 8-1 展示了城市交通大数据的种类以及涉及的大数据技术，由图可见城市交通大数据不仅种类繁多，而且涉及各种数据形式和相关的大数据技术。正如一辆车需要不同的部件配合才能良好运行，城市交通系统也需要不同的数据形式和大数据技术来配合，才能让你我他在城市交通中畅通无阻。

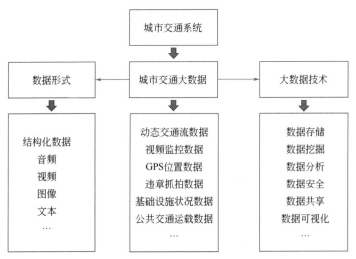

图 8-1　城市交通大数据的数据形式与相应技术

在人类社会的发展史上，交通系统大致经历了三个阶段，分别是人力交通阶段、机动车交通阶段和智慧交通阶段。在古代，人们出行只有走路、骑马、坐车、乘船等方式。由于城市规模的不断扩大，这些交通方式已经无法满足城市发展的需求。进入工业化时期后，机动车逐渐取代了传统的交通方式，例如公共汽车、出租车、轻轨等。这一阶段的交通系统试图将车辆、基础设施和交通参与者整合为一个综合系统。然而这些交通系统仍然存在很多问题，比如速度慢、运营成本高等，无法满足日益增长的城市出行需求。而本章重点讨论的是第三个阶段，也是当前人们正在努力建设的智慧交通阶段。智慧交通集成大数据、人工智能等高新技术，为交通参与者提供全过程、全时段、全要素的交通信息，最终实现人-车-路-基础设施协调发展的新型交通管理系统。相比传统的交通系统，基于大数据的智慧交通系统可以做出更加智能的决策，从而提高交通系统的效率和交通参与者的整体体验。通过分析交通数据，智慧交通系统可以为车辆确定最佳路线并避开拥堵地区，使行驶时间缩短，同时还能提高城市交通的安全性。交通部门可以通过分析各种来源的数据，确定事故易发区，并采取纠正措施来改善道路安全。另外，大数据在减少排放和环保方面也发挥着关键作用。通过分析来自车辆的数据，交通部门可以确定最省油的路线，减少排放并帮助节约能源。可以说，基于大数据的智慧交通系统将在未来的城市交通中发挥越来越重要的作用，使交通更加高效、安全、环保。图 8-2 展示了智慧交通系统的主要构成，包含和人们日常出行相关的方方面面，其中有一些系统功能已经在实际生活中得到了广泛应用，如实时交通流量预测、交通目标检测等，还有一部分正在积极发展中，如无人机快递、自动驾驶、智能路径规划等。其中，交通流量预测与交通目标检测是两个应用最广泛、也是最成熟的技术，它们既是智慧交通系统的重要部分，也是后续各种技术的基础。因此，本章将重点介绍这两个技术的主要原理和它们在实际中的应用案例。

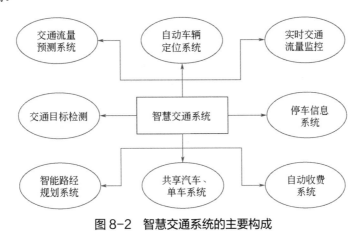

图 8-2　智慧交通系统的主要构成

8.2 ➲ 城市交通大数据的特点与种类

城市交通大数据是一个庞大且多样化的数据集，它由多维度、多层级的数据源构成，主要包括：①由城市交通运行管理直接产生的数据：例如各类道路交通流量、速度监测数据、公共交通车辆的 GPS 定位信息、实时视频监控图像、车载记录仪拍摄的图片等。这些数据能够实时反映城市的道路使用状况和公共交通系统的运行状态。②与城市交通相关的其他行业和领域导入的数据：例如气象部门提供的天气预报和实况数据、环保部门的空气质量报告、统计部门的人口分布及流动数据、城市规划部门的道路网络布局信息，以及通信运营商基于手机信令分析得出的人群移动规律等。这些跨领域的数据有助于从更宏观的角度理解和优化城市交通系统。③来自公众互动提供的实时交通状况数据：如通过社交媒体平台（如微博、微信等）用户上传的路况信息、照片、短视频；在线论坛上的讨论内容；广播电台听众反馈的实时交通事件等非正式渠道获取的实时交通信息。这些数据反映了社会公众对交通环境的真实感知和即时需求。根据城市交通大数据的来源、构成和用途，可以总结其以下四大特点：

数据体量大：人们交通出行，每时每刻都在产生大量的数据，例如道路人流量、车流量等结构化数据，道路图像、视频等非结构化数据，以及气象、环境等城市交通相关行业的数据，这直接导致城市交通大数据的数据量呈爆炸式增长，数据量十分庞大。

数据种类多：城市交通大数据的多样性体现在其数据来源广、数据类型多、数据形式丰富。具体而言，从数据来源上看，城市交通大数据不仅包含了由城市交通直接产生的道路交通数据、公共交通数据、对外交通数据等，还汇聚和整合了环境、气象、人口等多个相关行业导入的数据，以及政治、经济、社会、人文等领域重大活动关联数据。从数据类型上看，城市交通大数据类型丰富，既有结构化数据，也有各种类型的半结构化数据、非结构化数据。从数据形式上看，城市交通大数据包含丰富的流数据、文件数据、数据库中的表单数据以及互联网上的文字和图片数据等。

实时处理需求： 利用城市交通大数据，可以在道路发生拥堵前提前分析预测拥堵情况并通过提示板、交通信号灯控制进行提前分流和疏导；在极端天气前通过短信或交通电台提前预警；在出行时提前根据用户所在位置查询附近的交通流量信息和公共交通情况并且通过移动终端的应用软件实时给出出行建议和路径规划。这些应用都要求在获取到数据后能够及时准确地处理，尤其是利用移动终端快速分析交通状况并且给出响应。因此，实时性对于城市交通大数据分析非常重要，因为城市交通状况随时可能发生变化，如果数据不是实时的，分析结果也可能不准确。所以，城市交通大数据实时性是保证数据分析准确性的关键因素。

蕴含丰富价值： 城市交通大数据蕴含丰富的价值，可以用于实现高效的智能交通信息服务，满足出行者获取实时、准确的交通信息需求；城市交通大数据可以为交通管理部门提供数据分析处理支撑，以实现对交通紧急状况的快速反应和应急指挥，从而维护社会稳定和减少经济损失；城市交通大数据可以作为决策依据的核心支撑，对于优化城市规划布局和功能区设计具有重要意义，可以助力政府实现跨部门的协同管理，通过数据驱动的方式调整交通资源配置、改进交通策略。例如，在细化城市规划时，可以借助大数据分析来预测区域间的交通需求变化，合理规划道路网络结构及公共交通线路设置。

由于城市交通大数据具有多样性，数据来源广泛，并且是将不同来源以及不同领域的数据进行整合而形成的，因此，从不同角度对城市交通大数据进行种类划分能够有利于更好地分析、理解和使用城市交通大数据。本节将采用三种不同的标准对城市交通大数据进行种类划分，具体如表 8-1 所示。

表 8-1　城市交通大数据不同标准下的种类划分

数据与交通管理及信息服务的关联度	数据类型	数据形式
交通直接产生的数据	结构化数据	流数据
公众互动数据	非结构化数据	文件数据
相关行业数据	半结构化数据	在线文字和图片
重大活动关联数据		音视频流

按照数据与交通管理及信息服务的关联度由高到低可以将城市交通大数据分为：交通直接产生的数据、公众互动数据、相关行业数据以及重大活动关联数据。交通直接生成的数据，涵盖了各类交通基础设施设备采集的实时信息，诸如感应线圈系统捕获的车辆通过数据、摄像头监控网络提供的视频流和图像识别结果以及车载 GPS 系统持续更新的车辆定位与行驶轨迹等关键指标。这些数据汇聚在一起，能够从宏观层面描绘出整体交通系统的运行状态，同时也能从微观角度揭示各个路段或交叉口的具体交通实况，它们构成了理解城市交通状况的核心要素。公众互动数据包括公众通过微博、广播电台等社交媒体提供交通状况相关的文字、音视频等数据。例如，驾驶员可以通过广播电台分享实时路况，如交通事故发生地、拥堵路段等，从而帮助其他出行者及时做好出行路线规划。这些信息可能不会及时被交通设施或是传感器捕获到，但是能够直接反映局部的交通状况，因此和城市交通的关联程度也很紧密。相关行业数据包括气象、环境等与交通间接相关的数据，例如天气预报播报明天将有雨雪，道路可能会结冰，大家出行时要减速慢行。这些数据能够用于分析和预测总体交通状态，与

城市交通有一定的关联。重大活动关联数据包括如大型文体活动、商家促销活动等会对交通状况产生一定影响的事件的位置、时间等信息。例如在某路段附近将举办大型演唱会，将会使周边道路产生短时的拥堵。这些活动对交通的影响结果是局部的，而且是可以预见的，在特定场景下与城市交通有关联。

按照数据类型的不同可以将城市交通大数据分为结构化数据、非结构化数据和半结构化数据。结构化数据是指数据记录通过确定的数据属性集定义，同一个数据集中的数据记录具有相同的模式。结构化数据通常以行为单位，一行数据表示一个实体的信息，每一行数据的属性是相同的，例如传统的智能交通信息系统采集、加工过的数据。非结构化数据是指数据记录一般无法用确定的数据属性集定义，在同一个数据集中各数据记录不要求具有明显的、统一的数据模式。例如道路摄像头采集的视频、公众发布在微博上的图片或是微信上的语音信息等。半结构化数据是指数据记录在形式上具有确定的属性集定义，但同一个数据集中的不同数据可以具有不同的模式。半结构化数据通常以可扩展标记语言（eXtensible Markup Language，XML）文件或其他用标记语言描述数据记录的文件保存，例如道路监控系统每天的日志文件。

按照数据形式的不同可以将城市交通大数据划分为流数据、文件数据、在线文字和图片以及音视频流。流数据是指类交通设施或传感器以数据流的形式不断产生的具有确定格式的数据，例如道路上由传感器收集到的人流量和车流量数据。文件数据是指以文件形式存储下来能够持久保存的交通数据，文件数据的特点是数据可以反复获得且可以根据用户需求搜索访问，例如交管所登记的车主所有车辆信息数据。在线文字和图片是指存在于互联网上的文字和图片数据，其特点是需要通过特定的互联网协议才能够获得。音视频流是指通过数字化编码并且能够解码还原的音频或者视频信息，包括重点交通路段的噪声监测信号、路面监控视频等。

8.3 ◗ 智慧交通系统的关键技术

人、车、路是构成现代交通的三个基础元素，随着大数据、人工智能、云计算等高新技术的快速发展，智慧交通的需求越来越迫切。智慧交通系统旨在应用先进技术提高交通系统安全、效率和可持续性。智能交通系统根据应用场景而采用不同的技术，从基本的管理系统，如交通流量预测系统、交通信号控制系统、交通目标检测系统，到监控应用，再到更先进的集成系统，所运用到的技术呈现多样性和交叉性。这些关键技术依赖于先进的传感器、通信网络和数据分析等技术的有效集成运用，能够为用户提供更加流畅、智能、环保的交通出行体验。经过前面的介绍，相信读者已经对智慧交通系统有了一个初步的认识，接下来将在 8.3.1 节和 8.3.2 节分别针对智慧交通系统中的交通目标检测技术与城市交通流量预测技术展开具体的介绍与分析。其中交通目标检测技术能够及时发现交通中的异常情况，维护交通安全；交通流量预测技术则可以预见未来时间段的交通状况，帮助人们提前做好出行规划。

8.3.1 交通目标检测

在智慧交通领域中，目标检测技术扮演着一个十分重要的角色，下面本节将首先介绍交通目标检测的背景，随后对交通目标检测的方法原理进行阐述。

（1）问题背景

随着我国汽车保有量的不断增加，地面交通拥堵和交通事故越来越严重，这一情况不仅导致燃料消耗过多、造成经济损失，甚至还危及到了公众出行安全。根据中国交通运输部发布的数据显示，交通拥堵带来的经济损失占城市人口可支配收入的20%，相当于每年国内生产总值损失5%～8%，高达2500亿元人民币。根据世卫组织的数据，交通事故每年造成全球近130万人死亡，约5000万人受伤。近年来，我国也发生过若干起重大交通事故。2022年某地黄河大桥突发团雾，导致整个路段超过200辆车相撞，直至当日下午3时许，拥堵的车辆还有几百米。事发时间正好处于早高峰，出行车辆众多，十分容易发生交通事故，这同时也反映了我国城市交通中存在的一些普遍问题。目前我国城市交通道路中行人和车辆密度大，路况复杂，车辆违停、逆行、堵塞等异常事件一旦发生，极易引起交通事故，为了避免道路交通事故的发生，及时检测交通异常事件就显得尤为重要。此外，在我国城市交通中，存在交通环境复杂多变、行人和机动车并存的特点，且行人和车辆是道路交通中主要的参与者和运动目标。因此，相关部门也针对城市道路中行人与车辆进行了重点关注，出台了一些缓解交通拥堵问题的政策如"单双号限行"等，可以在一定程度上减少交通事故的发生，有助于城市治理能力的综合提高，对于提升城市品质具有不可替代的作用。

伴随着科技的进步，人们逐渐使用先进科技手段保障交通安全，例如交通监控摄像头、行车记录仪以及汽车辅助驾驶技术等。监控视频的普及为公共交通行为的记录提供了方便，但由于视频数据全天候采集的工作方式导致数据量巨大，而人工查阅视频数据往往费时费力，难以及时检测到随时可能发生的交通事故，不能快速地采取有效措施进行处理和解决。

为了缓解大数据背景下人工查阅交通监控视频效率低下的问题，目前许多研究人员在利用计算机视觉技术对视频数据进行高效率精确检测，以减少交通事故的发生，保障人员安全并降低财产损失。目标检测作为计算机视觉（Computer Vision，CV）中的重要研究方向之一，能够对视频数据进行快速处理并提取其中的有效信息，对提高视频数据处理的效率有着重要意义。目标检测可以对图片或视频中的人们感兴趣的目标进行定位和分类。在智能交通系统中，目标检测技术的准确性和实时性尤为重要，尤其是在复杂场景中，可能需要对多个目标进行实时处理，这对目标检测性能提出了相当高的要求。

近年来，随着深度学习的快速发展，目标检测也因此获得了性能上的极大提升。基于深度学习的目标检测算法凭借其精确度高、实时性强等优点被广泛应用在智慧交通领域。如图8-3所示，目标检测可以利用在交通路口的监控摄像头，检测当前车辆的拥堵情况，实时将数据上传到各类地图APP中，以供驾驶员选择最优路段前进。目标检测也可以应用在停车场中，对停车场整体的停车状况进行分析，以缓解停车位不足造成拥堵的问题。目标检测还可以应用在智能公交站牌上，通过顶部的摄像头，根据不同编号的公交车的特殊标志进行识别并及时地向乘客播报即将到达的公交车的编号，同时还可以识别在公交站牌附近违规停车、占用公交车道的机动车的车型与车牌号，进行相应的证据获取和处罚。

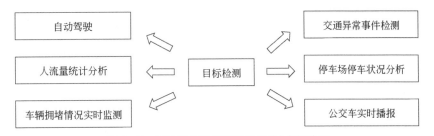

图 8-3　目标检测在智慧交通领域中的应用

（2）交通目标检测的方法原理

上一小节介绍了交通场景下目标检测的背景，接下来将介绍交通目标检测的方法原理。目标检测是图像分类和目标定位的结合，能够对图片中的信息进行完整、准确的理解。如图 8-4 所示，目标检测包含两层功能需求：一是判定图片上有哪些目标物体，确定目标物体是否存在，例如判定图中是否存在摩托车、卡车等机动车；二是判定图像中目标物体的具体位置，例如获取图中各个车辆的位置信息。目标检测和图像分类最大的区别在于目标检测需要做更细粒度的判定，不仅要判定是否包含目标物体，还要给出各个目标物体的具体位置。

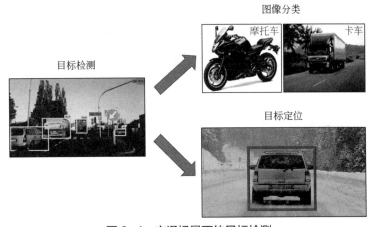

图 8-4　交通场景下的目标检测

交通场景下的目标检测通常涉及多个目标，给定一张街景图像，我们可以通过目标检测来对图像中物体的位置进行定位，同时判断物体的类别。一般来讲，要实现目标检测可以分为以下三个步骤，目标检测流程示例图如图 8-5 所示。

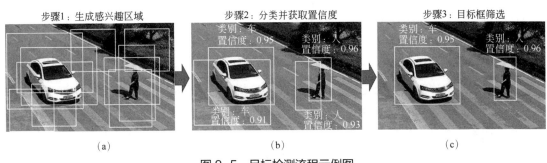

图 8-5　目标检测流程示例图

① 生成一系列感兴趣区域（Region of Interest，ROI），将其作为候选区域。这一步骤的基础是图像分类技术，在图像分类中，输入为一张图像，模型需要给出图像所属的类别。对于目标检测，算法同样要实现分类的功能，但是与图像分类的区别是，一张图像上可能有多个类别的目标，每个类别的数量也不尽相同，目标不均匀分布在整张图像上。一个很自然的想法是，每次提取图像中的一小块矩形区域，然后预测该矩形区域内图像的类别，这样我们就能得到目标的类别和位置，这就是生成感兴趣区域的过程。如图 8-5 中步骤 1，其中方框就是生成的若干个感兴趣区域，每个区域可能包含车辆、行人或者背景，需要对每个方框内物体进行分类判断。

② 对每个感兴趣区域提取特征，并进行分类判断。在获得许多个感兴趣区域后，需要对各个区域内图像都进行一次分类与置信度打分，这里的置信度本质是一个概率，代表区域内包含整个目标物体的置信程度。为了获得置信度高的目标框，可以设定一个可以人工调整的阈值，如图 8-5 中步骤 2 将阈值设为 0.9，对置信度超过 0.9 的目标框进行保留，而置信度低于 0.9 的目标框则被舍弃。相比之下图 8-5（b）目标框的数量减少了很多，这样就可以获得一些较为可靠的目标框。但是，在设定阈值之后，对于同一个目标，仍可能存在多个目标框，因此我们还需要进行最后一步，得到最为准确的目标框。

③ 对上一步得到的目标框进行筛选，从而获得最准确的目标框。这一步通常根据不同预测框之间的重叠程度进行淘汰过程，直到最后剩下唯一一个预测框，得到最终准确的结果，如图 8-5 中步骤 3，车辆和行人都被单个方框准确标出。

综上所述，目标检测是目标定位和图像分类的结合，一般流程如图 8-6 所示。输入一张图片，首先生成感兴趣区域，作为图像分类的候选区域；其次利用机器学习方法如神经网络等建立模型，对候选区域进行特征提取并分类；最后筛选置信度最高的目标框，作为最终结果。

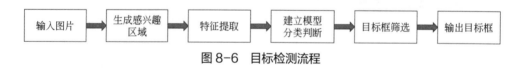

图 8-6　目标检测流程

8.3.2　城市交通流量预测

城市交通流量预测也是智慧交通系统的关键技术之一，在近年来得到了广泛的关注和应用。本节将首先介绍交通流量预测的问题背景，接着介绍交通流的相关参数，然后介绍交通流量的特性，最后介绍交通流量预测的基本原理。

（1）问题背景

基于交通实时监测数据，交通控制系统与管理系统可以对未来交通状态进行预测，如图 8-7 所示，这些信息可以为交通管理者提供决策参考，进行实时的交通控制，并同时给车辆与行人提供出行参考，这有助于合理地规划和选择路径，从而实现交通引导，达到节约行程时间、缓解道路拥堵、提高效率等目的。城市交通流量预测的核心问题就是根据交通流数据设计预测系统，对当前交通流进行建模和参数估计。下面分别从交通流的相关参数、交通流的特点以及交通流量预测的基本原理三个方面分别阐述。

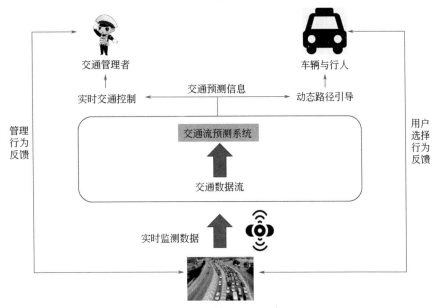

图 8-7　交通流量预测应用流程

（2）交通流的相关参数

车流量：是指在一段时间内，通过某一地点、某一断面或者某一车道的车辆数，可以用某一道路观测时段内通过的车辆总数除以观测时间长度计算得到。交通流量是交通流量预测中最关键的参数，当前时刻的交通流量可以通过路面上设置的传感器直接测得。其能够直接反映道路的实时交通状况，因此交通流量是交通预测和智慧交通的关键参数和研究基础。

车速：车速即为交通道路网中车辆的速度，也是智慧交通实现对交通引导的重要参数。车速分为行驶车速、平均车速、区间车速等。行驶车速是指车辆在经过某一道路参考路面时的瞬时车速；区间车速是指车辆在某个道路区间内行驶的实际路程与驶过该路段区间所耗时间之比；平均车速是指通过道路中的某一点或者参考面内的所有车辆的车速的平均值。行车速度中各类速度可以通过不同传感器有效检测，车速数据有效地从侧面反映当前交通状况，从而为智慧交通引导提供有利条件。

时间占有率：所有车辆经过所选取的道路某一参考面所用的时间之和与检测所用时间的比值。

交通系统中的交通流量、时间占有率以及行车速度是三个相互关联、相互制约的关键参数。这三个参数的任何变化都可能引起交通流的变动。同时，这些参数都有其合理的取值范围，当采集或者预测到的某一参数值偏离合理范围时，可以视为数据异常并予以排除。通过精准排除异常数据，可以有效提升预测精度。

（3）交通流量的特性

上一小节介绍了交通流的相关参数，明确了交通流数据中的重要概念。这一小节将介绍交通流量的特性以及影响交通流量变化的因素。

随机性：指交通流在时间上表现出的不规律和随机变化的特性。这种不规律性主要来源于道路上车辆选择不同行驶路径以及外部因素的随机影响，如天气变化、交通事故等。由于这些因素的存在，不同路段的交通流在不同时刻表现出较强的随机性和不确定性。

　　周期性：是指车流量呈现出来的围绕长期趋势的一种波浪形或振荡式变动。人每天的行为习惯是相似的，每天在重复着相似的事情，早上六点到九点是人们出行的高峰，下午五点人们又会陆续回家，这也是一个交通流量高峰，到了晚上大部分人都需要休息，此时交通流量又会降低很多，这样的规律导致车流量呈现周期往复的变化。另一方面，一个地区每天的交通状况和定居人口在短期内一般不会出现较大的变化，即一个地区今天和明天的道路情况和附近的定居人口基本是相同的，这就确保了周期性是一种不会轻易改变的特性。如图 8-8 所示是某高速公路在 6 月的某一周的车流量数据，由其车流量的变化可以看出，每一天的变化趋势是大致相同的，在凌晨的时候交通流量非常小，上午的时候交通流量逐渐增大，下午之后逐渐减小。

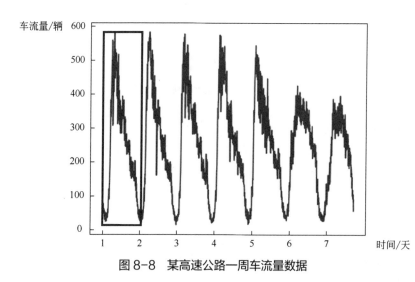

图 8-8　某高速公路一周车流量数据

　　从一周的数据可以看出，每一天大致可以看做一个周期，如果把时间尺度进一步放大，观察一个月内的交通流量的变化，又会发现这样一个规律：每周有 5 天较大的交通流量峰值，又会有两天较小的交通流量峰值，这反映的问题也是显而易见的，因为大部分人的工作也会以 7 天作为一个周期，即上 5 天班后休息 2 天，所以在周末的两天交通流量会相对较小。如图 8-9 所示某高速公路一月车流量数据，从图中可以看出，每 7 天可以看做一个周期。

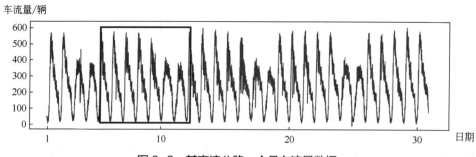

图 8-9　某高速公路一个月车流量数据

时空特性：现实的车道是交错复杂的，道路与道路交织在一起连结成网状，因此，不同道路的交通流量是会相互影响的，同时各路段的距离长短、车道的宽度也会影响到交通流量，这就是空间特性。

交通流量受时间的影响也是很大，当前时刻的车流量不仅与它自己前一时刻的车流量相关，还与附近道路前一时刻的车流量相关。如图 8-10 所示，从道路 A 行驶而来的车辆，在下一时刻可能会通过道路 B，也可能转弯通过道路 C。因此 A、B、C 道路不仅有空间上的关联性，还有时间上的关联性。

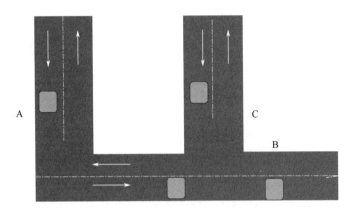

图 8-10　交通流量的时空特性

总的来说，交通系统的状态具有实时性、时空特性以及一定随机性和不确定性等特点。随着统计时段的减少，交通状态的随机性和不确定性变得更加显著。短时变化不仅受到本路段过去几个时段状态的影响，还受到上下游路段、天气、突发事件等多种因素的共同影响。然而，从时间和空间两个方面来看，交通状态也呈现出一定的规律性变化。例如，城市路网各路段在高峰期和非高峰期表现出明显的周期性变化，城市高速公路在工作日和周末也呈现出不同的周期性变化，显示了路网交通在时间上的规律性。同时，城市路网的拓扑结构、各路段的距离、车道宽度以及车流方向等信息决定了某条具体路段交通状态的变化，这反映了路网交通在空间上的规律性。因此，实时交通预测需要全面考虑组成路段的交通状态实时变化，同时考虑时间和空间上的随机性和规律性。通过参考特定路段的历史交通数据、考虑整个路网交通的时空变化，以及综合考虑天气、突发事件等其他因素，可以提供未来时段的交通状态预测结果。

（4）交通流量预测的基本原理

交通流量预测，是指以用历史交通数据（如车速数据）以及会对交通流量造成影响的相关数据（如天气数据）为依据，结合交通流量的特性如时序特性和空间特性等，运用统计理论、机器学习、深度学习等方法，挖掘出各个变量与交通流量之间的内在关联，对未来一段时间目标区域交通流量进行预测，如图 8-11 所示。其中，传统统计理论预测是早期交通流量预测最常用的方法，但对于描述城市交通这种复杂系统，传统统计方法存在准确率不足和适应性不强等缺点。随着大数据技术、机器学习方法的发展与流行，越来越多的学者开始用机器学习的方法对交通系统进行建模并取得了不错的成果，但机器学习往往需要对数据进行较为复杂的处理才能作为模型输入。近些年得益于硬件算力的提升，深度学习得到了学者们的重视。因其具有应用范围广、不需要对数据进行复杂的处理、可以拟合任意复杂的函数关系等特点，所以其在交通流量预测任务上也取得了很好的成绩。

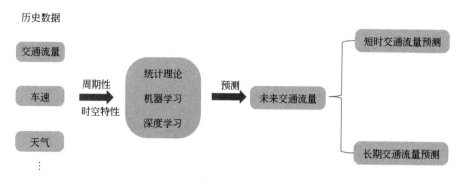

图 8-11　交通流量预测流程示意图

根据需要预测时间跨度的不同，交通流量预测还可以分为短时预测和长期预测。一般认为预测时间粒度小于 15min 的预测为短时交通流量预测，而长期预测主要以天、周甚至月为时间单位；且预测的时间粒度越小，预测的实时性就越高。

同时，交通流量预测还应该符合以下要求：

实时性： 由于交通流量随时间变化的特性以及其随机性，因此对于交通流量的短时预测需要保证一定的实时性，这样预测得到的信息才更有参考价值。而长期预测则具有一定的稳定性，对实时性的需求较小。

准确性： 准确性是一切预测性质任务的基础，只有具备较高的准确性其结果才具备参考价值，进而为智慧交通系提供更多的服务。

鲁棒性： 因为真实的交通场景会受到天气、事故等不确定因素的影响导致数据波动较大，预测模型需要在以上情况下仍保持较好的预测精度，同时模型应该能够适应不同时间段的预测需求，而不是仅针对一些特定时段。

8.4 ◐ 基于城市交通大数据的智慧交通案例分析

近年来，城市交通大数据技术发展迅速，在智慧交通领域中发挥着至关重要的作用。通过对城市交通数据的收集、分析和应用，可以实现对交通状况的实时监测，并预测未来交通情况，能够有效提高城市交通管理效率。在实际操作中，城市交通大数据技术的应用通常是以某一具体的交通问题为目标，通过数据分析技术对相关数据进行挖掘，最终得出合理的解决方案。例如，对于交通拥堵问题，可以通过对交通流量数据、车辆速度数据等进行分析，得出道路使用效率低、车辆拥堵等原因，并有针对性地采取调整路线、优化路网结构等措施，以最大限度地缓解交通拥堵。下面将在 8.4.1 节和 8.4.2 节分别针对目标检测技术以及城市交通流量预测技术在智慧交通中的具体应用案例展开介绍和分析，从数据收集、分析、应用等方面展示城市交通大数据在智慧交通中的作用。

8.4.1 目标检测在智慧交通中的应用

之前在 8.3.1 部分已经介绍了智慧交通中目标检测的背景与方法原理,本节将介绍目标检测在交通场景下的 3 个典型应用,分别为交通异常事件检测、自动驾驶中的目标检测以及基于目标检测的人流量和车流量统计。

(1)高速公路交通异常事件检测

高速公路上车辆行驶速度快、车流量大,违停和逆行等异常事件一旦发生,极易引起交通事故,而且高速公路上的交通事故损失往往更为严重。为了避免交通事故的发生,及时检测交通异常事件就显得尤为重要。在高速公路场景中,基于视频的交通异常事件检测一直是智能交通领域的重点研究与应用方向之一。

针对上述异常事件,目标检测算法已逐步被应用,对视频中的车辆和行人进行识别,并对各个目标进行跟踪,实时监测是否有异常事件发生。下面以高速公路上的异常停车事件检测为例,展示目标检测的功效。图 8-12 给出了某高速公路的监控视频,分别为视频的第 46 帧、第 71 帧和第 96 帧。该视频展示了目标车辆从正常行驶状态逐渐减速至慢行状态,最终停车的过程。从图 8-12(a)到图 8-12(b)可以看出,车辆由正常行驶开始逐渐减速行驶,单位时间内的位移逐渐变小;从图 8-12(b)到图 8-12(c),车辆由减速行驶变为停止状态,且在该位置停止了一段时间。由此可见,通过目标检测模型实时追踪车辆位置,可以将高速公路上的异常停车事件有效判定出来。

(a)第46帧   (b)第71帧   (c)第96帧

图 8-12　异常停车事件检测

不仅是上述的异常停车案例,高速公路上经常出现车辆超速、违章停车、逆行、抛洒物等诸多异常事件。为了在出现异常事件时能够自动快速识别并预警,在业界出现了一些用于高速公路异常事件的智能化自动化检测及预警系统,这类系统往往包含硬件的物理部署和软件的搭建,同时借助了目标检测和目标跟踪技术,在实际应用中也取得了不错的效果。目前国内已有一些成功的应用案例,相关成果已在新阳高速、广韶高速、紫惠高速、河惠莞高速等十几条高速公路路段应用,如图 8-13 展示了国产高速公路异常检测系统对行人闯入事件进行检测的效果,系统能够快速识别出异常事件并及时预警,大大提高了高速公路监控中心运营管理效率。

综上所述,通过目标检测方法可以对高速公路中的异常行为进行快速准确的检测,在此基础上可以采取相应的措施及时有效地处理或消除交通异常事件,并将事件信息报警发送至后来的司机,以减少或避免交通事故的发生,对于挽救生命和财产损失具有重大的意义。

图 8-13　行人闯入事件检测

（2）自动驾驶中的目标检测

在自动驾驶汽车的飞速发展中，目标检测技术起了重要作用。在汽车驾驶过程中，驾驶员需要对路况信息、行人车辆、交通标志等信息进行全面注意，既考验驾驶员的驾驶注意力、观察力和操控能力，也需要驾驶员具有一定的快速反应能力和对复杂路况信息的处理能力。而在实际情况中，驾驶员常常难以保证驾驶中的精神全面集中和正确判断，而自动驾驶汽车拥有自主判断能力，能较大程度地减少人为失误，有良好的应用前景。为使自动驾驶汽车能够安全稳定地运行在道路上，对于参与道路交通的各类目标，如车辆、行人、交通标志、灯光、车道线等，自动驾驶车辆都需要做出实时精确的检测以及判断。

目标检测与识别是自动驾驶感知系统的重要组成部分，继深度学习广泛应用于图像分类和语音识别等领域后，人们开始将其应用在自动驾驶车辆上，包括规划和决策、感知以及定位，深度学习也在一定程度上提升了目标检测算法的性能。目标检测对于自动驾驶而言具有至关重要的作用。目标检测算法能够识别图像中的障碍物，并确定其类别和位置。通过将图像坐标系与物理坐标系进行转换，可以得到障碍物与车辆在真实世界中的相对位置信息，为车辆的路径规划提供重要依据。随着计算机视觉算法的不断发展，视觉感知在自动驾驶中变得越来越重要。目标检测可以使车辆更准确地理解周围环境，识别并应对各种交通场景，从而提高自动驾驶系统的安全性。

目前已经有不少大数据技术人员对自动驾驶中的行人和车辆检测问题进行了研究，当下流行的方法是采用基于深度学习的目标检测算法对行人和车辆进行识别，已有前人在此研究领域取得了不错的效果。图 8-14 为一张在德国西南部城市卡尔斯鲁厄采集的街景图片，研究人员针对这张街景图片中的行人和车辆进行了目标检测。图中带有上标"Car"字样的方框表示检测到的物体为汽车，带有上标"Pedestrian"的方框代表有行人目标出现，可以看出目标检测算法都能够将图片中行人和车辆准确地识别出来。目标检测技术通过对视野中的行人和车辆进行准确定位，从而帮助汽车获取周围环境路况的信息并分析，在保障交通安全的情况下辅助自动驾驶车辆进行决策与规划。

图 8-14　自动驾驶中行人与车辆目标检测

　　除了二维的交通图像，目标检测也被逐渐应用于三维物理世界，即除了长和宽两个维度，还要额外考虑深度因素。近年来，随着智能化技术和传感器技术的迅速发展，激光雷达作为三维环境感知传感器备受瞩目，广泛应用于测绘、军事、无人驾驶等领域。激光雷达所采集的数据是三维点云，主要包括如三维坐标和反射强度等信息。通过利用激光雷达所产生的点云数据，可以获取三维目标的详细信息。相较于二维图像，激光雷达提供了额外的深度信息，对目标的描述更为丰富。随着自动驾驶技术的飞速发展，基于激光点云的三维目标检测也成为交通大数据分析的研究热点之一。研究人员设计了以三维点云为基础的目标检测方法，能够在车辆行驶过程中检测周围物体目标，并精确获取各物体的位置。图 8-15 展示了工程师利用道路的三维点云数据进行三维目标检测的效果，可以看出即使存在车辆重叠遮挡的情况，检测结果也十分理想，没有出现遗漏或者错误的结果。图 8-16 为对应街景图片的目标检测效果，其中红色方框和绿色方框分别表示真实值和预测值。从图中可以看出，预测结果与真值极为接近，对于被遮挡车辆也能够很好检测出来。

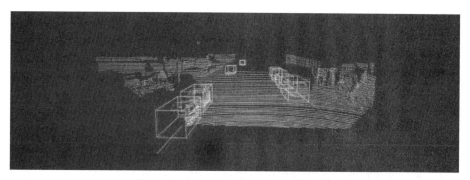

图 8-15　三维点云的目标检测效果图

图 8-16　自动驾驶中三维目标检测效果图

除行人车辆的检测以外，交通标志检测也是自动驾驶、辅助驾驶等领域的重要环节，关乎到行车安全问题。在现实生活中，驾驶员可能在距离较远或者可见度较差的情况下看不清交通标志，而一些改进的目标检测算法可以聚焦小目标信息，同时避免复杂背景的干扰。图 8-17 为行车记录仪拍摄的道路图片，其中多个交通标志距离较远，目标很小难以准确检测。针对此类问题有研究人员提出了一种顾及小目标特征的交通标志检测方法，改进后的小目标检测方法可以检测出大部分交通标志，甚至可以检测出远处人的肉眼都难以看清楚的交通标志。图中"prohibitory"表示禁止类的交通标志，如"禁止通行""禁止停车"和"禁止鸣笛"等；紧接着后面的数字如"0.83"和"0.29"代表目标检测的置信度，即方框内包含整个目标物体的置信程度，数值越大代表检测结果的可信度越高。由此可见目标检测算法在特殊复杂环境下检测仍可以保持较高的精度，有助于在驾驶过程中的路线规划与决策。

图 8-17　自动驾驶中的交通标志检测

（3）基于目标检测的人流量和车流量统计

近几年，踩踏事故频繁发生且造成灾难性的结果，给社会带来了巨大损失，在商业、交通管制及公共安全领域等方面对人流量检测统计以及预警的需求日益增加。2022 年 10 月 29日晚，韩国首尔龙山区梨泰院发生大规模踩踏事故，死亡人数超过 150 人。梨泰院事故特别调查部部长孙济汉在记者会上说，包括警方、地方政府和消防部门在内的相关部门未提前制定安全对策，有关部门在事故发生后也未按照相关法令和指南及时展开救援。情况误判、信息共享延误、相关部门缺乏协调合作、救援迟缓等多方过失最终导致多人伤亡。

作为安防的关键手段之一，智能视频监控设备被广泛应用于各种公共场所。面对复杂的人流场景，近年来通过计算机视觉技术处理和分析人流量的方法不断增多。其优势之一在于可以直接利用公共场所已经装配的监控摄像头，无需额外部署新设备。其次，广角镜头可以实时监测并统计任意一片区域内的人流量，监控面积较广。最重要的是，这种方法可以尽可能减少对行人活动的干扰。人流量统计作为智能视频监控的重要应用之一，在智慧旅游、智能安防、交通规划、灾后救援等方面具有重要的价值。在机器学习技术出现之前，监控视频中的人流量统计多由人工完成，这不仅需要耗费大量的人力物力，且难以有效处理视频中的大量信息。随着深度学习的快速发展，基于神经网络的多目标追踪检测取得了显著进展，极大提高了目标检测的精度并满足了视频监控的实时性需求，为多种应用场景提供了更加可靠和高效的人流量统计解决方案。

对于人流量统计问题，许多方案都使用摄像头采集人流量的相关数据，利用目标检测技术对行人进行实时追踪，从而实现人流量的实时统计与监控预警。图 8-18 展示了研究人员使用智能统计方法对忙碌的城市街道进行人流量检测的效果，左上角文字"Pedestrian flow"表示人流量实时统计结果，研究人员将两条水平的虚拟计数线所围成的区域作为目标区域，实时监测在该目标区域内的人群数量。从图中可看出目标检测算法能够准确识别出图中出现的行人，能够实现大部分行人的检测和跟踪，并且可以对人流量进行准确统计。交管部门可以借助目标检测技术，通过实时、准确地采集人流量信息，合理分配交通资源、提高道路通行效率，有效预防和应对城市交通拥堵问题。

图 8-18　交通场景下的人流量检测

除了对人流量进行统计，业内的学者与工程师们也在着手解决车辆检测与流量统计问题。图 8-19 展示了一个车水马龙的交通路口，研究人员对图片中的"car""bus""motorbike"和"truck"四类车辆进行实时流量统计，可以看出所有车辆都被目标框检测出，没有出现漏检的情况，可见检测的准确率已经达到较高的水平。

图 8-19　交通场景下的车流量检测

在上述案例中，研究人员在三个车流量较大的交通场景（江南路与蓬莱路路口、凄江路口、双转盘）中进行了目标检测算法的实验验证。实验结果与实际效果的对比见表 8-2。从流量统计结果来看，实验统计结果与真实情况已经十分接近，差异主要由个别车辆的错误识别引起。这一案例表明目标检测技术在智能交通领域具有巨大的应用潜力。随着智能交通的发展，交通系统的运行效率和安全性将得到有效提升，人们的日常生活也会更加便利。

表 8-2　车流量统计结果汇总表

交通场景	实验统计结果/（辆/分钟）	实际流量/（辆/分钟）
江南路与蓬莱路路口	49.09	49.09
凄江路口	29.30	26.51
双转盘	36.92	34.62

8.4.2　城市交通流量预测在智慧交通中的应用

在 8.3.2 节已经介绍过交通流的相关概念以及交通流量预测的基本原理，本节将分别介绍城市交通拥堵情况预测、基于交通流量预测的交通信号配时优化、基于交通流量预测的路径规划这几种城市交通流量预测技术在智慧交通中的典型应用。

（1）城市交通拥堵情况预测

对交通流量的预测在日常生活中得到了丰富的应用。随着交通需求的快速增长，高速公路管理办公室仍采用传统的人力控制来发现和判断交通事故和交通堵塞，不可避免地精力分散，效率低下。如果拥堵的形成没有引起监管机构的注意，应急管理和救援不及时，交通堵塞的严重程度会增加，甚至会造成二次事故，导致社会资源的巨大浪费。交通堵塞形成后，管理者无法掌握拥挤的发展方向，只能根据自己的经验选择应急预案，很难根据实际情况对症下药。2010年 8 月 14 日开始，京藏高速公路进京方向出现堵车，堵车时间持续 20 多天，其拥堵延伸达 100 多公里。出现大堵车主要是因为每天通行的大货车非常多，而八月份又是暑假期间，自驾游的车辆在那段时间暴增，通行压力激增。如果可以对未来的交通流量进行预测，为人们的出行提供参考，就可以避免类似的事故发生。因此，放弃传统的人力控制，以智能方式预测交通状态，将被动处理转化为主动预防，是当今公路管理和决策的趋势。

总结起来，高速公路交通堵塞的主要原因有两个：一是日常交通流量超过道路交通能力造成的拥堵，二是交通事故堵塞道路造成的拥堵。日常交通堵塞是由缓慢变化形成的，如果要防止其发生，则需要提前预测交通状态的变化趋势。如果预测得知道路面趋于堵塞，交通流量开始缓慢，可以采用相应的交通流量控制方法，达到防止交通堵塞的效果。交通事故是紧急情况，拥堵的形成是不可避免的。针对这种情况，有效的救援是极其重要的。因此，应急调度管理者可以掌握拥堵的持续时间和影响范围，即事故的时间和空间影响，从根本上提高救援效率和应急处置计划的合理性。这些都要求路面管理者能够快速、直接地掌握高速公路的拥堵状况，然后科学地制定高速公路管理模式。

随着技术的进步，现在每年春节前夕，高德地图会发布春节期间的全国高速公路拥堵情况预测以及春运期间热门旅游城市预测为出行提供指导。如图 8-20 所示，高德地图预测 2023年春运期间的拥堵情况将在 1 月 27 日达到高峰，并预计元宵节后 2 月 6 日会出现一波返程小高峰。在小时级别的预测图中，高德地图预估最拥堵的时段为 1 月 27 日的 18 点左右。有了这份拥堵情况预测，人们可以调整出行计划避开出行高峰期，交通部门可以在高峰期提前制定管控措施保证交通安全。事实上，根据我国交通运输部数据显示，春节期间 1 月 27 日的交通流量达到了春运的顶峰，其中全国高速公路总流量 6259.2 万辆次。这些统计数据与高德地图发布的预测结果非常吻合，说明了高德地图成功地预测出了春节期间的拥堵情况，为人们出行提供了很好的参考。

图 8-20　春节期间全国高速公路拥堵情况预测

　　此外，有学者针对城市道路交通拥堵预警问题，建立了基于深度学习的大数据预测模型，通过采集交通流参数、环境因素、时段因素作为输入，经过多轮迭代后可对交通拥堵状况进行预测。研究人员以北京市包含 42 条主干道路的某局部区域的监控数据进行分析。在交通状态特征数据选择方面，主要从三方面来选择用于表征交通拥堵影响因素的特征变量：

- 交通流参数，这是最直观表述交通状态的参数，由交通部门的统计信息直接获得。
- 环境因素，如暴雨、暴雪等异常天气下必然更容易发生交通拥堵。
- 时段因素，这里凸显早晚高峰流量变化、节假日、突发状况等因素。

　　结合北京具体路况信息及交通拥挤指数可以确定四种交通状态：死锁、堵塞、拥挤、通畅。这项研究的最终的预测结果如图 8-21 所示，坐标纵轴为测试集的预测准确率，横轴为测试样本的序号，测试集包含 1000 组样本，每组样本共有 10000 条数据，其中第 1～300 组对应的是早高峰时段采样数据，301～650 组对应的是非高峰时段采样数据，651～1000 组对应的是晚高峰时段采样数据。从三组不同类别的预测结果来看，对于早晚高峰期存在拥堵的情况，预测准确率统计均值分别维持在 86.7% 和 84.2% 的水平，对于非高峰期的数据样本，则维持在 78.9% 的水平。

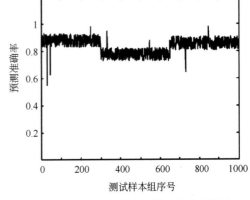

图 8-21　交通拥堵预测模型准确率统计

通过以上的介绍可以看出交通流量预测对于个人和政府都有很大的益处。人们可以根据预测的交通拥堵情况调整出行路线，相关政府部门也可以根据预测结果及时出台政策和预防拥堵的措施。

（2）基于交通流量预测的交通信号配时优化

人们生活中也常常遇到因为交通信号配时设置不合理而造成的拥堵。交通信号控制是一项有效的交通管理措施，有助于提高交通效率，减少城市道路拥堵。在早期，交通控制信号采用固定的变换周期，红绿灯按照预先设定程序执行。为提高交通效率，优化定时控制的概念被提出，它指的是研究如何根据交叉路口自身条件以及各进口道交通流量特性，实时调整交通信号的配时方案。目前，交通信号的配时方法仍在不断研究和改进中，其主要目标是减小交通延误，以最小化交通延误来求解最佳的周期时长。定时控制作为一种常用的交叉路口信号配时方法，以其简单、稳定的特点适用于交叉路口交通流量变化有规律的场景。

然而，定时信号的配时无法满足不断增长的交通需求，因此需要根据交通流的变化进行实时调整。交通感应控制是一种通过前端车辆检测器测定各转向进口道的交通需求，通过计算模型实时调整信号红绿灯显示时间以适应当前交通需求的控制方式。该方法通过在交叉路口布设相应的交通流量传感器，捕获实时的交通流量信息。感应控制主要应用于主次干道流量差异较大且次干道流量较小时，这种情况采用感应控制的效果较好。然而在这种方式中，交通信号的配时优化需要跟随采集的实时交通数据进行调整，因而存在较大的滞后性。

智能信号控制优化能够基于智能控制系统对交叉口信号做出更科学的优化。在前述的感应控制优化中，只是考虑调整当前通行方向的时间，缺少对交叉路口其他方向的车辆排队情况的分析与处理。智能信号控制适用于相对复杂的路口。其利用交通流量预测技术，能够对可变车道路口的信号配时进行优化。如图 8-22 所示，可变车道主要是针对部分高峰时段车流集中但车道偏少，或者早晚高峰时段来回车流量有明显差异的路段而设置的可以变换行车方向的车道。基于历史交通数据如速度、行车时间等和交通数据，研究人员能够设计智能算法进行短时交通预测，再根据预测出的交通流量对交叉口设置可变车道并优化信号配时。

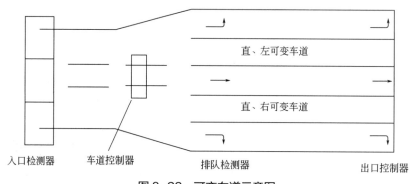

图 8-22　可变车道示意图

研究人员以某市主干路相交的交叉口为研究对象，通过交通仿真软件可以得到交叉口延误数据。通过研究分析，定时控制交叉口的平均延误为 22.79s，而基于交通预测的方案平均延误降低到 14.56s。该方法将对未来交通流量的预测信息融入对于可变车道的控制以及交通信号灯的配时上，可以在车流量高峰期对交叉路口起到明显的优化效果，减小车均延误及排队次数。

此外，交叉路口的平均车速也可作为大数据分析的目标，根据预测出的交通流量对交叉口设置可变车道并优化信号配时,提高交通的流畅度。国内一项研究以太原市长风亲贤商圈路网为例,其道路车道简图如图 8-23 所示,该区域共包含 16 个交叉口和 39 条道路。图 8-24为这项研究中三种不同的控制方案下路网中车辆平均速度。相比于固定配时的方法,使用交通流量预测对配时进行优化后可以使得路网内车辆的平均速度有很大提高。由此可见,算法模型可以对未来一段时间的交通流量进行预测,交通信号配时可以根据预测信息进行提前调整来适应交通流量的变化。因此,考虑短时交通流量预测信息的信号配时比传统固定配时更能适应现如今交通流量早晚高峰波动变化的实际情况。

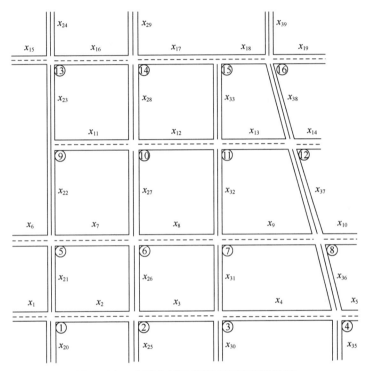

图 8-23　太原市长风亲贤商圈路网结构图

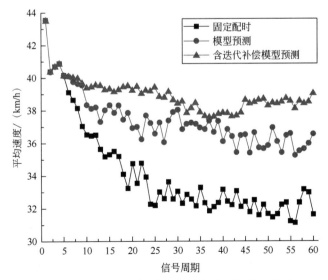

图 8-24　三种控制方案下路网内车辆的平均速度

（3）基于交通流量预测的路径规划

城市交通中的路径规划是为了寻找到从出发地到目的地间的最佳通行道路。一般需要考虑两地间的距离、耗时、转弯次数、红绿灯数量等因素综合计算出最优路径。如果一味地追求最短路径而不考虑其他因素则会导致交通拥堵，从而浪费更多的时间，不符合进行路径规划的初衷。

解决上述问题的核心是如何在进行路径规划的同时得到当前的交通流信息甚至未来的交通流变化趋势来辅助路径规划。目前比较常用的方法是获取道路和路口安装的传感器实时采集的信息，动态地识别出拥堵路段进而为路径规划提供参考信息。但当前交通流信息辅助路径规划存在明显的滞后性；同时，随着汽车行进的过程，道路的拥堵情况也在时刻变化，开始计算出的最佳路径可能已不是最优，这时若切换最优路径则会给用户较差的体验。因此，可以利用交通流预测技术来预测未来一段时间内潜在的拥堵情况，并综合考虑路程和当前的交通流量等信息，计算出最优路径。高德地图可以结合交通流量预测的信息，以及不同道路的距离和红绿灯的数量，来综合选取最佳的路径，如图 8-25 所示。

交通流量预测不仅服务于人、车辆出行的预测，同样适用于城市场景中的物流配送，图 8-26 展示了美团外卖配送的智能路径规划服务。目前，每天各地都有大量的外卖订单产生，外卖员从商家取货、送到顾客手中，类似于车辆的行驶轨迹，外卖员取货与送货的轨迹，本质上反映了商家与客户之间的供需关系。外卖系统可以通过对不同区域商家的供应量、客户的需求量进行预测，结合多个取货地址和送货地址，以及道路车流量信息来综合规划一条配送路径，实现更优化的外卖员调度，节省骑手时间，既保障外卖员收益的最大化，又保证客户在更短时间内收到自己的外卖。

图 8-25　高德地图导航

图 8-26　美团外卖配送路径规划

以往城市交通规划导航时最优路径一般是距离最短而不是时间最短，科研人员从避免交通流碰撞的角度出发，进行最优路径规划时也考虑交通流量预测的信息。该项研究的实验结果如下，若只考虑最短路径为目标得到的最优路径结果如图 8-27（a）所示，这样虽然路径最短，但由于没有考虑拥堵的因素导致行驶时间不是最短。而把交通流量预测信息纳入路径规划后，在 7：30—9：00，17：30—18：30 两个时段（交通高峰期）得到的实验结果如

图 8-27（b）所示，可见此时求得的最优路径避开了市区中心交叉口密集且拥堵的线路，虽然距离增加，但减少了交叉口延误和拥堵停滞的时间；在 9：00—17：30 时段（非交通高峰期）得到的实验结果如图 8-27（c）所示，由于这个时段市区中心道路拥堵的概率不高，得到的最优路径又变回到最短路径。

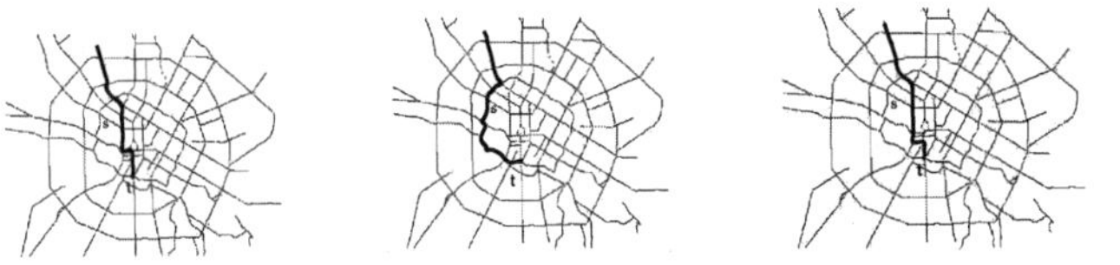

（a）传统路径规划　（b）改进算法交通高峰期　（c）改进算法非交通高峰期

图 8-27　基于交通流量预测的动态最优路径规划实验结果

可以看出，结合短时流量预测的路径规划可以在高峰时段有效避开拥堵路段，得到用时最短的最优路径，为人们出行节省时间。

小结

交通大数据和智慧交通系统就像一对好搭档，一起为我们的出行保驾护航，让我们的日常出行更加便利、安全、舒适。本章详细介绍了智慧交通系统的历史、特点和组成部分，以及城市交通大数据的特点和分类。我们还探究了两项关键技术——交通目标检测和流量预测，并列举了典型的应用场景和真实案例，让读者更加贴近实际。通过本章的学习，读者可以深入了解城市交通大数据和智慧交通的核心技术，身临其境地感受交通大数据的应用场景，并从多个真实案例中了解它们是如何在现实的城市交通中发挥作用的。读者可以在本章的基础上，进一步探究交通大数据和智慧交通的其他技术方法和价值创造模式，为未来的智慧城市出行做出更大的贡献。

参考文献

[1] 李彦宏. 智能交通：影响人类未来 10—40 年的重大变革[N]. 中国交通报，2021-12-03（1）.

[2] 何承，朱扬勇. 城市交通大数据[M]. 上海：上海科学技术出版社，2015.

[3] 熊刚，董西松，朱凤华，等. 城市交通大数据技术及智能应用系统[J]. 大数据，2015，1（4）：81-96.

[4] 邱卫云. 智能交通大数据分析云平台技术[J]. 中国交通信息化，2013，10：106-110.

[5] 赵娜，袁家斌，徐晗. 智能交通系统综述[J]. 计算机科学，2014，41（11）：7-11，45.

[6] Medina-Salgado B, Sanchez-DelaCruz E, Pozos-Parra P, et al. Urban traffic flow prediction techniques: A review[J]. Sustainable Computing: Informatics and Systems, 2022, 35: 100739.

[7] Abdulhai B, Porwal H, Recker W. Short-term traffic flow prediction using neuro-genetic algorithms[J]. ITS Journal-Intelligent Transportation Systems Journal, 2002, 7(1): 3-41.

[8] 谭娟，王胜春. 基于深度学习的交通拥堵预测模型研究[J]. 计算机应用研究，2015，32（10）：2951-2954.

[9] 汤淑明，王坤峰，李元涛. 基于视频的交通事件自动检测技术综述[J]. 公路交通科技，2006，8：116-121，153.

[10] 姚兰，赵永恒，施雨晴，于明鹤. 一种基于视频分析的高速公路交通异常事件检测算法[J]. 计算机科学，2020，47（8）：208-212.

[11] 陈国华. 基于 AI 视频识别技术的高速公路异常事件监测系统研究[J]. 现代信息科技，2022，6（24）：18-22.

[12] 洪松，高定国，三排才让. 基于 YOLO__v3 的车辆和行人检测方法[J]. 电脑知识与技术，2020，16（8）：

192-193，198.

[13] 胡昭华，王莹．改进 YOLOv5 的交通标志检测算法[J]．计算机工程与应用，2023，59（1）：82-91.

[14] 马超，王晓华，焦英华，等．采用自注意力机制的点云数据三维目标检测[J]．测绘地理信息，2023，48（6）：133-137.

[15] 朱军，张天奕，谢亚坤，等．顾及小目标特征的视频人流量智能统计方法[J]．西南交通大学学报，2022，57（4）：705-712，736.

[16] 徐子睿，刘猛，谈雅婷．基于 YOLOv4 的车辆检测与流量统计研究[J]．现代信息科技，2020，4（15）：98-100，103.

[17] 秦鸣，张文强，仲先飞，席阳峰．基于卡尔曼滤波交通预测的交叉口时空优化[J]．科技广场，2015，1：26-29.

[18] 褚跃跃，闫飞，李浦．含扰动迭代学习补偿的城市交通信号预测控制方法[J]．计算机工程，2023，49（7）：305-312.

[19] 刘智琦，李春贵，陈波．基于交通流量预测的动态最优路径规划研究[J]．广西工学院学报，2012，23（2）：41-45.

[20] 李喆．智慧城市大数据应用展望[J]．通信企业管理，2021，5：68-71.

[21] 陈肯．面向 5G 车联网的短时交通流预测方法与应用[D]．南京邮电大学，2019.

[22] 张扬．城市路网交通预测模型研究及应用[D]．上海交通大学，2009.

[23] 王莉萍．交通大数据系统构建和数据挖掘实战研究[J]．中国公共安全，2016，13：47-52.

[24] 曹妍妍．交通视频中车辆异常行为检测及应用研究[D]．苏州大学，2011.

[25] 魏文强．人工智能在汽车自动驾驶中的应用[J]．时代汽车，2022，24：196-198.

[26] 申恩恩，胡玉梅，陈光，等．智能驾驶实时目标检测的深度卷积神经网络[J]．汽车安全与节能学报，2020，11（1）：111-116.

[27] 王刚，王沛．基于深度学习的三维目标检测方法研究[J]．计算机应用与软件，2020，37（12）：164-168.

[28] 徐天宇，曾丽君，魏丽．基于 YOLOv3 的人流量检测方法的研究[J]．科技创新与应用，2021，11（19）：32-35，38.

[29] 张文强．基于短时交通预测下的平面交叉口时空优化研究方法[D]．华东交通大学，2015.

[30] 吉静，李玉展，林瑜．基于交通大数据的宏观碳排放计算与决策支持应用研究[C]．第十届中国智能交通年会论文集．中国智能交通协会，2015：394-403.

[31] 陈鹏，曾祥凯，许杨．大数据支撑下的公安交通管理研究[C]．第十一届中国智能交通年会论文集．中国智能交通协会，2016：757-762.

[32] 李轶杰．目标检测算法在智能交通监控中的应用研究[J]．中国信息化，2022，6：67-69.

[33] 茅智慧，朱佳利，吴鑫，等．基于 YOLO 的自动驾驶目标检测研究综述[J]．计算机工程与应用，2022，58（15）：68-77.

[34] 郭岱．基于大数据的城市交通路况时空分析及可视化系统研究[D]．辽宁师范大学，2017.

[35] 沈湘萍，王霄，马煜磊．"互联网+"高速公路运营与服务智能化生态系统构建[J]．公路交通科技（应用技术版），2018，12：320-323.

[36] 郑阳阳．公交站点泊位数量优化与线路分配问题研究[D]．天津大学，2019.

[37] 关积珍，朱雪良．道路交通诱导信息室外 LED 显示屏的探讨[J]．中国交通信息产业，2003，2：68-70.

[38] 喻泉．基于浮动车的城市路网动态交通流的建模与分析[D]．上海交通大学，2006.

[39] 高新闻，沈卓，许国耀，等．基于多目标跟踪的交通异常事件检测[J]．计算机应用研究，2021，38（6）：1879-1883.

[40] 李浩．面向城市卡口交通流量的高效预测方法研究[D]．浙江工业大学，2020.

[41] 李永上，马荣贵，张美月．改进 YOLOv5s+DeepSORT 的监控视频车流量统计[J]．计算机工程与应用，2022，58（5）：271-279.

[42] 彭川，李元香，莫海芳．在线社会网络中的多源信息扩散问题研究[J]．计算机应用研究，2015，32（10）：2947-2950，2954.

[43] 张玥玥．远程实时监管的可变车道与信号灯控制系统[J]．中国新技术新产品，2018，20：76-78.

第 9 章

大数据共享、开放与交易

我们生活在一个数字化的世界里，浩如烟海的数据无时无刻不在产生，这些数据大多尘封于服务器中，无人问津。幸运的是，大数据共享、开放和交易让静止的数据"活"起来：公民办事办证"最多跑一次"，无偿献血者异地"用血服务不用跑"，在线诉讼平台"24 小时不打烊"，这些鲜明的案例刻画了数据开放共享给生活带来的便利。尽管如此，在现实中我们仍面临着许多数据孤岛的问题，政府和企业之间，部门和部门之间，甚至同一部门内部，都存在着数据隔离、数据封闭、数据重复、数据低效的现象。这些现象限制了数据的利用效率，也阻碍了数据的价值发挥。我们需要打破这些障碍，让数据在政企内部、政企之间、政企与社会之间有序流动，让数据成为公共服务、社会治理、经济发展、科技创新的重要支撑和驱动力。这是一个需要我们共同努力、共同参与，从而共同受益的过程。接下来让我们一起探索数据共享、开放和交易的可能性和意义，了解相关的案例，畅想数据共享、开放和交易的未来。

9.1 ◐ 数据共享

数据共享与数据孤岛是一组对立的概念。数据孤岛指数据局限于局部的系统，无法被共享和分析，导致每个部门仅仅拥有自己的数据和信息系统，从而导致数据孤岛的产生；而数据共享是指打通组织各部门间的数据壁垒，建立统一的数据分享机制，加速数据资源在组织内部流动。本节围绕大数据共享展开，介绍数据孤岛与数据共享的概念，分析数据孤岛的成因与数据共享的意义，结合企业和政府的两个数据共享案例讨论推进数据共享的举措。

9.1.1 数据孤岛

数据孤岛是一个普遍存在而又难以根除的问题，它源于社会或企业信息化进程的不同信息系统、软件系统、数据库之间的关联不足，导致数据和信息的共享和流通受限，进而限制了整个系统的效率并阻碍了信息化的发展。由于各系统呈现出封闭性、信息交流困难，宛如众多独立且分散的岛屿，因此被称为数据孤岛。数据孤岛现象在政府部门和各类企业中较为普遍。

当下大数据技术飞速发展，我国政府近年来大力推动各级党政部门走上信息化和电子政务的快车道，让政府工作更高效、更透明、更便民。但由于权力部门化和部门利益化等因素的影响，有些部门为维护自身利益、确保独占数据，将"数据宝藏"锁进了自己部门的"保险箱"，抵触与其他政府部门进行数据共享，形成了数据孤岛，如图9-1所示。数据孤岛的存在阻碍了部门之间数据的有效交换，形成了相对独立且封闭的行政审批和办理流程。这使得在实际行政工作中，公民或企业需要来回往返于各部门开证明和交证明，政府部门之间本应共享的数据需要公民或企业的跑腿来流通。数据孤岛导致办事难办事慢的案例在过去屡见不鲜，该问题也曾引起央媒的关注。2013年10月11日，央视《焦点访谈》报道了两位市民，在前往当地政府相关部门办理证照时，往返11次无果。同期还报道了另外的一个例子，一名公司员工6次往返两个城市之间，共补办了5张证明，才拿到了他出国培训所需要的护照。总之，政府中数据孤岛的存在限制了各种政府数据的流通和传递，导致了公共服务资源的隔离，一定程度上制约了政府部门的行政效率。

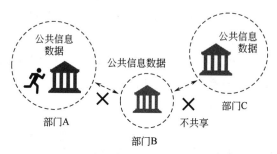

图9-1　部门间公共信息数据不共享造成的信息孤岛

数据孤岛不仅存在于政府部门中，企业中的数据孤岛现象同样对企业的秩序和效率带来危害。随着计算机和信息技术的发展，企业的信息化建设取得长足的进展，让企业的生产力飞速提升，赢得市场竞争的优势。然而，很多企业在应用信息技术时没有清晰的全局规划和总体目标，在解决业务问题时如同盲人摸象，只顾解决眼前的问题、赚取眼前的利润，忽视了"大象"的全貌。企业的软件子系统也就变成了一盘散沙，各自为政，无法协同工作，不可避免地出现了一个个数据孤岛。举例来说，企业一般有财务部门、人力部门、市场部门、生产部门、仓储部门、销售部门等，若这些部门数据与信息无法及时共享，则会对企业秩序造成不良的影响。例如，由于销售团队无法及时获取库存和产品价格变动的信息，可能导致做出不合适的销售决策；仓储部门由于缺乏对市场销售的实时了解，可能无法设定合适的库存量；对于公司总部，他们如果不能掌握下级机构的生产经营状况以及公司资金流动，无法准确把握最新的市场动向，可能会做出非最佳甚至错误的决策。综上所述，企业中的数据孤岛问题会阻碍信息的分享和反馈，使得企业难以应对需求多变和激烈全球化竞争的市场环境，对企业的生存和发展形成了巨大的考验。

9.1.2　数据孤岛成因

（1）政府数据孤岛的成因

目前，大多数国家的政府管理体制就像一个金字塔，体现为权力和信息都由体制外向体制内、从下层向上层集中的特点。政府数据孤岛的形成与管理体制有很大关系，接下来对政府数据孤岛的成因进行展开分析。

① 大多数政府存在"纵强横弱"的特点，各部门跟上下级联系紧密，跟同级联系较松散。由于这种特点，一些部门在搭建电子政务系统时，往往缺乏有效的统一协调与交流。每个系统都独立设立了自己的数据库、信息中心以及集成平台，每个平台都有其专属的软件和用户界面，并不能实现信息资源的互通，因此造成了数据孤岛。

② 部分工作人员思想观念落后和认识不足，数据资源共享意识有待加强。部分工作人员没有认识到政府数据资源共享对于促进社会发展的重要性，没有意识到数据流通才能提高数据资源的价值，也没有意识到数据共享对提高政府工作效率的重要作用。

③ 数据共享引发不同部门之间的利益冲突。由于某些部门持有的数据对社会、企业以及其他部门有更高的价值，它们为了维护自己的利益，确保其数据资源的独有性，可能会对数据资源共享持消极态度。

④ 政府数据共享缺少统一的标准，法规制度有待完善。某些部门在建设电子政务、推进数据共享的过程中，自行选择第三方软件公司开发手机政务软件，这些软件通常采用不同的开发环境和编程语言，缺乏统一的通信协议、数据库系统以及业务流程标准。这些政务软件往往使用率低、数据分散存储，因此在实际推广过程中难以取得良好效果。

（2）企业数据孤岛的成因

企业内部的数据孤岛主要体现在各个部门之间信息系统建设分散，应用软件的使用和数据的管理各自独立，各部门之间难以实现信息化协作，业务应用之间相互脱节。企业内数据孤岛的成因主要包括以下因素。

① 数据孤岛是企业在信息化建设过程中不可避免的现象。当企业遭遇数据管理问题时，各类问题会逐个浮出水面，而不同的企业解决这些问题的顺序也会有所不同。企业并不是从一个整体的角度来解决问题，而是出现什么问题解决什么问题。举例来说，客户数据增多时，销售人员无法管理，于是就会定制客户关系管理（Customer Relationship Management，CRM）系统；在生产侧，随着企业规模的不断扩大，物料管理、生产计划、仓库管理、供应商管理等等会形成各自独立的系统，或使用企业资源计划（Enterprise Resource Planning，ERP）系统；在财务侧，日常报销和费用管控的需求增加时，也会增加额外的做账系统。这些系统由于缺乏整体性的规划和布局，缺少统一的数据标准，系统间的数据调用很难开展，因而形成了数据孤岛。

② 企业部门中存在重硬件、轻软件的认识误区。企业中有一种盲目的做法，他们认为信息化就是堆砌硬件，只要有了先进的设备和网络，就能走在信息化的前沿。他们没有注意到数据才是信息化的关键，不注重数据的管理、挖掘、融合和使用，会导致数据资源支离破碎，无法发挥数据的真正潜力。这如同一个人出手阔绰购入豪车，却由于怠惰不去学车，只能任豪车在车库里锈迹斑斑。

③ 传统的企业管理制度会加重数据孤岛现象。在这些制度下，企业会根据各自的职能划分不同的业务部门。由于每个部门都有其确定的任务，企业中本该一体化的数据往往会被不经意地分割开来。企业部门的信息系统分散建设，导致不同部门的应用软件和数据管理完全独立，彼此孤立的体系使得跨部门间的资源共享和协调合作难以进行，不同部门之间的数据流通需要靠格式不一的数据文件进行传递。

9.1.3 消除数据孤岛的意义

前面两节介绍了数据孤岛的定义、表现与成因，本节针对政府和企业两个主体，介绍消除数据孤岛、推进数据共享的意义。

对于政府而言，政府部门是国家数据的主要拥有者，在提供政务服务和社会管理的过程中，积累了海量的数据，只有打破数据孤岛、实现数据共享，才能高效分析、利用这些宝贵的数据，从而为社会发展提供智慧和动力。具体而言，政府数据共享具有以下重要意义。

① 数据共享有助于提高政府治理效能。首先，通过打通各部门的数据，整合部门间的数据资源，有助于打造跨部门的集成办事服务。如图 9-2 所示，跨部门的接力与合作助力群众"最多跑一次"，帮助群众减少办理时间，缩减办事材料，大大提高群众获得感。举例来说，公民要申请驾照，只需要提供身份证和考试成绩，其他的信息如户籍、学历、工作等，都可以从其他部门的数据库中自动获取。这样一来，就可以节省时间、精力和成本，也可以避免重复提交或者漏交材料的风险；另一方面，政府部门的大数据监管治理模式，能够辅助政府部门建立各种诚信档案、违约文件、失信惩罚机制以及政府黑名单等新的机制，这无疑将增强政府的各项监管能力。举例来说，当一个人欠了银行一笔贷款且长期恶意不归还，银行就会把他的信息上传到信用平台上，其他银行、电商、旅游等机构就能看到他的信用记录，从而拒绝给他提供贷款、发货、订票等服务。失信人员就会受到社会的约束，也会激励其改正错误。

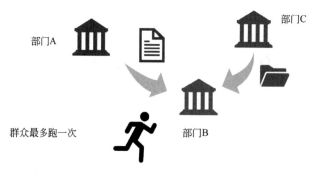

图 9-2 跨部门的接力与合作助力群众"最多跑一次"

② 数据共享有助于推动政府转型升级。各部门数据共享促进各级政府工作效率提升，有助于提高群众的获得感，有利于服务型政府的建设；在数据共享与整合的基础上，政府部门利用大数据分析技术、云计算技术等对数据进行挖掘与解析，能够实现政府智慧治理，有助于推进智慧政府建设。比如，在杭州市，"杭州城市大脑"平台能够对城市运行中的交通、环境、安全等各方面数据进行挖掘与解析。这样一来，无论是交通拥堵、环境污染、安全隐患等问题，都可以及时发现并采取相应措施，实现城市管理的智能化和精细化。总之，数据共享能够让政府部门的治理能力全方位提升，有助于政府现代化、信息化建设和转型升级。

在激烈的市场竞争中，数据共享对企业的意义尤为重要。它可以助推企业的数字化变革，增强企业的核心竞争力，为企业创造更大的价值。具体来说，企业数据共享的重要性体现在以下几个方面。

① 数据共享能够把数据资产价值最大化，保持企业竞争优势。举例来说，营销部门可以采用市场、运营、销售部门的数据，获取到更多行业、业务、市场、用户的数据。通过各部门共享的数据，企业营销部门能够建立完善的用户画像，分析出当前市场的需求，判断行业未来发展潜力，针对性地调整业务方向、举办营销活动，将有限的资源投入到更需要的地方，产生更好的效果。比如，云南白药牙膏于 2017 年 6 月在淘宝上开设了官方旗舰店，为了提高品牌知名度和吸引消费者，它与阿里巴巴合作，利用大数据技术，结合明星效应和跨界宣传，进行了一系列的开放营销活动。它通过收集和分析淘宝用户的搜索、浏览、点击、购买和分享等行为数据，了解用户的使用习惯和偏好，并根据用户年轻化的特征，选择了两位明星代言人并组织了粉丝互动活动，让粉丝帮助偶像在淘宝上成为头条新闻。通过这些基于数据共享的营销活动，云南白药牙膏成功地吸引了大量的粉丝和消费者，并实现了销售额的大幅增长。

② 数据共享有助于企业部门统筹协调，推进企业信息化建设进程。在经历过信息化建设之后，大多数企业都为不同部门、业务线配置了各种各样的业务系统，这些业务系统一方面能优化业务流程，另一方面把业务流程产生的数据自动存储在业务系统数据库中，长久以来就积累了大量数据。数据共享让企业对不同部门的数据格式进行统一，对不同部门的关系和权责体系进行梳理，简化跨部门数据交流协同的流程，从而推进了企业的信息化建设。

9.1.4　推进数据共享的举措

政府可以通过有效的数据共享以及消除数据隔离来提升社会治理和公共服务的水平，从而加速数字政府的建设。促进政府数据资源共享的策略可以总结为以下几点。

① 建立数据资源流动的理念。政府部门之间的数据孤岛，主要是由于部分工作人员不想把有价值的数据分享给其它部门。因此，推进数据共享，首先要消除各级政府部门封闭化、孤岛化的共享理念，不把部门数据资源当成自己的私产，要把它当成公共的财富。另外，仅有数据共享的理念还不够，还要利用大数据技术的各项功能帮助公务人员进行一部分传统行政工作，让大数据技术成为部门协作的工具，从而引导政府部门治理模式变得更先进、更高效。以贵州为例，近年来，为保障大数据战略发展的人才需求，贵州省大数据局积极落实人才引进、培养、管理、服务政策，截至 2021 年 12 月，贵州省数字经济人才达到 36 万人，大数据领域成为了人才"贵漂"的主流就业方向。

② 制定数据资源共享的政策，让数据资源有效共享。国家需要拟定一些规章条例和实施办法，制定一些适应时代和技术发展的数据资源共享的方针政策，让各级部门的数据资源能够有效共享。事实上，为了推进政府数据资源共享，国家层面已经出台了相关的政策。例如，2022 年《国务院关于加强数字政府建设的指导意见》发布，其主要内容为健全完善与数字化发展相适应的政府职责体系，强化数字经济、数字社会、数字和网络空间等治理能力。这些政策可以为各级党政部门的政府数据共享提供参考依据，帮助各级政府建立合作共享的协作模式。此外，由于不同政府的情况千差万别，"橘生淮南则为橘，生于淮北则为枳"，各级政

府部门在响应国家号召的同时，也需要制定针对自身情况的数据共享政策，打通部门之间的数据孤岛，促进部门间合作共赢。

③ 重新规划部门职责，推进政府服务流程的改造。推动数据共享必然引发政府行政工作、公共服务内容上的改变，某些旧政务流程中的部分行政工作将不再存在，因此需要对政务流程进行重组再造；反之，政务流程的再造也会加快数据资源共享的进程。政府数据共享与政务流程再造可以相互推动，以便实现"让数据多跑路，群众少跑路"的理想状态。以上海浦东新区所实施的改革为例，自 2017 年开始，浦东新区着重于转变政府职能、改进政务流程和优化营商环境。2019 年，浦东新区实施了"一业一证"改革，用一张整合的许可证取代了各行业的多张许可证，受到了企业的热烈欢迎。例如，开便利店的企业在改革后可以用一张许可证替代原本的六张，申请时间从 95 个工作日缩短到 5 个工作日，所需材料从 53 份减少到 10 份，填表项从 313 项减少到 98 项。2020 年，"一业一证"的改革推广至整个上海市，后来在全国范围内开始实施。截至 2022 年 6 月，浦东新区行政服务中心已发出 2554 张综合许可证。

对于企业而言，解决数据孤岛问题、推进数据共享可以从以下方面进行。

① 重视企业信息资源规划。在企业信息化建设过程中，首先需要设计好企业信息资源的构成以及开发利用方案，从而制定出企业信息资源管理的基本策略和未来规划。如果企业没有全局的信息资源规划和数据管理的统一标准，当企业遇到业务上的问题时，企业会只顾眼前的利益，"头疼医头，脚疼医脚"，导致模块孤立、系统繁多、体系混乱。因此，企业要制定信息资源管理的基本规则，建立全局信息系统的大纲，从根本上避免各部门只考虑本部门应用，建设出操作交互不畅的孤立模块。

② 搭建统一标准的数据技术平台。平台应包含网络协议、操作系统、数据库及其应用，并且涵盖数据交换和数据储存的规定等各种要素。只有搭建标准的数据信息化平台，才能提高系统的稳定性和开放性，方便进行旧系统更新和新系统添加，减少因系统增量带来的数据孤岛现象。以美的集团为例，它已搭建统一的数据中台和技术中台，在这些中台的支持下，美云销售平台、物联网生态平台以及工业互联网平台"美擎"三大数字智慧平台得以实现，通过这些举措建立起由数据智能驱动的全球领先科技公司；格力集团在设计包括"大数据管理平台""物流仓储调度平台""智能运维平台"三大平台在内的一整套全产业链系统解决方案。

③ 整理业务数据流，规范企业的业务流程。与政府业务流程改造类似，企业也需要在全企业范围内对业务流程进行优化，让数据有序地组织和共享。对业务流程进行重塑，有助于解决数据孤岛问题，增强数据的利用效率，并提升企业决策的时效性。例如，对于生产加工型企业来讲，采购部、生产部、供应部、销售部及财务部等各部门做到业务数据统一协调，利用数字化工具协同办公，可以大大提高信息流的运转效率，减少工作中的冗余环节；对于商贸型企业来讲，通过业务流程再造，企业在供应链、物流、财务及销售等部门之间可以有效协调，能够实现时效性强、流通效率高、财务审批迅速等目标。

9.1.5　数据共享案例

本节介绍消除数据孤岛、实现数据共享对企业发展和社会进步的价值，围绕企业和政府两个主体介绍案例，企业方面介绍美的集团数字化转型策略，政府方面介绍浙江省的"最多跑一次"改革。

（1）案例一：美的集团数字化转型

美的集团全称为美的集团股份有限公司，成立于中国广东省顺德市。美的集团拥有五大主要业务板块：智能家居事业群、机电事业群、暖通与楼宇事业部、机器人与自动化事业部以及数字化创新业务。企业主营产品涵盖大型家电如冰箱、洗衣机、空调等，以及小型家电如微波炉、热水器、电饭锅等。2017年，美的新增了机器人及工业自动化系统服务，并在2020年以美云智数为平台进一步增设了智能供应链业务。

随着美的集团业务的不断扩张，其下属事业部和职能部门的规模和数量也在逐渐增大。在美的集团开始筹备数字化转型之前，旗下有诸多分公司，涵盖了冰箱、空调、洗衣机等多个事业部，涉及的业务环节包括投资、采购、物流、生产以及销售等。由于分公司数量庞大且业务繁杂，再加上缺乏统一的信息系统，集团难以对各下属公司的经营业绩进行有效分析和把控，导致资源配置、经营管理效率低下。具体言之，公司内部的各个部门信息系统混乱无序，如研发领域存在11套系统、营销领域有26套系统，供应链整合有30套系统，管理支持部门有33套系统。此外，业务处理流程与相关标准并未统一，各事业部之间的孤立，引发了严重的数据孤岛现象。

为了应对集团内部业务分化严重、数据标准不一以及部门之间的割裂等问题，美的集团实施了一系列的改革措施，以推动数据资源的共享，同时也促进了集团整体数字化转型。美的集团的数字化变革可以划分为两个主要阶段。第一阶段，从2013年到2016年，美的集团的核心任务是对企业信息系统进行重建，以实现企业信息的整合，通过执行"632"项目保证了集团内部数据口径的一致性，从而实现了信息和数据的共享。第二阶段，始于2017年，集团开始了内部流程的转型，这其中不仅包括企业内部的改变，也通过并购等手段引进了前沿技术，提升了生产过程的智能化和自动化水平。

在第一阶段，美的启动了"632"项目，涵盖六个运营平台、三个管理平台以及两个网关和一个集成技术平台，完整的系统构架如图9-3所示。对于美的来说，2012年是充满压力的一年。从整体环境角度来看，消费者对家电需求日趋高端，整个行业都面临着转型的需要，美的则面临着来自同行的巨大竞争压力；与此同时，天猫、京东等电商平台的飞速成长，同样给美的造成了渠道压力。美的当时拥有10个独立运作的事业部，每个都有自身的系统、数据和流程，例如，就ERP（企业资源规划）系统而言，就有六种不同的选型，并且数据在各事业部之间并未打通。为了实现集团整体上市，并弥补各事业部之间的孤立现状，美的决定将既有的分裂在各板块的系统融合到一个统一的数字平台上，并打通各个部门的数据联系。美的用了从2012年到2015年近三年时间，将完整的"632"系统落实到每一个事业部。此后，无论是数字化建设或是项目建设，都是以此为基，推进各项数字化能力的提升。可以这么说，美的的"632"项目为其数字化转型奠定了坚实的基础，并提高了整个集团的一致性和运营效益。

在第二阶段，美的集团的核心工作是对制造过程和价值链进行数字化的加强和改革，这不仅提高了管理的效率，也让业务的运行变得更为高效。美的集团在2016年和2017年收购了诸如东芝家电、意大利中央空调公司Clivet以及库卡集团等企业，为了更好地对并购的企业进行管理和整合，美的在 2018 年推动了"国际 632 项目"，遵循"一个美的、一个体系、一个标准"的原则，建立了一个覆盖全球的信息化系统，实现了在全球范围内的资源协同和共享。这不仅提升了业务的效率，也使得整个业务变得更规范。

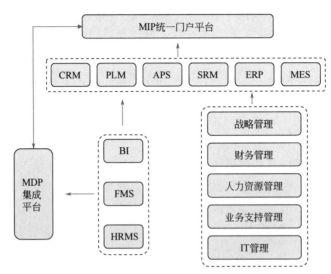

图 9-3 美的集团"632"项目系统架构图

在美的集团实施数字化转型之前，由于消费需求变化和人口红利消退等因素，中国家电行业的整体发展减缓，美的集团的业绩明显下滑，表现出收入和盈利减少、成本开销增多、存货周转效率降低等问题。然而，实施数据资源共享和数字化转型之后，美的集团的收入和公司市场价值都呈现出稳步上升的趋势，并在行业中取得了领先位置。2013 年时，美的集团与格力、海尔在营收方面相差不多，但八年间，三家公司的营收出现了显著差距。2019 年，美的的营收为 2782 亿元，相比格力、海尔高约 40%。即便在 2020 年新冠疫情对家电行业产生影响以及行业内竞争加剧的状况下，美的仍然以 2.27% 的收入增速实现了 2897 亿元的利润。在市值方面，从 2013 年到 2020 年，美的市值的增长极为显著，到了 2020 年底，美的的总资产达到了 6916.28 亿，而且在 2021 年第一个交易日，其市值已经达到了 7000 亿，高于格力和海尔。从 2013 到 2020 年，美的公司的市值翻了 3 倍，其公司价值增长率也达到了 219.70%。相比之下，海尔和格力的增长倍数均为 2 倍左右。可见，美的市值的增长速度已然超过了其他两家公司，充分说明了美的在资本市场上的投资价值已经得到了广泛的认可。

总的来说，美的集团为了克服集团内部分散、数据标准不统一、事业部之间割裂等问题，努力推进数据资源共享和企业数字化转型。集团内部统一的信息系统帮助实现信息资源共享，提高了企业管理效率；数据共享的过程中，许多先进的大数据技术得以引入，企业可以更好把握技术创新方向，提升创新能力；借助丰富的信息资源，企业能够更好地感知和预测市场的波动，以便时刻调整自身的生产和经营模式，降低因信息不对等带来的损害。通过数据共享，美的集团实现了经营效率的提升，研发能力的强化，以及财务业绩的成倍增长，这是一个成功消除数据孤岛和实现数据共享的典型案例。美的集团的成功案例能为其他家电行业和制造业的企业提供借鉴。

（2）案例二：浙江省"最多跑一次"改革

党的十九大报告指出：要转变政府职能，深化简政放权，创新监管方式，增强政府公信力和执行力，建设人民满意的服务型政府。浙江的"最多跑一次"改革就是据此进行的。"最多跑一次"是指当公众或企业向政府提出需求时，在申请材料充足并且符合法定受理条件下，最多只需要进行一次亲自办理就能完成所需的事情。如前所述，政府部门间存在的数据孤岛问题严重妨碍了政府行政效能的提升，从而导致了办事困难和办事效率低下的状况。"最多跑一次"改革的关键就在于消除数据孤岛，促进政府数据资源的共享，促进跨部门、跨系统的高效协同。

为实现"最多跑一次"、数据资源共享，浙江省围绕以下方面开展改革。

第一，打破政府部门条块分割，构建政府大数据管理制度体系。在 2018 年 10 月，浙江省公布了《浙江省机构改革方案》，宣布成立浙江省大数据发展管理局。这标志着在"最多跑一次"改革中涉及的数据共享问题将由专门的机构统一负责并进行统一规划，从而引领政务数据向规范化管理的方向发展。

第二，推进政府服务流程再造，推进群众办事由"跑部门"变为"跑政府"。浙江政府优化整合各层级、各部门的办事流程，把原先分散布局在各部门的窗口充分整合、归并成综合窗口，不同部门的服务集中到一个地方办理，避免群众来回奔波、多头办理。以医疗卫生服务领域的新生儿事项业务为例，"最多跑一次"改革之前，出生医学证明、预防接种证、新生儿户籍登记、城乡医保参保、城乡医保缴费、市民卡、产妇生育医疗保险待遇申领，以往这 7 个事项要在 6 个部门办理，前后需提交 24 份材料。经过改革，新生儿的父母只需要填写一份《新生儿联办事项申请表》，提供身份证、户口簿、结婚证等常规文件，在不到一个小时的时间内便可顺利完成 7 项政务服务。

第三，建立政务服务网站，以促进政务大数据的整合和共享。浙江省已经构建了电子政务平台和一体化的政务服务模式，并创建了浙江政务服务网，包括"浙里办"APP 和"浙里办"支付宝小程序等几种工具。其中，浙江政务服务网成为了浙江省"最多跑一次"改革的实施和技术支撑平台，"浙里办"APP 则成为了全省居民在掌上办事的官方入口。具体来说，浙江省政务服务网（省级）分为个人办事、法人办事、咨询投诉、阳光政务、政策新闻、数据开发、部门窗口等七个模块，通过信息检索方式，已经推出了教育培训、求职执业、纳税缴费等 16 类、超过 400 项的便民服务事项。在"个人办事"的板块里，用户只需登录网站并点击鼠标，就能办理户籍、教育、就业、住房等个人事务。"浙里办"APP 已经推出了公众支付、生育登记、公积金取款、交通违规处理等 17 个种类、300 多项的便民应用，在浙江省级掌上办公可达 168 项、市级平均 452 项、县级平均 371 项。公众和企业如果使用"浙里办"，就无需为"熟人、属地、受理部门、申报方法"的问题而困扰。在点击"浙里办"并提交办事申请后，系统会代替用户"跑各个部门和单位"。

"最多跑一次"改革的成果显著，政府办事效率大幅提高，公众的满意度也得到了提升。举例来说：

① 杭州市的税务局已达到了"最多跑一次是原则，多次为例外"的服务目标。图 9-4 展示了浙江省税务部门在税务大厅设立的"最多跑一次"窗口，为纳税人的税务处理带来便利。推行"最多跑一次"改革涉及多个部门和环节。在经历这些改革之后，民众能够体验到"一

窗受理、集成服务"的便利，不需要再在多个窗口间奔波。经调查，已有 61.5% 的民众感受到办事不再需要在多个窗口之间辗转奔波；55.8% 的民众觉得现在的办事程序更加精简，效率提高，所需时间减少；36.5% 的调查对象认为目前的办事大厅的咨询接收、叫号提示等服务更富有人情味。民众的满意度来源于政府部门数据的有效共享和办事流程的优化整合。办事流程的简化与优化真正实现了"数据多跑，群众少跑"的目标。

图9-4　浙江税务部门在办税大厅设置"最多跑一次"窗口

② 杭州市全面上线"用血费用'一站'减免系统"，在市级及县（市、区）级医院内实现无偿献血者及其亲属用血费用"一站式"减免，图 9-5 为浙江省血液中心"用血服务不用跑"办理指南。临床用血费用在就诊医院"即用即免""异地减免"，无偿献血者及其亲属"无需先付费，再凭发票、出院小结、献血证、关系证明等材料到献血地进行手工报销"，免去了报销路上来回奔波，缓解经济困难户垫付用血费用的资金压力，消除了"献血容易报销难"的误解，有效提高献血者获得感、荣誉感和归属感。截至 2019 年 3 月 27 日，全市共有 737 人次享受了此项便民服务，累计减免金额 72 万余元。

图9-5　浙江省血液中心"用血服务不用跑"办理指南

③ 温州市建成省内规模最大的医学影像云平台，如图 9-6 所示。平台基于全市智慧健康云，

实现放射、超声、内窥镜、病理、心电等所有影像检查信息的共享和应用，全市各医疗机构之间无偿共享医学影像云平台资源，实现全市区域影像互联互通。该平台同时支持云端查阅、下载、打印等功能，医院和医务人员在5s内完成影像资料的查看，让市民无需进行重复的拍摄和奔波。截至2020年8月底，平台影像检查信息累计调阅量达1500万余次，日均调阅量达3万余次，显著降低患者负担，其中仅CT检查一项全市每年可减少医疗费用6600多万元。

图9-6　温州市无极云医学影像云平台

在"最多跑一次"改革中，浙江政府积极促进了政务数据的统一管理和资源整合，成功缓解了各层级和部门间的数据孤岛现象，实现了数据共享，全省形成了"用数据服务，用数据决策，用数据管理"的模式。总的来说，"最多跑一次"改革使部门协同取得突破，办事效率大幅提高，群众获得感得到提升，政府治理转型有效推进，实现了多方面的共赢。

9.2 ➲ 数据开放

公共数据开放，实质上是公共管理与服务机构向社会各界，包括自然人、法人以及其它社会团体，无偿提供那些未经加工、可由机器直接读取并适用于社会各领域再开发的数据集合的公共服务活动。这类公开数据的核心特征涵盖原始性、时效性、易获取性和开放授权性等。在这一范畴内，政府作为关键参与者，其数据资源的开放构成了公共数据开放体系的核心板块；与此同时，企业界的数据开放实践也日益凸显其价值，并获得了广泛的社会重视。对于政府而言，数据开放主要是指公共数据资源开放；对于企业而言，数据开放主要是指披露企业运行情况、推动政企数据融合等。接下来，我们将对政府机构以及企业这两种不同主体的数据开放实践分别进行详细阐述。

9.2.1　政府开放数据

随着互联网和物联网技术日新月异的进步，社会普遍认识到数据在推进国家治理现代化进程中的战略价值。为了适应这一大数据时代的治理需求，各国政府纷纷推出了涵盖数字国家、智慧城市以及开放政府数据在内的多项国家战略计划。政府数据的管理和开放已成为现代社会治理结构中不可或缺的关键组成部分。下面对国际上关于开放政府数据的发展历程进行介绍。

2003 年，欧洲公共部门率先迈出了信息公开进程中的重要一步，启动了关于公共部门信息开放指令的行动。到了 2009 年，时任美国总统奥巴马签署并发布了《开放政府指令》，标志着美国政府数据开放实践的正式启动，同时上线了官方数据门户网站 Data.gov。这一标志性事件有力地推动了全球范围内政府数据开放的浪潮。

随后在 2011 年，国际社会见证了开放政府合作伙伴计划（OGP）的诞生，这个全球性的倡议进一步强化和推广了开放政府数据的理念与实践。紧接着，2013 年的 G8 开放数据宪章运动更是推动这一议题走向全世界，使得开放政府数据的原则得到了世界各国的高度重视，并逐渐成为各国、各地区政务数据资源开放的核心依据和准则。

在此背景之下，全球范围内的政府数据开放呼声愈发强烈，目前已有超过 70 个国家携手加入了开放政府伙伴关系，并按照各自的规划，有条不紊地推进关键性政府公共数据的公开工作。时至今日，政府数据开放已不仅是少数发达国家所独有的，而是成为世界各国共同的趋势和发展方向。

表 9-1 来自中国统计信息网（2023 年 2 月），展示了部分推出了官方统计网站的国家，每个网站都包含了该国大量的政府公开数据。

表 9-1 部分公开政府数据的国家

所属大洲	国家
非洲	阿尔及利亚、安哥拉、刚果、埃塞俄比亚、埃及、肯尼亚、毛里求斯、南非、坦桑尼亚、津巴布韦、摩洛哥、乌干达等
亚洲	中国、孟加拉国、柬埔寨、印度、伊朗、伊拉克、以色列、日本、哈萨克斯坦、韩国、科威特等
美洲	阿根廷、巴巴多斯、玻利维亚、智利、古巴、哥伦比亚、牙买加、巴拿马、秘鲁、乌拉圭、委内瑞拉、墨西哥、巴西、美国等

2009 年，奥巴马政府签署《透明开放政府备忘录》是美国在数据开放领域的里程碑事件。自那时起，美国历经了十数年的努力，在政府数据开放方面取得了进展。这一过程可以总结为三个主要发展阶段。

第一阶段：政策制定与初步实施阶段（2009 年至 2010 年）。这一时期美国政府主要致力于构建数据开放的法规框架，以及筹备必要的技术基础设施。2009 年 1 月，美国总统奥巴马签署《透明开放政府备忘录》，正式表明了创建一个更加透明、开放和协作的联邦政府愿景。随后，在当年 5 月份，作为实现该目标的重要举措之一，美国联邦政府推出了 Data.gov 网站。政府要求各个部门开始制定、执行各自的开放政府计划，并将首批可供公众使用的政府数据上传至 Data.gov 网站上，从而开启了大规模的数据公开化进程。到了同年 12 月，多个政府部门联合发布了《开放政府指令》，进一步强化了对数据开放的要求，明确提出联邦政府各部门需在 Data.gov 网站上新增至少 3 项具有高价值的数据集，以扩大数据资源的覆盖面和利用度。为了持续推动数据开放工作向纵深发展，美国管理与预算办公室于次年 7 月公布了《开放政府计划》，督促所有联邦政府机构制定详细的阶段性开放数据策略及行动计划，确保数据开放的稳步落实与持续推进。

第二阶段：政策强化与体系完善阶段（2011 年至 2013 年）。这一时期美国政府着重于规范化开放进程，优化并健全推动数据开放的各项机制。具体措施包括：在 2011 年 8 月对 Data.gov 网站进行了重大升级和功能增强，新增了高级搜索功能，方便用户更精准地查找所需数据；引入了用户交流平台，促进数据使用者之间的互动与合作；提供了 API 调用接口，使得开发者能够直接通过程序访问政府公开数据。在此期间，美国政府还发布了一系列指导文件和技术标准，旨在进一步完善国家层面的数据开放推进体系、管理框架以及数据开放利用的标准与规范。这些举措确保了政府数据资源在开放过程中具有更高的透明度、一致性和互操作性，从而更好地服务于社会公众、科研机构、企业及政府部门自身的决策需求。

第三阶段：深化实践与持续优化阶段（自 2014 年至今）。这一阶段美国政府着重于总结前期数据开放的经验教训，探索并实施更深层次的数据公开策略。2014 年，白宫发布了《抓住机遇、守护价值白皮书》，对美国在大数据利用过程中涉及的隐私保护政策和相关立法进行了系统梳理和评估，旨在进一步巩固数据开放的安全基础，确保在推动信息公开的同时，有效保障公民隐私信息。自 2015 年开始，各类行业论坛和峰会成为促进各领域数据开放对话的重要平台，通过多边交流和合作，逐步推动各个行业和政府部门深化数据共享，扩大数据资源的社会效益。2018 年 12 月，美国国会参众两院审议通过了数据法，该法案的通过标志着美国政府在推进数据开放方面的立法工作取得了实质性的进展。

英国的政府数据开放政策和美国比较类似，其发展历程也可分成培育阶段（1998—2009 年）、推进阶段（2009—2011 年）、成熟阶段（2011 年至今）这三个阶段。

各国政府持续大力推动政府数据开放政策的深化实施，其背后主要动机可概括如下：首先，公开政府数据有助于提高公共行政流程效率，通过提供详实信息增强政府部门决策的科学性，并降低信息不对称程度，增进公众对政府运作的理解，提高政府公信力，促进公民参与决策过程。其次，开放的数据资源为开发者、研究者以及企业提供了一个庞大的原始材料库，他们可以利用这些数据进行二次开发，发现新的商业模式、产品和服务，这不仅能够挖掘出数据潜在的价值，还能催生新兴产业，创造就业机会，刺激整体经济活力。

除了政府数据开放，开放政府计划还包括了政府信息公开这一重要政策领域。政府信息公开通常以各国制定的信息公开法或信息自由法等形式体现。该政策实践普及较早，已成为各级政府提高透明度和建立公信力不可或缺的一环，历经多年发展，其体系已相当成熟完善。尽管传统的政府信息公开政策在提升政务透明度方面发挥了积极作用，但随着时代的发展和技术的进步，人们开始认识到仅仅依靠信息公开并不能充分发挥信息资源的社会价值，于是提出了更为深入的数据开放概念。两者的区别主要体现在以下几个方面。首先，互动性与参与度不同。信息公开主要是政府部门单向地向公众发布信息，缺乏与公民之间的深度互动；而数据开放则鼓励公民利用政府原始数据进行分析研究，发现潜在问题，提供决策建议，甚至创新服务模式，形成政府与社会力量的双向沟通机制。其次，数据处理需求各异。信息公开所提供的通常是已经整理成文、可以直接阅读使用的资料；而在数据开放中，用户需要对获取的原始数据进行清洗、整合、建模和分析等复杂操作，才能挖掘出有价值的信息和知识。最后，信息呈现形式及粒度有别。信息公开往往以报告、文件乃至法规的形式呈现，信息粒度相对较大，内容较为宏观；而数据开放则提供了更精细化的数据，可以精确到每一个数字、字段或记录层面，为用户提供更具针对性和深度的研究素材。

9.2.2 企业开放数据

当前，我国数据开放共享的政策措施和管理机制日益完善，政务数据共享步伐不断加快，公共数据有序开放，但企业数据的开放还有较大进步空间。

对于企业来说，数据开放的首要目标是经济效益，即从数据开放这一行动中获得真实的利益。目前企业数据开放以市场化行为为主，包括提供金融数据的万得、提供企业信用数据的天眼查、企查查，以及提供股市投资数据的同花顺等，这些企业均在细分行业领域内以其特色化的数据服务获得了大批用户，这些企业的数据开放已经完全是市场化行为。除了这种将数据开放作为一种服务提供给用户的市场化行为以外，企业数据开放还可以采用举办比赛的方式，数据开放的同时收到来自公众的数据研究成果。这种方式虽然不是直接将数据开放变现，甚至还要企业拨出资金来举办比赛，但是参赛者利用企业的数据得出的结论，做出的作品等都可以帮助企业降本增效，由此所带来的利益甚至远超企业付出的比赛成本。下面对这两种企业数据开放方式举例阐述。

（1）市场化数据开放服务——以天眼查为例

天眼查依托于政府公开数据资源，并运用先进的图数据库、知识图谱、信息检索等技术，构建了一个在线平台，能够提供覆盖全国 2.8 亿余家社会实体的详尽信息库，涉及的数据维度多达 300 余种。这些信息包括但不限于企业基础背景资料、实际控制人的身份揭示、企业的对外投资记录、完整的融资历程、精细的股权架构解析以及相关的法律诉讼详情等核心内容。同时，天眼查还具备实时监测功能，用户可以随时获取所关注企业的动态变更信息。秉持"让每个人都有公平地看清这个世界"的核心理念，天眼查始终坚持只利用合法公开的信息来源，致力于为用户提供公正透明的企业信息查询服务，助力社会各界人士做出更加明智和精准的决策判断。在盈利模式方面，天眼查推出个人 VIP、超级 VIP 和企业套餐，用户充值成为 VIP 后，可以享受更多的优质服务，如导出企业报告、财务解析、信用报告等。此外，天眼查对一些高价值数据、关系等信息进行隐藏，查询费用依据信息价值大小确定。因此，天眼查通过市场化的方式运作数据开放服务，成功地将公开数据资源转化为具有商业价值的产品与服务，实现了数据开放的商业化变现。

（2）比赛中的企业数据开放——以全国互联网数据创新大赛为例

企业采用举办数据竞赛的形式推动数据开放，将自身拥有的宝贵数据资源向所有参赛者公开。在这样的比赛中，每一位参赛者都能获取到这些数据，并对其进行深度挖掘、算法研究和技术开发，从而为企业创造出多元化的解决方案与先进技术应用。这种模式不仅激活了社会创新力量，还帮助企业从外部智慧中获取新的洞察和策略，进而提升其业务效率和服务质量。例如东方电气公司与工业大数据产业创新平台合作，依托平台开放氢燃料电池的运行数据，期待使用者可以通过分析各变量与系统性能均值之间的动态变化，构建系统性能均值预测模型，如图 9-7 所示。此外，平台上还有其他企业开放的各类数据，如风机结冰数据用于预测防患，刀具磨损数据用于预测剩余寿命，齿轮箱故障实验数据用于诊断故障类型等。这些工业数据均来自各个企业工厂的实际运行数据或者仿真模拟数据，研究这些数据蕴含的信息对企业的安全高效生产来说有非常重要的意义。

图9-7　东方电气公司承办的工业互联网数据创新应用大赛

另一个著名的企业开放数据的案例就是天池大赛，这是阿里公司创办的一个数据开放平台，合作公司可以将数据以赛题的形式发布，使用者可以利用这些数据完成相应的任务，胜出者还会有丰厚的奖金报酬，如图 9-8 所示。合作公司可以借此收集来自公众的智慧，辅助公司技术人员攻克难题，实现技术突破。

图 9-8　天池大赛

9.2.3　数据开放案例

在本小节中，将详细介绍三个政府数据开放的案例，分别是美国政府、英国政府以及我国政府的数据开放进程和具体开放细节。其中，在对我国政府数据开放的介绍中又分为中央人民政府层面的数据开放和地方政府层面（上海市）的数据开放两个案例。由于企业数据开放的案例在上一节中已有相关介绍，故在此处不再赘述，仅对政府数据开放的案例详细展开。

（1）美国政府数据开放案例

下面首先以美国的开放政府数据为例，了解一下政府是如何推动数据开放这项事业的。

2009 年，美国政府上线了数据门户网站 Data.gov，这一举措标志着其开放政府数据实践进入了一个全新的阶段。自 Data.gov 网站问世以来，美国政府大力推动其发展，持续要求多个政府部门将数据上传到网站上，供全体公民浏览下载。经过十多年时间，网站上的数据集数量由最初的 47 个增长到如今的 33 万个，包括气候、海事、能源、海洋等多个重要领域，数据开放的成效不断显现。为进一步提升开发者的使用体验和技术创新能力，Data.gov 与知名的代码托管平台 Github 达成合作，在其网站上嵌入了指向 Github 的相关链接，使得开发者能够方便地通过这些链接访问到诸如源代码、小程序等技术资源，从而更好地对政府开放的数据进行深入分析与应用探索。与此同时，阳光基金会在 Data.gov 网站上线当天同步举办了程序员公共数据开发大赛，这一举措不仅提升了 Data.gov 网站的社会知名度，还极大地激发了技术人员的参与热情，为该网站的发展注入了活力，并提供了必要的资金支持。为了持续推动开放式创新、构建繁荣的开放数据应用生态系统，Data.gov 进一步借助 Challenge.gov 网站设立了一系列挑战竞赛活动。这种方式旨在向全社会公开征集问题和待解决的议题，鼓励公众创新性地利用政府开放数据提出并实施解决方案，从而促进了更多有价值的项目和应用诞生。以 Data.gov 网站为核心，其他相关支持网站和组织之间的关系如图 9-9 所示。

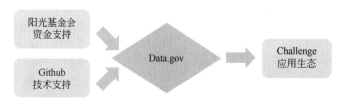

图 9-9　Data.gov 网站的相关组织

（2）英国政府数据开放案例

英国政府主要从三个方面努力推进政府数据开放，分别是：建立用户需求调研和可行性分析机制、建设开放性的数据基础设施以及设立专项资金突破开放数据难题。

① 建立用户需求调研和可行性分析机制：2012 年，英国政府成立英国开放数据用户组（Open Data User Group，ODUG），这是一个独立机构，其所有小组成员均来自企业、非营利机构、大学等非政府机构。ODUG 的主要职责在于两个方面，一方面是设立用户需求的采集渠道，另一方面是调研高需求数据，研判是否具备高开放价值。针对第一方面，开放数据用户组在 data.gov.uk 网站上发布了一个提交需求申请的功能，允许任何人提交数据需求，并由管理员汇集需求，基于涉及部门、内容类型、需求理由等对需求进行整理。针对另一方面，在收集需求后，针对高需求数据，ODUG 成员会去调研其是否真正是高价值数据，且如果开放，能够带来怎样的影响力，创造怎样的社会价值和经济效益。

在 2012 年到 2015 年间，ODUG 针对英国税收数据、国家地址数据、国家土地交易历史价格数据、邮政编码数据、家庭医生数据等展开了详尽的研究。其所做的研究结果都对政府开放数据的推进产生深远影响。例如其对国家地址数据的调查，促使英国政府在 2015 年决定启动一个全新的开放地址数据库项目来打破皇家邮政的垄断。

② 建设开放性的数据基础设施：在如今的大数据时代，数据基础设施就像日常生活中的道路、桥梁一样必不可少。在数据基础设施的建设上，英国政府启动了国家信息基础设施计划（NII），该计划将会确定纵向（垂直行业）和横向的关键数据，提供一套原则框架，使得数据能够共享或开放以提供给社会使用，支撑各类社会发展和商业发展活动。目前英国政府的 NII 计划完成了第二次迭代，确定了"安全、用户为中心、完善管理、可靠、良好维护、灵活"的六大原则，来推动 NII 数据的确定和开放。

③ 设立专项资金突破开放数据难题：英国政府设立了两个专项资金来推动地方政府的数据开放，并协助突破一些开放数据发展过程中的难点问题，这两个资金分别是：数据释放基

金和突破基金。数据释放基金由内阁办公室设立，用于支持能够推动数据进一步释放的研究或实践项目。研究机构、政府、企业均可以提出项目方案进行申报。研究类项目也是该基金支持的对象，比如英国开放知识基金会推出的开放数据指数项目（城市级别），也曾得到该基金的资助，用于调查英国各城市的关键数据集的开放程度。突破基金则更多被用于协助突破阻碍某一数据开放的瓶颈。该基金曾经资助了利兹市建设其开放数据门户 Leeds Mill，谢菲尔德市建设开放的空气质量监测网络等。

（3）中国政府数据开放案例

为了提升政府治理水平与透明度，我国政府也大力推行政府数据开放计划。下面将从中央和地方两个层面介绍我国的政府数据开放的案例。

① 中央人民政府层面：在国家统计局官网的数据栏，中央人民政府公布了大量各行各业的国家层面数据，包括教育、医疗、金融、运输等多个部门的数据，还有总人口、GDP 等全国性数据。这些数据不仅可以下载原始数据文件，还以可视化的形式展示在网站上，公众可以直观体会数据中显示的上升下降趋势等信息。如图 9-10 和图 9-11 所示，分别展示了 2012—2022 年国内生产总值数据图和 2012—2022 年国内总人口数据图（图片来源于国家统计局官网数据栏）。

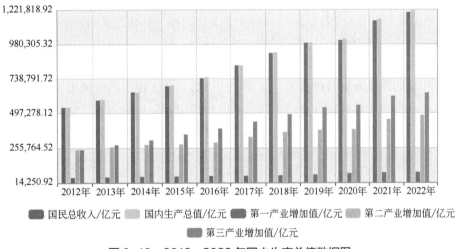

图 9-10　2012—2022 年国内生产总值数据图

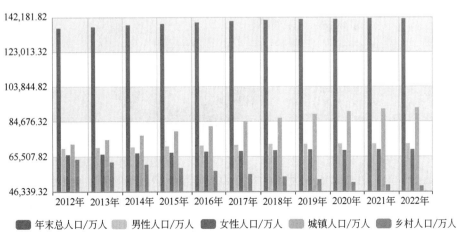

图 9-11　2012—2022 年国内总人口数据图

除了中国政府网外，各政府部门都有各自的网站来开放自己部门的数据，如国家气象局等。国家气象局所推出的国家气象科学数据中心网站 data.cma.cn 面向公众提供的服务主要包括四个专栏，分别是数据服务、接口服务、数据汇交以及可视化。数据服务专栏中提供包括地面资料（如全国地面气象站逐小时观测资料）、高空资料（如中国高空气象站定时值观测资料）、数值预报、雷达资料以及卫星资料在内的五大类数据资料；接口服务专栏面向开发者提供了 5 个 API 接口，分别为中国地面气象站逐小时观测资料 API、全球高空气象站定时值资料 API、基本反射率图像产品 API、组合反射率图像产品 API 以及垂直累积液态水含量产品 API，这些 API 为开发者们的数据探索提供了便利。国家气象科学数据中心面向社会机构、科研团体及个人提供气象相关数据的汇交、发布和共享服务，通过规范化管理和评审机制提升数据质量，在保护数据生产者权益的基础上促进、深化数据再利用，扩大数据影响力，提供数据长期维护、管理及存储服务，确保数据安全及永久可访问。最后，可视化专栏提供卫星云图、雷达产品、GIS 在线分析以及气候背景等功能。

② 地方政府层面：以上海为例，上海市政府在国内长期走在提高政府管理透明度的前沿。上海市政府开发的上海市公共数据开放平台（data.sh.gov.cn）是上海市政府进行数据开放的窗口，自从平台上线以来，已开放 50 个数据部门、131 个数据开放机构、5,357 个数据集（其中 2,245 个数据接口）、73 个数据应用、43,917 个数据项，总共超过 20 亿条数据。平台上的数据分为经济建设、资源环境、教育科技、城市建设、民生服务等共十二大领域，各领域数据量占比如图 9-12 所示，可以看到城市建设的相关开放数据量是最多的，有 727 个数据集，而社会发展相关的开放数据是最少的，只有 155 个数据集。提供的资源类型包括数据产品和数据接口这两种形式。这些数据来自市政府的各个部门，包括交通委、商务委、公安局、财政局等，各部门开放数据的统计图如图 9-13 所示（图片来源于上海市政府公共数据开放平台数据统计栏）。

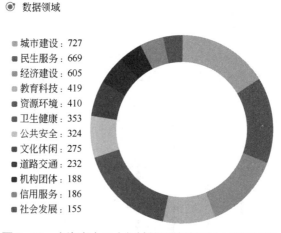

◉ 数据领域

- 城市建设：727
- 民生服务：669
- 经济建设：605
- 教育科技：419
- 资源环境：410
- 卫生健康：353
- 公共安全：324
- 文化休闲：275
- 道路交通：232
- 机构团体：188
- 信用服务：186
- 社会发展：155

图 9-12　上海市十二大领域的开放数据量占比统计图

那么上海为什么能在开放数据发展的实践中取得斐然的成绩呢？主要有以下三点原因。

首先，具有完善的数据开放机制。上海市目前已经出台了《上海市政务数据资源共享管理办法》《政务信息资源共享与交换实施规范》等文件，加强对政府数据的规范管理，引导数据开放进行标准、高效的数据交流。

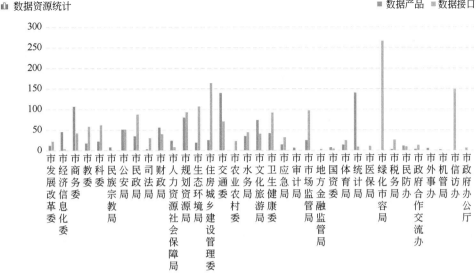

图 9-13　上海市政府各部门开放数据统计图

其次，制定公开数据开放发展计划。上海市经济和信息化委员在信息公开时，不仅仅公布本年度的工作目标、任务，还会公布本年度计划开放的数据清单，并且要求政府各部门也要细化数据开放计划，将要开放的数据清单一并向全社会公布。

最后，充分调动市场活力。上海市的数据开放工作不仅仅靠政府推动，更是通过市场合作、政府采购等方式，调动市场的积极性，全面推进数据开放。在市场合作方面，上海市经信委与中国工业设计研究院、各大学、企业等携手举办上海市开放数据创新应用大赛，以比赛为契机推动数据开放，并调动公众的力量研究政府数据背后蕴含的信息。在政府采购方面，上海市经信委聘请专业人士为政府数据开放提供高效专业的服务。

9.3 ⊙ 大数据交易

随着大数据应用领域日渐扩展，企业对于大数据的投入和研发活动也在不断强化，数据的需求也随之增长，使得大数据交易逐渐成为大数据服务应用中的新焦点。政府和企业在各地纷纷设立并展开大数据交易业务，同时，阿里、京东等互联网巨擘的参与，进一步推动了国内大数据交易产业的快速发展。本节围绕大数据交易，首先介绍大数据交易的定义与发展现状，介绍两个代表性的大数据交易平台，指出目前大数据交易发展过程中存在的问题，最后讨论大数据交易发展的突破路径。

9.3.1　大数据交易概述

大数据交易是指以数据作为商品进行分类定价、流通和买卖的行为，它将有效发挥数据价值，实现从数据资源到数据要素到数据资产再到数据资本的转变。如图 9-14 所示，其参与主体涵盖数据供给方、数据需求方、数据交易平台、评估机构、服务机构，以及外围的其他部门。数据交易平台以第三方的身份为数据提供方和数据需求方提供数据交易撮合服务，同时数据交易平台还可提供数据定制服务，根据数据需求方的特殊需求，由用户进行采集或者标注大规模数据。数据产品的主要交付方式包括：API、数据集、数据报告及数据应用服务等。

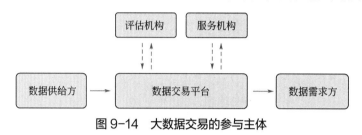

图 9-14　大数据交易的参与主体

　　如图 9-15 所示，大数据交易平台的主体主要分为两类：一类是以企业为主导的大数据交易平台，这些交易平台多为企业独资或合资运营，以阿里云、京东万象、浪潮天元数据、数据堂为代表，约占 82%；另一类是由政府主导的大数据交易中心，这些中心多为政府或国企独资，或国企与民企合资，如贵阳大数据交易所和上海数据交易中心等，约占 15%，其中 60% 左右为政府控股。

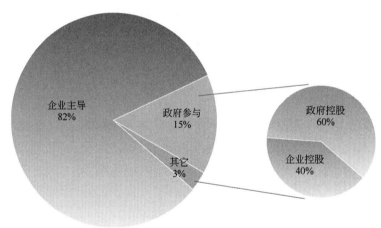

图 9-15　大数据交易的平台性质及占比

　　目前国内大数据交易业务涉及的行业主要为金融征信、交通地理、移动通信、企业管理及医疗数据等，这与国内大数据企业主要业务方向基本一致，其中金融征信及企业管理数据交易在近两年增长迅速。随着人工智能相关产业的迅猛发展，2017 年下半年衍生出了大量的相关数据需求。同时，随着数据交易市场的逐渐完善，中小创业者的涌入，生活服务及应用开发的数据需求增长也较为明显。大数据交易平台主要盈利模式为提供平台服务、撮合交易收取佣金、销售自有数据、提供增值服务等。

9.3.2　大数据交易的发展现状

　　根据《2022 中国大数据产业发展白皮书》的统计数据，2020 年，我国大数据产业的规模达到了 6388 亿元，比前一年增长 18.6%。到 2021 年，我国的大数据产业规模突破了 1.3 万亿元，显示出大数据产业的价值不断提高，正在逐步变成支撑经济与社会发展的优势行业以及数字经济的关键行业。从国内大数据市场的地理分布来看，以北京为代表的华北地区、以武汉为代表的华中地区及以上海为代表的华东地区的大数据产业规模遥遥领先其他地区。相对来说，西南地区的大数据企业的业务规模则远超过东北和西北地区。从大数据市场所覆盖的行业看，大数据应用主要集中在政务、金融、社会治理、互联网等服务领域。

我国大数据产业规模的整体扩增，为大数据交易市场的交易量攀升奠定了基础。2014 年，我国的大数据交易额达 206.7 亿，到了 2015 年，这个数字水涨船高至 338.5 亿，呈现出相当高的增长速度。全国各地响应了大数据交易市场的热点，建立了属于各自的大数据交易中心。例如，在 2015 年，贵阳的大数据交易所就在西南区域首先建立，而河北京津冀数据交易中心也在华北地区开始发展起来。在华东地区，上海大数据交易中心也于 2016 年正式运营。这些大数据交易平台不仅数量众多，规模庞大，而且还有着自己独特的市场品牌和影响力。

2020 年，各地快速推进大数据交易中心建设，例如北部湾大数据交易中心、湖南大数据交易中心、北方大数据交易中心以及粤港澳大湾区数据平台加速建立来重点解决数据确权和定价的相关问题。2021 年 7 月，上海数据交易中心联合 13 个省（自治区、直辖市）的数据交易机构，包括天津、内蒙古、浙江、安徽、山东等，共同成立全国数据交易联盟，一同推动数据市场的建设和发展，促进更广泛、更深入的数据定价和数据确权。另一方面，一些企业也参与到数据交易市场的建设中，比如在 2021 年初，南方电网发布了《中国南方电网有限责任公司数据资产定价方法（试行）》，规定了南方电网数据资产的基本特性、产品种类、定价方式及相关费用，这是促进数据要素市场化的重大动作，也是能源行业央企的第一个数据资产定价方法。接下来，奇安信发布了"数据交易沙箱"，为数据要素的安全流通和交易提供了技术支持。

9.3.3 大数据交易平台案例分析

大数据交易平台是提供数据交易和数据服务的市场，按照主体分类，可分为企业构建的交易平台，如阿里云、京东万象、浪潮天元数据堂等；政府主导建设的交易平台，如贵阳大数据交易所和上海数据交易中心等。这里我们分别以阿里云数据交易平台和贵阳大数据交易所为例，介绍大数据交易平台的发展情况。

（1）案例一：阿里云数据交易平台

阿里云数据交易平台是阿里一站式大数据解决方案中的数据服务环节，图 9-16 为阿里云 API 市场的主页，此处的 API 指数据服务接口。通过这一交易平台，卖方将数据以及数据处理、检索、分析等工具封装成 API 形式，买房只需通过购买并调用相应的 API 即可获取数据和相应功能，轻松便捷地完成数据交易。数据主要包括人工智能、生活服务、金融理财、交通地理等领域。截止到 2023 年 1 月，阿里云 API 市场共上架数据商品 8016 个。

图 9-17 展示了阿里云 API 市场数据商品的种类分布。在数据商品中，人工智能类的数据商品最多，达 5000 个，占所有商品的 74.19%；其次为金融理财类和生活服务类商品，分别 555 及 467 个，占所有商品的 8.24% 及 6.93%；其他类的数据商品数量相对较少，均小于 400 个。

图 9-16　阿里云 API 市场主页

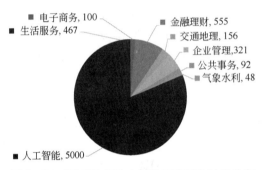

图 9-17　阿里云 API 市场数据商品的种类分布

阿里云 API 市场的数据供应为第三方数据和政府开放数据。其定价策略包括：API 以次数购买；数据集和数据报告按个数购买；API 打包销售，主打免费和 0.01 元商品。目前，阿里云 API 市场销售前十的数据商品占整体销量的比重大，其中"手机实名认证"和"身份证识别"销量最高，销量排名靠前的数据商品多数为个人及企业征信相关数据，生活服务及应用开发类的数据商品销量相对较高。

（2）案例二：贵阳大数据交易所

贵阳大数据交易所是我国第一家大数据交易市场，经过贵州省金融办、贵阳市政府和国家相关部门的准许，于 2015 年 4 月 15 日正式开业运营，注册资本达 5000 万元。它的核心价值观是"贡献中国数据智慧，释放全球数据价值"，以满足用户需求为市场导向，提供优质的数据交易服务。图 9-18 为贵阳大数据交易所的官方主页。贵阳大数据交易所在国家层面受到政策的大力支持，2022 年 1 月，国务院印发的《关于支持贵州在新时代西部大开发上闯新路的意见》明确提出，要支持贵阳大数据交易所建设，促进数据要素流通。

截至 2022 年 12 月底，贵阳大数据交易所已累计入驻数据商 402 家，其中省内数据商 202 家，占总体比例 50.25%，省外数据商 200 家，占总体比例 49.75%。已累计上架产品 607 个，其中数据产品和服务 438 个，占总体的 72.1%；算法工具 125 个，占总体的 20.5%；算力资源 44 个，占总体的 7.2%。已累计撮合交易 136 笔，交易金额 35944.17 万元。其中，数据产品和服务交易 59 笔，金额 6221.37 万元；算法工具交易 6 笔，金额 888.79 万元；算力资源交易 71 笔，金额 28834.01 万元。省内交易 129 笔，金额 33746.5 万元；省外交易 7 笔，金额

2197.68 万元。已上架 109 个政务数据产品，其中云上贵州公司上架 23 个，政府数据开放专区内上架 86 个，产生交易额 331.48 万元。

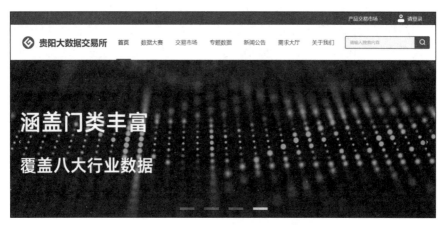

图 9-18　贵阳大数据交易所的官方主页

目前贵阳大数据交易所涉及的应用领域广泛，已覆盖金融服务、工业农业、生态环境、交通运输、科技创新、教育文化等 21 个应用领域。此外，贵阳大数据交易所打造了数据流通交易中介生态体系，已入驻 17 家数据中介机构，通过培育专业的第三方数据服务中介机构，为各方市场参与主体提供法律咨询、数据集成、数据公证、质量评估、数据经纪、合规认证、安全审查、资产评估、争议仲裁、人才培训等专业配套服务。

9.3.4　大数据交易的问题

虽然全国各地纷纷设立大数据交易中心，但许多中心的实际交易情况与预期目标相去甚远，获得的收益无法达到预期。大数据交易中心的目标是创建一个开放的、独立的第三方交易平台，形成稳定的数据交易并从中收费。然而，当前这类数据交易中心在实现上述目标的过程中仍面临许多难题。这些问题的根源可归纳为以下几点。

① 数据交易监管标准有待完善。首先，尽管国家宏观政策明确鼓励大数据交易，但直接规范大数据交易行为的法律法规有待完善。此外，数据交易平台缺乏标准，各地数据交易所的规则各不相同。很多企业在参与不同的大数据平台交易时，需要根据不同平台遵守不同的交易规则，无法有效集中地控制风险，因此实际交易都绕开了大数据交易所。

② 数据交易"粗放式"运行。从交易类型上来分析，大数据交易主要是简单的数据原料买卖，数据算法和数据模型等的交易还处在起步阶段，这使得数据的价值没有被充分利用与体现；从交易价格方面来看，现阶段的交易过程中并没有对数据定价的统一规则，因此无法准确评估出数据的真正价值。

③ 部分数据交易中心的定位模糊。就大数据交易平台的建设状况来看，全国各地的数据交易平台在建设过程中存在定位过于相似，难以凸显各自优势的问题。举例来说，一个省份内可能会有多个大数据交易所，然而，这些不同的交易所在发展定位和功能定位上并没有明确的界定，这导致数据交易市场流动性缺乏，体现出来的特征是交易规模小、交易价格不定、

交易频率下降等。这样的情况阻碍了平台化、规模化、产业化的发展路径，无法有效地利用数据交易中心应有的功能优势。

④ 数据脱敏与隐私保护不足。被交易的大数据包含了大量的客户数据，对大数据利用的行为使得人们的隐私受到侵害的可能性增大，造成数据的个人主体隐私被非法使用。个人的信用资料、娱乐喜好、阅读规律、网络浏览习惯、位置信息以及搜索记录都有可能被纳入收集和使用的范围。通过数据分析的手段，这些信息可以揭示一个人的财务状况、社会关系、消费习惯、健康情况和生活轨迹等。

⑤ 数据质量缺乏有效保障。数据市场想要成熟，必须确保供需、中介方（数据汇集、清洗及处理）的协调发展，但目前在这些环节的专业化程度仍有待提升。对供应方而言，目前的大数据交易平台建设主要是依赖会员制度，但对于会员入会并无统一的标准要求。以华中地区的一家交易所为实例，在对会员的认证过程中，主要关注的是其身份属性，但对于企业资产等没有设立明确的标准，因此无法确保它们所提供的数据的权威性和精确性。

9.3.5　大数据交易发展的突破路径

为了解决上述大数据交易存在的问题，人们已经开始在以下方面寻找发展与突破的途径。

① 大数据交易市场标准化。目前，如湖北、贵州等地已在大数据交易标准规范上有所探索。华中大数据交易所推动了大数据交易的规范发展，设立《大交易数据格式标准》以及《大数据交易行为规范》等相关条例。贵阳大数据交易所于 2022 年 5 月 27 日首创了数据流通规则体系，包括《数据要素流通交易规则（试行）》《数据交易合规性审查指南》等 8 个文件，如图 9-19 所示。国家可根据地方数据交易的实践以及标准规范，同时吸收国外的先进经验，逐步寻求制定国家级的数据交易法律法规以及行业标准。只有建立权威的标准，才能给大数据交易市场提供一个良好的秩序，推动我国大数据交易实现标准化、规范化交易。

图 9-19　贵阳大数据交易所首发数据流通交易规则体系

② 加快数据开放与流通。2016 年中国大数据产业峰会中指出，"80% 的数据掌握在政府手中，政府应共享信息来改善大数据"。到 2022 年 10 月为止，我国的地方政府中已有 208 个省级和城市的地方政府开放了数据平台，包括 21 个省级平台（含省和自治区，不计直辖市与港澳台）和 187 个城市级平台（包含直辖市、副省级城市以及地级行政区）。各平台开放的数据

覆盖多个领域，如经济、金融、法规、卫生医疗以及人文学科等。政府作为主要的公共数据提供者和持有者，应加速数据开放，推动数据流转和交易，以在最大程度上释放数据价值。

③ 创新和探索交易方式。在处理数据交易时，需要突破传统思维，创新交易策略，并在现有的数据交易基础上探索如数据交换、数据捐赠以及数据代理等数据交易新模式。例如，东湖大数据交易中心在其交易平台上推动了"以数易数"的服务。在这种模式下，购买者可以在购买数据的过程中与卖方协调，用自身拥有的数据进行交换。这种策略能够鼓励更多的数据交易参与者加入交易过程，提高数据的流动性和使用价值，提升数据交易的盈利能力。

小结

随着计算机和互联网的广泛应用，人类产生、创造的数据量呈爆炸式增长，这些海量数据蕴含了巨大的价值。然而，在政府和企业中存在着许多数据孤岛，部门内部之间数据无法互通共享，对外抵触数据开放与交易，一定程度上限制了大数据的潜力。本章节围绕这一现象，介绍了大数据共享、开放与交易。第一节介绍数据孤岛与数据共享，分析了数据孤岛的成因与数据共享的意义，结合企业和政府的两个数据共享案例讨论数据共享的举措。第二节介绍数据开放，包括政府数据开放和企业数据开放，介绍了企业数据开放的两种形式。第三节介绍大数据交易，给出了大数据交易的定义与发展现状，指出了目前大数据交易发展过程中存在的问题，讨论了大数据交易发展的突破路径。总的来说，数据共享指企业或政府部门之间数据流通，数据开放指企业或政府面向社会发布可公开数据，数据交易是以数据作为商品进行定价、流通和买卖的行为。三个概念相互关联，彼此作用：数据共享、开放在供给上为数据交易提供保障；数据交易的盈利能力增强和应用效果提升将为数据开放提供一定的激励。只有真正做到部门内部数据共享，面向社会数据开放，发展大数据交易，才能提升数据资源的宝贵价值，推进人类社会的进步。

参考文献

[1] 张尧学. 大数据导论[M]. 北京：机械工业出版社，2021.

[2] 覃蓝琪. 美的集团数字化转型路径及效果研究[D]. 江西财经大学，2022.

[3] 张筱萱. "最多跑一次"政务服务改革的公共价值实现研究[D]. 黑龙江大学，2022.

[4] 应莺. 政府数字化转型中的跨部门协同机制[D]. 浙江大学，2022.

[5] 王新明，桓德铭，邹敏，等. 我国公共数据开放现状及对策研究[J]. 江苏科技信息，2021，38（25）：40-43.

[6] Gewin V. Data sharing: An open mind on open data[J]. Nature, 2016, 529: 117-119.

[7] 蔡菲莹，黄秀蕾. 政府数据开放、企业数字化转型与企业创新[J]. 统计与决策，2022，38（23）：175-179.

[8] 王本刚，马海群. 开放政府理论分析框架：概念、政策与治理[J]. 情报资料工作，2015，36（6）：35-39.

[9] Mauthner N S, Parry O. Open access digital data sharing: Principles, policies and practices[J]. Social Epistemology, 2013, 27(1): 47-67.

[10] 安晖. 2021中国大数据产业发展白皮书发布[J]. 软件和集成电路，2021，439（8）：21-22.

[11] 陈柏屹. 贵阳大数据交易所精准营销策略研究[D]. 贵州大学，2021.

[12] 陈伟巍. 大数据交易数权保护法律问题研究[D]. 贵州民族大学，2019.

[13] Zhao Y, Yu Y, Li Y, et al. Machine learning based privacy-preserving fair data trading in big data market[J]. Information Sciences, 2019, 478: 449-460.

[14] 林子雨. 大数据导论——数据思维、数据能力和数据伦理（通识课版）[M]. 北京：高等教育出版社，2020.

[15] 胡倩倩. 网络群体性事件治理困境与对策研究——以我国新冠肺炎疫情治理为例[D]. 贵州师范大学，2021.

[16] 王硕. 我国政府间信息孤岛治理研究--基于"奇葩证明"现象的分析[D]. 首都经济贸易大学，2018.

[17] 王印红，渠蒙蒙. 办证难、行政审批改革和跨部门数据流动[J]. 中国行政管理，2016（4）：13-18.

[18] 郭东强. 企业"信息孤岛"的产生与治理[J]. 企业经济，2003，10：48-49.

[19] 向小雪，黄勇. 电子政务中"信息孤岛"问题的思考[J]. 中国质量与标准导报，2018，1：63-67.

[20] 郎广平. 论企业信息孤岛问题[J]. 纳税，2019，29：286，288.

[21] 何嘉烨. 大数据时代政府数据资源共享研究[D]. 湖南大学，2018.

[22] 王晓晨，刘天韵. 首批浦东新区法规破解"进退难"[J]. 上海人大月刊，2021（10）：15-17.

[23] 常健. 国家治理现代化与法治化营商环境建设[J]. 上海交通大学学报（哲学社会科学版），2021，29（6）：22-30.

[24] 肖媛媛. 浅谈企业信息孤岛化问题[J]. 企业导报，2012（7）：170-171.

[25] 孙萌萌. 商业模式创新视角下家电企业价值创造效果研究——以美的集团为例[D]. 内蒙古财经大学，2022.

[26] 金晓雪. 美的集团数字化转型对企业绩效的影响研究[D]. 南京信息工程大学，2022.

[27] 陈雪频. 美的数字化转型"三级跳"：9 年 120 亿[J]. 国企，2021（19）：70-72.

[28] 谢新水. 包容审慎：第四次工业革命背景下新经济业态的行政监管策略[J]. 西北大学学报（哲学社会科学版），2019，49（3）：33-42.

[29] 陈亦宝. "最多跑一次"改革绩效实际测评、影响因素及优化路径研究——基于杭州市的实证调查[D]. 浙江大学，2019.

[30] 赵志远，刘澜波. 非对等结构中地方政府创新的横向扩散——以行政审批制度改革为例[J]. 中国行政管理，2021（7）：46-51.

[31] 吴亚霖. 杭州市税务系统"最多跑一次"改革研究[D]. 苏州大学，2020.

[32] 孟丹. 欧盟数据可携权及其借鉴意义研究——兼论医疗数据可携权问题[D]. 湘潭大学，2020.

[33] 王新明，桓德铭，邹敏，等. 我国公共数据开放现状及对策研究[J]. 江苏科技信息，2021，38（25）：40-43.

[34] 张聪丛，郤颖颖，赵畅，等. 开放政府数据共享与使用中的隐私保护问题研究——基于开放政府数据生命周期理论[J]. 电子政务，2018（9）：24-36.

[35] 季统凯，刘甜甜，伍小强. 政府数据开放：概念辨析、价值与现状分析[J]. 北京工业大学学报，2017，43（3）：327-334.

[36] 肖敏. 我国政府数据开放平台评价指标体系构建及实证研究[D]. 郑州航空工业管理学院，2019.

[37] 张子淇，姜涵. 美国数据开放七年的经验与启示[J]. 通信世界，2016（24）：27-28.

[38] 王本刚，马海群. 开放政府理论分析框架：概念、政策与治理[J]. 情报资料工作，2015（6）：35-39.

[39] 刘桂芳，诸云强，关瑞敏，等. 大数据时代中国气候变化科学数据共享服务的发展现状与趋势分析[J]. 地理研究，2021，40（2）：571-582.

[40] 侯郭垒. 大数据安全的立法保障研究[D]. 中南财经政法大学，2020.

[41] 张晓萍. 国内外大数据交易平台对比研究[D]. 黑龙江大学，2020.

[42] 兰宜生，张晓婕. 数字赋能贸易[J]. 金融博览，2021（21）：20-21.

[43] 汪靖伟，郑臻哲，吴帆，等. 基于区块链的数据市场[J]. 大数据，2020，6（3）：21-35.

[44] 南沁雨. 我国大数据交易的法律规制研究[D]. 北京邮电大学，2021.

[45] 姚学超. 中国大数据产业发展的新趋势[J]. 软件和集成电路，2022，1：82，84，86，88，90.

[46] 唐斯斯，刘叶婷. 我国大数据交易亟待突破[J]. 中国发展观察，2016，13：19-21.

[47] 王喆，安脉，白松林，等. 大数据交易面临的机遇和挑战[J]. 信息系统工程，2021，2：90-93.

[48] 房毓菲. 对推动数据要素交易健康有序发展的思考[J]. 中国发展观察，2016，24：40-42.

[49] 赵飞. 大数据交易行为的民事法律关系问题研究[D]. 天津大学，2019.

[50] 高丰. 开放数据：概念、现状与机遇[J]. 大数据，2015，1（2）：9-18.

第 **10** 章

大数据伦理与安全

在电影《美国队长 2》中，反派九头蛇组织收集了每个人的生平数据，结合大数据分析来预测这个人是否会成为九头蛇的反对者，然后抹杀潜在的对组织有威胁的反对者，其中抹杀的对象就包括了大家所熟知的超级英雄——"钢铁侠"托尼·史塔克。可见如果大数据没有被利用在正道，大数据也会展现出它黑暗的一面。在现实世界中，从个人的健康记录到商业交易数据，从社交媒体上的个人信息到政府行政数据，大数据已无所不在，它深刻地改变了我们的生活和经济运作方式。事实上，大数据并非完美无缺，大数据在促进社会发展的同时也带来了严峻的挑战。当大数据被滥用、被误用、被泄露、被窃取时，大数据杀熟、个人隐私泄露等伦理与安全问题也会随之而来。本章将会结合相关案例深入剖析这些大数据伦理与安全问题，探究他们的成因与影响，并带领读者了解大数据规范使用与安全保护相关的法律政策。

10.1 ⊙ 大数据伦理

大数据技术虽然给人们带来了诸多便利，但是人们对于大数据的一些误用导致了诸多的大数据伦理问题。大数据伦理问题虽然少被提及，但是却无时无刻不出现在我们的生活中。这些问题也折射着人类现实世界的诸多伦理争议，是现实世界的道德议题在数据虚拟世界中的体现。因此如何界定并治理大数据伦理问题十分重要。只有充分重视并研究大数据的伦理问题，我们才能规范大数据的发展进程，规避使用大数据所带来的道德争议。在本小节中，我们首先介绍了大数据伦理问题的定义，之后列出了一些常见大数据伦理问题的案例，并根据这些案例总结大数据伦理问题共同的内在成因，最后对大数据伦理问题的治理方案提出一些建议。

10.1.1 大数据伦理的概念

大数据伦理不是无源之水，它主要属于应用伦理范畴。它的产生遵循从计算机伦理到网络伦理再到大数据伦理的路径。

计算机伦理关注于分析计算机科技的本质与社会影响，以及制定及论证有关科技伦理应用的政策，可以说，计算机伦理的焦点是计算机自身在应用过程中所产生的道德问题。计算机伦理学的创立者罗伯特·维纳经常对自动化技术的伦理问题表示担忧，他在其著作 Cybernetics

的序言中指出："我们推动了一门新的科学，但是拥抱科技的发展可能是好的，也会带来负面的影响"。计算机的技术虽然为人类生活带来诸多积极影响，但是也额外带了许多的问题。

随着网络的普及，社会联系日益紧密，有关网络伦理的研究也逐渐兴起。网络伦理是指人们在网络交往过程中所表现出的一种道德关系，以及在网络开发、设计和应用过程中必须具备的道德意识和道德行为准则，因此网络道德研究范畴具有广泛的社会属性。

随着大数据时代的到来，大数据伦理成为信息伦理研究的新热点。信息伦理学专家卢西亚诺·弗洛里迪指出，"数据伦理可以被定义为伦理学的一个分支，用以研究和评价有关数据、算法和相应实践中的道德问题。"简言之，大数据伦理是随信息技术、人工智能不断进步而诞生的数据善恶议题和价值标准。所以，大数据伦理可以看作是计算机伦理、网络伦理的进一步拓宽，也可能成为人工智能伦理的范畴。其不仅包括计算机伦理问题和网络伦理问题，也存在特定的表现方式，它们在总体上是信息伦理研究的一部分。

目前学术界和业界所关注的大数据伦理问题主要包括数据鸿沟、数据霸权、数据垄断、数据垄断、隐私泄露、数据造假、数据超载、知识产权侵犯、数据预测干扰主观意志等。其中，三个最为典型的问题为数据鸿沟、数据霸权以及隐私泄露，我们将在后续的内容中着重进行介绍。

10.1.2　大数据伦理问题的表现

人们在现实世界中要遵循多种伦理规范，其中蕴含着社会发展历程中形成的道德准则。在大数据应用初期，人们缺乏对大数据行业与相关从业人员的明确规范，导致在大数据使用过程中出现了违背人类道德体系的诸多现象，也就是此处所关注的大数据伦理问题。下面，我们总结了大数据使用与人类道德观念之间的多种冲突，并就此论述大数据伦理问题的不同表现。

（1）数据鸿沟与数据霸权

"人人平等"是当今社会最具意义的道德观念和道德需求，也是人文精神所提倡的基本观念。在众多的大数据伦理问题中，以数据鸿沟与数据霸权为例，揭示出了由海量大数据所引起的公平问题。这些问题的存在，使得各个主体无法平等地访问和使用大数据，从而产生分化。这类问题主要体现在数据拥有权和数据技术的使用权上，例如，数据鸿沟的根源在于底层居民没有足够的能力去接触或使用相关技术，这进一步加剧了数据鸿沟；而数据霸权则会使其他企业、个人无法拥有数据，或丧失数据的所有权，从而导致产业与市场的不平衡。

① 数据鸿沟：数据鸿沟指的是不同区域、不同群体在拥有和应用数据技术上的差距。数据鸿沟的产生和变化过程并不脱离信息时代，实际上，这是大数据时代信息技能不均衡问题的全新呈现。数据鸿沟主要表现为区域性和群体性差异。

数据鸿沟的区域鸿沟表现为不同地区间数据技术发展的差异。在国家层面上，发达国家和发展中国家数据存在严重不平等。发展中国家的数据资源总量低于发达国家，每年新增数据量少于欧洲和美国等地区，尤其制造业和政府掌握的数据量与发达国家差距较大；在数据技术方面，基于开源 Hadoop 平台的大数据产业已在美国形成，并且相关行业逐步完善。但是，发展中国家数据技术的基础相对较弱，创新的突破发展较慢。在我国，各地区和省份之间的差距也较为显著。《中国大数据产业发展水平评估报告》显示，区域差异化是我国大数据产业发展的主要表现之一。东部地区的总体发展水平最高，大数据产业的平均增长率为7.39%，远高于全国的平均水平5.78%。中部地区的总体发展速度快于东北和西部地区。各省的大数据产业发展水平有很大的差距，广东省以31.5的指数领先全国大数据产业发展，是全国大数据产业发展平均指数的三倍，引领了全国的大数据产业发展。西藏、青海、甘肃和云南等10个省份的发展指数均低于7。经过报告的分析，可以看出一个普遍的规律，即经济发展较好，更多政策支持的省份在大数据技术方面发展更加迅猛。此外，我国部分城乡之间存在数据鸿沟，2015年，国务院发布的《促进大数据发展行动纲要》明确指出要发展农业农村大数据，缩小城乡的数字差异，推动城乡一体化进程。由此可以看出，在信息时代，存在着城乡之间的数据差距，这是现代信息时代城乡差异的新的展现形式。

数据鸿沟中的群体鸿沟表现为不同群体拥有和使用数据技术能力的差异。随着时间的推移，这种差异会导致数据弱势群体的出现，从而形成社会不平等现象。如图10-1所示，其中最典型的例子就是不同年龄段之间的数据鸿沟。相比较而言，科技总是倾向于选择更年轻的群体，这使得老年群体与科技隔离开来。此外，

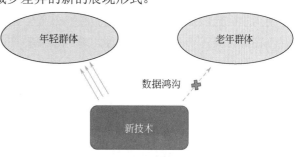

图10-1 不同群体之间存在数据鸿沟

一般来说，经济条件越好、学习能力越强的人群越擅长使用新技术，反之，技术水平越低、缺乏资源和技能的人参与政治和公民权的机会就会减少，比如公共福利、医疗保健等。例如，没有使用中国铁路12306购票软件的用户，仍然需要到火车站排队购票，无法享受到便捷的网络购票服务；大学生如果没有手提电脑，很难完成当代大学毕业论文写作和日常作业。

从世界范围来看，数据鸿沟会导致社会差异扩大，可能导致社会分化和不平等，这种危害可能会随着时间的推移而加剧。一些人，如那些不使用智能手机、不熟悉在线通信工具或无法上网的人，可能无法充分享受科技带来的便利，也无法参与商品的在线买卖。这种社会差异可能会使人产生孤立感、离群感，可能引发对社会的不满甚至抱怨，从而导致社会分化。

② 数据霸权：数据霸权出现的前提是数据的独占，而数据独占的前提是数据所有权的不清晰性。在数据未被赋予所有权的情况下，企业和机构过度掌握数据并拒绝共享，这将导致数据霸权的形成。当前，各互联网大公司展示了诸多数据霸权行为。各类由用户或者用户行为产生的数据都被这些公司收集和储存，而这些数据一般不对外共享，从而形成数据黑洞。比如，有不少用户习惯把钱从银行转到支付宝或微信中。传统银行机构只能看到客户把钱转出去了，但是客户怎么使用这笔钱，他们是看不到的，而支付宝和微信却能看到。这种不合理的数据流动和积累方式加剧了数据独占，最终导致数据霸权，从而引发大数据时代的新一轮不公平问题。

数据霸权带来的危害也是多方面的，首先便是会阻碍新技术的发展。在2019年的1月15日，国内发布了三款社交应用程序，分别为云歌人工智能的"马桶MT"，字节跳动的"多闪"，以及快如科技的"聊天宝"。然而，在发布日当天，某国民级社交应用程序封锁了它们，这意味着在该应用内无法打开这三款新应用的链接和分享的内容。随后，字节跳动在2019年5月推出了名为"飞聊"的社交应用，不久也遭到封锁。霸权者封锁新的社交应用，是对新技术势力的打压，这并不利于社交软件行业的进步，使新的不公平产生，也无法在良性竞争中迭代与进步。

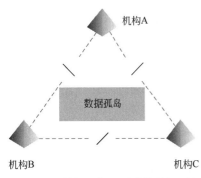

图 10-2 数据霸权所形成的数据孤岛

此前我们已经介绍过数据孤岛的概念，其成因大多是因为管理混乱以及软件技术落后等问题。而在这里，每个数据霸权个体或机构也可以看作是一种形式的数据孤岛，如图 10-2 所示。下面我们以腾讯和阿里巴巴两大中国互联网公司为例进行解释。腾讯专注于社交领域，推出了微信、QQ 等社交软件。加微信联系方式，在微信、QQ 沟通交流已经成为当今时代的主流之一，这使得腾讯拥有大量的社交数据；阿里巴巴专注于电商领域，推出了淘宝等电商软件，极大地改变了当代人们的消费习惯，同时也促使阿里巴巴收集了大量的交易数据。然而，两者并未实现数据互通，并持续屏蔽彼此的信息。在此背景下，为了各自发展，它们都在补齐各自的短板。腾讯在电商领域一直努力，但未获明显成功，最终只能通过获取国内知名电商平台的控股权来实现电商布局。至 2019 年 2 月，腾讯拥有京东约 17.8%的股份，成为京东的主要股东；阿里巴巴一直寻求社交领域的扩张，但也屡次受挫。支付宝自 2016 年春节开始，推出"集五福"活动，并一直持续至今。因为单个用户很难集齐五福，阿里巴巴鼓励用户在支付宝上通过好友互赠等社交方式完成五福收集。但用户往往在完成活动获取奖励后，不会在支付宝平台继续社交活动，而是返回微信，这反映了阿里巴巴在拓展社交业务上的困境。从行业整体来看，数据不共享、不互通所形成的"数据孤岛"对整个行业的发展并不利，也会影响整个数据产业的发展，使行业的整体功能和效益降低。期待在不久的未来，我们可以看到阿里巴巴和腾讯数据互通，这将为人们带来更好更便捷的互联网体验。

另外，数据霸权也会导致大数据杀熟等问题的加剧。打开淘宝，会发现我们每个人的主页都有所不同，这是商家和平台根据用户的浏览、收藏和购买等数据进行个性化推送的结果，即"千人千面"。然而，我们还可能发现，对于同一商品，不同用户的购买价格也不同，这就产生了不平等的问题，即"千人千价"。千人千价产生的原因就在于互联网企业通过对用户数据的分析，可以洞察用户的购买意愿、兴趣偏好、经济条件等情况，进而有针对性地进行定价销售。例如，关于同一商品，某些用户对其有强烈需求，而另一些用户则视其为非必需品。比如，对羽毛球爱好者来说，即便羽毛球价格上涨，他也愿意承担这份溢价；而对于一般消费者，一旦羽毛球价格超过了心理价位就会放弃消费，因此他们在主页看到的羽毛球价格就会稍低；再如，在某些平台上使用苹果手机进行支付就要比安卓手机贵。"千人千价"的进一步演变就是"大数据杀熟"，即在网络消费中，老用户对于相同的商品或服务，所需支付的价格比新用户更高。对于消费者来说，霸权的存在导致他们失去了选择权，被迫接受霸权商家的价格设定和杀熟行为；对于行业内的霸权角色，垄断的产生意味着竞争的消失，他们在行业内拥有极大的控制力，提高商品价格、干预交易等行为变得司空见惯。

（2）隐私泄露

隐私泄露通常指在未经授权的情况下获取、使用或泄露个人的私人信息。该类问题的相关案例较多，其中较为突出的案例包括：①Facebook 泄露丑闻，2018 年 Facebook 被曝出个人数据泄露丑闻，该事件涉及近 8700 万用户的个人数据被非法获取和使用。这些数据被用于影响美国 2016 年总统选举。②Equifax 泄露事件，在 2017 年信用评级机构 Equifax 遭受了一次大规模数据泄露，大约有 1.43 亿个人信息被泄露。这些信息包括社会安全号码、驾驶执照号码、出生日期等敏感信息，可能导致身份盗窃和欺诈等问题。③某知名社交软件"摇一摇"漏洞事件，在 2015 年有媒体报道称某知名社交软件的"摇一摇"功能存在漏洞，可以泄露用户的地理位置等敏感信息。这个漏洞引起了广泛的关注，并引起了用户关于隐私保护的质疑。

通过上述案例可以发现，相较于其他大数据伦理问题，隐私泄露问题是大数据伦理问题中最为直接和恶劣的问题。这些问题主要表现在对财产和人身安全的威胁上。对于数据控制者，如互联网公司和实体企业，在信息泄露时通常要承担沉重的经济代价。例如，2017 年信用评级机构 Equifax 发现 1.43 亿用户的信息被泄露后，股价在两周内下跌 31%，同时还需要支付 4.39 亿美元的法律、补救、保险和调查费用。2018 年，Facebook 也遭受了数据被非法获取的攻击，大约 5000 万个用户账户的信息被泄露和窃取，这直接导致 Facebook 的市场价值损失了大约 430 亿美元，同时还可能需要支付 16 亿美元的罚金。

然而，最终承担隐私泄露损失的是往往是数据来源的公众，这也是非法数据交易终端和中介机构的基本经济来源。隐私泄露往往会被用于电话诈骗、网络诈骗等针对个人的精准诈骗活动。在前述的案例中，Equifax 的客户们以及 Facebook 的用户们都可能遭受潜在的财产损害。同时，数据泄露对个人安全造成的威胁更是严重和恐怖，因为它有可能侵犯到人们的生存权和健康权。例如，账号和银行卡信息是最常见的可能被泄露的隐私信息，而电话号码、家庭位置、工作地点和其他个人信息则是最常见的人身侵害来源。即使在一个泄露的数据库中未能包含一个用户的完整信息，但通过在不同的数据库中连接搜索，基本可以构建一个真实的人物画像。因此，隐私泄露的危害可以从虚拟的数字世界波及到真实的物理世界，使得数据主体遭受到侵害。

10.1.3 大数据伦理问题的成因

通过上述的常见大数据伦理问题以及相关案例，可以总结得到大数据伦理问题的成因，主要有以下几点。

（1）民众的伦理意识弱化

首先，在信息行为主体层面上，信息异化与伦理意识弱化。随着大数据的出现，人们对信息网络技术以及智能化设备的依赖性越来越强烈，大数据在改变了人们生活和理解世界的方式的同时潜移默化地弱化了人们的伦理意识，进而引发一系列的大数据伦理问题。如在知识产权方面，人们知道在现实社会中制作、销售盗版产品会受到法律的查处，但在网络世界中则不同，网络下载、传播他人著作被认为是一种正常的事情。目前，人们更愿意利用大数据信息量大、种类多、传播快的特点，查询、传播、加工、使用来自大数据的信息，而对于信息的来源是否违反知识产权则没有过多的考虑。这就形成了大数据环境下的信息行为与现实社会评判标准之间的差异，混乱的伦理评判标准让人们在现实与虚拟之间的伦理责任意识混乱，整体表现为行为伦理责任意识的弱化。

其次，在大数据环境下，违法成本低，易滋生不良欲望。一些人利用大数据环境下数据信息传递快、信息传递面广的特点开展违反伦理道德甚至是违法的活动，如诈骗网站等。这些在现实社会中不能进行的信息活动在大数据环境下反倒能够得以实现，容易刺激人们产生不良欲望。这些都是大数据场景下民众伦理意识弱化的外在表现形式。

（2）大数据技术缺陷

从科学技术发展角度来看，大数据的出现有其必然性。近年来信息网络技术的发展加速了大数据的普及与进步，急速发展的大数据技术存在着一些先天不足，以至于为信息伦理问题的出现埋下了伏笔。比如，大数据技术可能会产生歧视，因为算法可能会忽略某些特定群体的需求或属性，从而对其做出不公平的决策。此外，数据的质量和准确性也可能受到威胁，因为数据的收集、存储和处理过程中可能出现错误或者误解。这些问题如果不得到及时解决，就会对人们的权利和利益造成不可逆转的损害。

（3）相关法律法规的不完善

法律与伦理同时规范和约束着人们的行为，而法律则是伦理道德的底线和保障。一般来讲，合理的法律法规能够提高道德标准，反之，如果某个行业领域没有明确的法律规定，相应的道德标准则会相对较低。大数据迅速发展，信息量急剧增加，信息种类繁多，出现了许多新现象、新问题，有些是以前没有遇到过的，也没有预料到的。当数据量不大、数据不够丰富的时候，人们的自律性和原有的法律体系还能约束他们，但是当新的问题、新现象出现的时候，法律就会出现空白，从而道德标准就被降低。而制定法律需要一个漫长的过程，从提案到论证，再到公布执行，需要一定的时间。有时对于大数据的伦理问题，在制定法律问题时，又出现了新的问题，从而导致对某些问题的处理无从谈起。

10.1.4 大数据伦理问题的治理

为了让大数据更好地服务于人类，我们要认真、正确地审视大数据存在的伦理问题，并提出相应的改进措施，使大数据得到合理的发展。基于上述的考虑，我们从大数据技术本身、相关法律法规以及民众观念这三个层面，对大数据伦理问题的治理提出了一些解决方案。

首先，加强技术创新和技术控制，从技术层面提高数据安全管理水平，鼓励以技术进步消除大数据技术的负面效应。在技术创新方面，我们需要不断研发和应用新的技术手段，如区块链、密码学等，来加强大数据的安全性和隐私保护。同时，我们也需要严格控制技术的应用范围和使用权限，以避免不必要的数据泄露和滥用。

其次，建立健全监管机制，完善数据信息的相关法律法规，明确数据挖掘、存储、传输、发布以及二次利用各个环节中的具体权责关系，并注重对民众就大数据伦理准则和道德责任等问题进行教育培训。在监管机制方面，我们需要建立起完善的法律法规体系，规范大数据的相关行为和责任，明确各个环节的权责关系，同时也需要注重对民众的教育和培训，让他们了解大数据的伦理准则和道德责任，提高他们的风险意识和防范能力。

最后，培养和推广开放和共享的理念，适时调整传统关于隐私的观念和对隐私领域的理解，使公众的价值观更符合大数据发展的文化环境，实现更为有效的隐私保护。在这个过程中，也需要提升广大公众的网络素养。在开放共享方面，我们需要促进大数据的共享和开放，建立起更加灵活和便捷的数据共享机制，同时也需要适时调整人们的价值观念，让人们认识到大数据对社会的积极作用，从而更加理性地对待隐私保护和数据共享的问题。此外，我们还需要通过教育和培训等手段，提高广大人民群众的网络素养和数据安全意识，让他们更好地防范和避免各种网络安全问题。

总而言之，大数据技术的发展和应用已经成为当前社会的重要趋势，我们需要积极应对大数据带来的挑战，加强数据安全管理和保护，同时也需要注重公众的教育和培训，提高网络素养和防范能力，让大数据技术发挥更大的价值。在此过程中，各个领域的专家、政策制定者、企业和民众都需要共同努力，形成共识，推动大数据技术的安全发展，实现科技和社会的共同进步。

10.2 ⊙ 大数据安全

大数据正在为这个世界带来深刻的变革，政府可以利用大数据提高科学决策水平，加强社会治理能力，企业可以将大数据转化为经济价值，公民个体也在享受着大数据带来的便利。然而在大数据看似美好的外表下，也蕴藏着巨大的安全风险，如果对大数据保护不当或恶意使用，也会引发一系列问题，如个人隐私安全问题，甚至影响到社会安定与国家安全。针对大数据安全问题，本节将会首先介绍大数据在其全生命周期内各阶段所面临的安全威胁，然后结合相关案例介绍大数据所引发的各类安全问题，最后介绍大数据保护应当遵循的基本原则以及相应的举措。

10.2.1 大数据安全威胁

大数据蕴含着巨大的经济、社会和科研价值，但也因其具有高价值的特点面临着大量的安全威胁。《信息安全技术——数据安全能力成熟度模型》（GB／T 37988—2019）将数据按照生命周期分为数据采集、数据传输、数据存储、数据处理、数据交换以及数据销毁6个阶段，如图10-3所示。在数据全生命周期的每个阶段都存在着数据泄露或数据篡改的风险，产生数据安全事故。

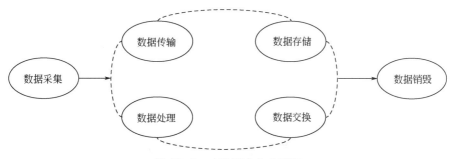

图 10-3　大数据全生命周期

本书第 1 章曾介绍，大数据具有 4V 的特点，其中 Volume 指的是数量大的特点，这一特点会显著放大数据在其全生命周期中的安全风险。此外大数据 Velocity（速度快）、Variety（类型多）的特点也对大数据的保护相对于传统数据保护提出了更高的要求。一旦大数据安全事故发生，将会带来个人隐私泄露、影响企业生产经营，甚至影响社会稳定与国家安全等各种严重的后果。下面对大数据全生命周期中各个阶段会面临的安全威胁进行详细介绍。

数据采集阶段：首先在数据采集阶段，数据源本身可能会成被攻击的对象。例如，在物联网网络边缘中，如果不法分子攻击渗透数据采集的终端，可通过绕过网络路由信任机制核验的方式使得大数据中心接收不到数据或篡改所要上传的真实数据，影响中心用户的正常数据采集活动。同时如果大数据中心收集到了虚假的数据，那么这些虚假数据也会影响后续的数据处理与决策。

数据传输与交换阶段：在数据传输与交换阶段，数据从一个节点流向下一个节点时需要一定的传输媒介，而对于大数据通常采用高速的网络通信技术进行数据传输。由于采集终端的多样性，在数据传输时需要各种网络协议相互配合，有些网络通信协议目前仍缺少专用数据安全保护机制，黑客可能在数据传输过程中对网络信道进行攻击，从而实现数据窃取、篡改或截留，导致数据泄露或大数据中心无法收集到数据或接收到恶意数据的问题。

数据存储阶段：当大数据中心收集到数据后，需要对大数据进行存储。在数据存储阶段，存在两方面的安全威胁问题。首先是目前的大数据中心建设通常采用云计算技术对数据进行存储与管理，即将海量的数据存放于中心云服务器中，因此大数据安全也受到中心云服务器的运行状态影响。当云服务器受到攻击或产生故障时则无法保障数据的安全存储，可能会导致数据泄露、数据错误或数据丢失等严重后果，针对这一问题，云服务提供商通常会设计一些保护机制，例如阿里云提出了同城容灾、异地容灾、两地三中心等多种容灾机制，如图10-4所示，这些容灾机制确保当某台或某地的服务器出现灾难性故障时，能够快速启用其他安全的服务器继续提供数据存储与处理服务。同时数据的存储还需要依赖数据库技术，由于大数据类型多（Variety）的特点，相比于以往便于存储的结构化数据，大数据中半结构化数据和非结构化数据占比大，传统的结构化数据库难以满足大数据存储的要求，因此大数据存储往往选择非结构化的数据库NoSQL数据库技术进行数据存储与管理。然而目前该数据库技术自身还不具有成熟的安全机制与统一的业务标准，也难以采用统一安全策略和措施对数据进行安全防护。

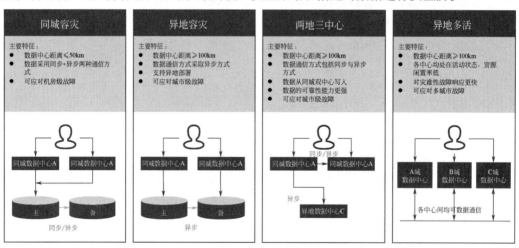

图10-4 阿里云提供的四种数据容灾机制

数据处理阶段：数据处理也可以称为数据使用阶段，是挖掘大数据价值的关键阶段，这个阶段的大数据安全威胁往往不在于技术层面，而在于数据管理层面。数据保有方在对大数据进行处理与使用的过程中，如果缺少相应的数据管理规则或未能执行这些规则，可能会存在数据授权不合理与数据非常规使用等问题，同样会导致数据非法访问与使用、数据泄露等事件的发生。例如在数据分析挖掘过程中，利用数据挖掘技术在进行数据关联与多维分析时，可能也会非授权访问到一些敏感数据；此外，在数据交付或共享过程中，也可能会发生数据违规发布，缺少数据泄露预案等问题。例如 10.1 节所提到的 Facebook "剑桥分析丑闻" 事件，8700 万 Facebook 用户数据被不当泄露给第三方政治咨询公司剑桥分析，用于在 2016 年总统大选时操纵选举，不仅使得个人隐私遭到侵犯，也影响了美国的选举进程。这次泄露主要是由于当年的 Facebook 公司对于数据管理不善，违规将用户数据授权给剑桥分析公司使用，该公司利用大数据与心理学的分析技术，掌握了 Facebook 用户的性格与政治倾向等特征，定向投送媒体内容以影响选举。

数据销毁阶段：当数据保有方完成对数据的分析与使用时，并不意味着大数据本身的价值消失了。如果数据不再被使用，应当确保数据被销毁以避免数据泄露等安全事件的发生，因此数据销毁也是大数据全生命周期中的关键阶段。依据前文所述，大数据通常存放于大数据中心云服务器，在云服务商所提供的容灾解决方案中，为了优化资源配置与保障数据的安全，云服务商往往会对数据进行多地备份并在多个服务器中心中共享，在对数据进行销毁时，如果未能完全销毁数据备份，残留的数据依然存在泄露风险。此外，数据的硬件存储介质通常为非易失性存储器，如硬盘。当用户对计算机发出删除某些数据的指令时，计算机只是将这些数据的索引移除，并将这些数据在硬盘中的位置标记为 "空"，即这些区域可被覆盖并存储其他数据，然而在应被删除的数据所存在的位置未被覆盖前，数据本身并没有被删除，通过一定的技术手段仍可恢复被删除的数据。因此简单的数据销毁无法保证数据不可继续访问，对于存放过敏感数据的硬盘应该采取更加有效的数据删除手段，例如反复覆盖存储区域或直接销毁硬盘。

10.2.2 大数据安全问题与案例

随着对大数据开发的不断深入，大数据逐渐成为了与自然资源、人力资源一样重要的战略资源，甚至成为一个国家数字主权的体现。美国奥巴马政府对大数据异常重视，将其视作 "未来的新石油"，把大数据战略上升为国家战略。如果对大数据保护不当，将引发一系列安全问题，例如公民个人隐私泄露，产生以电信诈骗为代表的新型犯罪，影响社会稳定，甚至威胁到国家安全。下面将结合相关案例剖析大数据所引发的各类安全问题。

（1）隐私和个人信息安全问题

本书 10.2 节提到，在收集、存储、处理或分发个人数据时违反隐私权或数据安全规则将会侵犯到公民的个人隐私。同样，如果在公民个人数据上传、存储、传输、使用的过程中遭到了黑客攻击或不慎处理，同样会导致个人隐私泄露或被非法利用，此时所引发的已不仅是大数据伦理问题，更对公民个人安全和社会稳定产生了威胁，严重的可能涉及敲诈勒索、身份盗用以及电信诈骗等违法犯罪行为。

举例而言，2021 年，有一位 B 站百万粉丝的音乐区 UP 主上传了这样一个视频，视频标题

图 10-5 百万粉丝 UP 主因快递信息泄露被诈骗 16 万元

为《30 分钟，UP 主被电话诈骗了 16 万》，图 10-5 为该视频的封面。事发当天，该 UP 主突然接到一个女生的电话，对方自称是某快递公司的客服人员，因为寄送的一个快递丢了，需要对她进行双倍的赔偿，同时准确提供了 UP 主的姓名、订单号和正在运送中的快递单号。由于这些信息都是真实的，使得 UP 主相信了对方的说辞，并启动了对方所谓的理赔程序。在诈骗人员的诱导下，UP 主在支付宝开通了备用金功能，诈骗人员欺骗 UP 主开通该功能后即与支付宝建立了借贷关系，需要解除该借贷关系，否则将面临高额手续费的损失，并且邀请另一位"支付宝客服人员"帮助解决。该 UP 主听信了"支付宝客服"的建议，将支付宝余额转账到了所谓的支付宝担保账户，至此，UP 主的全部积蓄 16 万元人民币被尽数骗走。在骗子实施诈骗的过程中，不仅掌握了 UP 主的准确个人信息和快递信息，口音腔调和语气也与官方客服十分相似，给 UP 主营造了一种真实的氛围，轻而易举地使得 UP 主陷入骗局。可见个人信息泄露将会给受害者带来严重的经济损失，甚至还会因此产生严重的心理创伤。

除此以外，在大数据时代，由于大数据的价值性特点，除了公民个人信息的直接泄露，如果基于大数据对人们的状态和行为进行预测，也会暴露更多的隐私信息。英国专家维克托·迈尔·舍恩伯格在其所著《大数据时代》一书中曾举例，全美第二大的零售商塔吉特通过消费者大数据分析，比某位家长更早知道其女儿已经怀孕的事实，并向其邮寄相关广告信息。同样，在消费者日常使用智能手机与相关应用的时候，如果未能谨慎授权相关的数据上传与使用协议，消费者的操作行为、个人基本信息、账户信息、通讯录信息等也会被互联网厂商收集分析。除了用户本身上传的数据外，基于这些数据的分析结果中可能也包含了一些不便于公开的个人隐私信息，如果数据保有方未能规范处理这些数据和分析结果，可能会影响到公民的正常生活甚至财产与生命安全。

（2）社会安全问题

大数据是社会高度信息化、网络化下的产物，已经事关国民经济运行安全和社会稳定。据中国互联网络信息中心（CNNIC）发布的第 50 次《中国互联网络发展状况统计报告》显示，截至 2022 年 6 月，我国网民规模为 10.51 亿，互联网普及率已达 74.4%。海量的数据在网民中产生，并在互联网世界中自由且快速地流动，人人都可以成为数据的产生者、传递者与获取者。然而数据在网络中快速传播这一特点也很容易被不法分子利用，将虚假数据、恶意数据混入数据洪流中，诱导互联网用户对事件的判断进而影响到社会安定，甚至威胁到国家意识形态安全。例如前文所述的剑桥分析事件，剑桥分析公司通过向用户定向推送媒体内容以潜移默化地改变其政治倾向，实现了操纵总统选举的目的，严重冲击了美国的选举制度。中央党校中国特色社会主义理论体系研究中心也在《解放军报》中指出，我国曾发生了一些暴力恐怖事件，这些事件很多是境内外"三股势力"通过互联网等多种渠道，在国内散布谣言，进行政治文化渗透活动，远程遥控指挥的结果。

（3）国家安全问题

政府部门、企业或者科研机构所拥有的大数据中可能包含了大量的关系国家安全和利益的数据，如国防建设数据、军事地理数据、敏感人员信息等，这些敏感的机密数据一旦泄露到敌对势力手中，将会严重影响到国防安全。

海湾战争是美国军方利用大数据技术进行军事行动的经典案例。海湾战争开始之前，伊拉克军力充沛，是中东地区数一数二的军事强国。世界各国都认为，美国即便要在海湾战争中取胜，也必须要付出十分惨痛的伤亡代价。然而在海湾战争开战前一年，美国已经通过其军事卫星对伊拉克全域进行了扫描和数据采集，并依靠大数据视觉识别技术，对收集到的海量图片信息进行智能识别，掌握了伊拉克包括防空指挥中心、预警雷达、导弹阵地、机场等关键战略目标，为后续空-地一体化作战做好了充足战略部署与准备。不仅如此，美国还采集了伊拉克历年战争策略数据，并对伊拉克军事高层指挥官以及元首萨达姆进行数据化的人格分析，结合这些数据对伊拉克可能采取的战略战术进行了大数据仿真模拟，然后再制定具体的进攻计划。结果便是美军仅耗时 42 天就取得了战争的压倒性胜利，美军共有 200 多人伤亡，而伊拉克方面则产生了高达 25000 人的伤亡。在这场战争中，军事地理大数据以及军事人员大数据为美国取得胜利发挥了关键性的作用，同时也为世界各国敲响了警钟，在未来战争中，信息战场将会是最主要的战场之一，大数据安全也关乎国家国防安全，建立起针对大数据安全的保护机制刻不容缓。

10.2.3　大数据保护的基本原则

即便大数据在存储、传输、处理、共享、开放等各个环节都会面临安全威胁，但这并不意味着需要因此而拒绝大数据，而是应当对大数据进行安全保护。同时正如本书第 9 章所提到的，只有促进大数据流通，才能提升数据资源的宝贵价值，因此对大数据的保护也并不意味着禁止大数据的流动，而是在对数据做好保护的基础上保障数据自由流通。对大数据的保护遵循以下四个基本原则，包括数据主权原则、数据保护原则、数据自由流通原则和数据安全原则。

数据主权原则是大数据保护的首要原则。数据主权是指一个国家对其管辖范围内的数据所拥有的"主人翁"地位。一个国家对于自己的数据享有最高的权力，包括生成、传播、管理、控制、利用和保护等。这就意味着，任何在该国境内的数据都必须受到该国家的监管和保护。同时，数据主权的原则也适用于国际范围。一个国家有权决定是否参与国际数据活动，并且有权采取必要措施以保护自己的数据权益，以避免遭受其他国家的侵犯。该原则要求每个国家都掌握自己的数据命运，做到安全、可靠、高效地利用数据。

而数据保护原则指的是确认和保护数据的法律地位，因为数据并不是人人都能随便使用的"公共资源"，而需要明确其权属关系。这意味着我们需要建立相应的法律规定来确保数据的安全传输和使用，这样才能最大限度地挖掘大数据的价值。与此同时，数据的流通过程也需要受到法律的保护，因为只有在法律法规的保护下，才能更好地促进数据的开发和利用，发挥其最大的潜力。

数据自由流通原则同样也是数据保护基本原则中的一项重要内容，它强调了法律应该确保数据作为独立客体在市场上自由流通，不受非必要限制的影响。这个原则首先要求促进数据自由流通，因为数据已经成为现代社会生产的基本要素，禁止数据自由流通会阻碍经济和社会的发展；其次反对数据垄断，即防止垄断者通过经济和技术优势控制和阻碍数据的自由流通。

最后是数据安全原则，数据安全原则指的是通过法律法规来保障数据的安全，避免数据遭受各种危险。这项原则需要与数据保护原则进行区分，数据保护原则旨在明确数据的法律地位与权属关系，而数据安全原则更倾向于针对数据全生命周期内所面临威胁的安全保护。数据安全原则首先要求保证数据的真实完整性，不仅要防止非法访问、篡改和伪造，还要确保数据在传输过程中不会被攻击而丢失或损坏；其次要保障数据的安全使用，即数据和其传输与使用过程必须具有保密性，只有在特定的框架下才能公开。最后，这一原则要求采取合理的安全措施来保证数据的可用性和可信度，只有经过授权的机构和个人才能使用数据。

10.2.4　大数据保护的相关举措

前一小节总结了大数据保护的基本原则，需要在这些基本原则的框架下进行大数据保护的具体实践。由于大数据已经渗透到了社会运行的方方面面，对大数据的保护离不开包括国家政府、企业、个人等各主体的通力合作。在国家层面，为在保障数据流通的前提下规范大数据的使用，发挥大数据对于经济社会发展的最大效益，遏制大数据可能带来的负面影响，各国政府已经采取各种举措以促进大数据保护与大数据相关产业的良性发展。以我国为例，我国积极出台相关法律法规，规范相关单位数据收集与使用行为，明确数据安全主体责任。在2021年，我国为了规范数据处理活动，保障数据安全，促进数据开发利用，使个人、组织的数据能够得到合法保护，同时维护国家主权、安全和发展利益，制定了《中华人民共和国数据安全法》，该法律与《中华人民共和国个人信息保护法》《中华人民共和国网络安全法》共同形成了我国数据治理法律领域的"三驾马车"。此外，政府部门还通过加强数据安全与个人隐私保护宣传，培养公民数据与隐私保护意识，加大数据安全人才培养，攻关数据安全保护技术，增强网络基础设施防御能力等方式以加强大数据保护。同时我国政府还在国际社会上倡导，以《全球数据安全倡议》为基础，携手构建网络空间命运共同体，表现了我国在参与国际数据合作方面的积极态度。10.3节将针对包括我国在内的世界各国政府关于大数据安全与规范使用的相关法律进行具体介绍。

法律法规为企业以及各种掌握大数据的部门提供了法律指导，使得这些单位在使用大数据获利时有法可依，而不是仅仅依靠"自律"。这些大数据掌握者除了应当遵守相关的法律法规与制定并完善内部数据保护规定外，也应在技术层面为大数据安全提供保障，建立自主设立研发团队或与安全专业团队合作，开展加密传输、访问控制、数据脱敏等安全技术攻关，提升防篡改、防窃取、防泄漏能力。例如腾讯成立了腾讯安全联合实验室，致力于前沿安全技术研究和产业应用落地。光大银行与阿里云签约建设网络安全联合创新实验室，在物联网、区块链、大数据等领域，进行网络安全前瞻技术、创新产品和先进方案的重点研究，并在金融行业内进行探索落地。

此外，作为公民个人，同样会参与到大数据的数据汇聚过程，在这个过程中也需要注意保护好个人的信息，从源头上减少个人隐私泄露。例如及时关闭手机软件各项隐私权限，在使用应用程序的时候，总是会弹出"是否允许访问通讯录""是否允许访问相册"等询问选项，一旦选择了允许，则是授权了一些个人隐私信息的上传与使用，这个过程是存在一定的个人隐私泄露风险的。当这些权限不影响正常使用软件时，需要及时关闭。在公共场所使用网络服务时，也应当尽量使用4G、5G等移动通信服务，一些来路不明的WiFi网络可能是黑客部署的陷阱网络，如果连接了这些陷阱网络，可能会导致个人设备受到攻击，或者上传的数据被监控或者截留。

　　总之，要做好大数据安全保护，需要做到国家出台法律政策引导与规范企业行为，打击网络攻击、数据窃取、数据劫持等信息违法犯罪行为并做好数据安全监管工作，同时支持数据安全关键基础设施建设；而企业需要做到企业"自律"，在法律政策引导下开展数据收集、处理活动；最后对于个人，也需要注意保护好自身的个人信息。

10.3 ◆ 大数据的法律政策规范

　　要发挥大数据的最大价值，使其能够真正造福人类，离不开法律政策规范的指导与保护。在大数据时代下，世界各国都认识到了大数据在推动社会发展中的巨大作用，同时也意识到了大数据对于经济、政治、社会等领域带来的巨大风险。为了保护大数据安全，引导大数据健康发展，各国政府积极出台法律法规以及相关政策来规范大数据的使用并对大数据进行保护。本节首先对西方国家对于大数据规范应用与保护所提出的法律政策进行介绍，然后介绍我国在该方面的法律体系构建过程，最后总结了大数据规范与保护的未来发展趋势。

10.3.1　西方国家的大数据法律政策规范

　　在大数据时代下，数据伦理与数据安全的面临着更大的威胁，传统的政策框架已无法有效应对新时期的挑战。为此，美国等西方国家已经制定或调整相关法律政策以规范大数据的使用并对大数据进行保护。其法律政策主要可以分为四个方面，分别为发布大数据战略规划、修订更新数据相关法律、增强隐私技术研发以及加强数据安全国际合作。下面将从这四个方面对西方国家关于大数据法律政策规范进行介绍。

　　首先对于大数据发展战略规划，以美欧为代表的西方国家和地区已经发布了许多重要的政策文件来规划大数据的战略方向。美国发布了三个关键的文件，包括2012年的《网络世界中的消费者数据隐私》《大数据研究和发展计划》和2014年的《大数据：把握机遇，守护价值》白皮书。这些文件都提出了保护个人隐私、整合资源发展大数据以及促进国际大数据合作等重要内容。欧盟也在2011年发布了一份代表性文件，名为《开放数据：创新、经济增长和透明治理的引擎》，它以开放数据为核心，制定了欧盟应对大数据挑战的举措，包括修改大数据相关的指令与立法、资助大数据处理技术的研发、建立开放数据的网站和平台、协调各国合作等。欧盟的目标是清除阻碍开放数据的法律和政策障碍，将大数据视为创新工具和素材，为公民、企业、学术机构和公共部门在信息经济条件下创造更多价值。此外，欧洲的各个国家也发布了自己的大数据发展战略，例如英国发布了《把握数据带来的机遇：英国数据能力战略》。该战略致力于通过数据挖掘为英国公民、企业、学术机构和公共部门在信息经济条件下创造更多价值。

　　在制定新的大数据规范与保护法律政策的同时，西方国家也及时更新过时的数据法律，例如美国曾在1986年颁布了《电子通信隐私法》，但是随着科学技术的发展，该法律已难以满足大数据时代下的隐私保护要求。因此在电子通信隐私保护倡导者以及数字行业联盟的推动下，2016年美国众议院通过了《电子邮件隐私法案》，该法案修正了《电子通信隐私法》，提高了执法机关获取个人电子通信数据的标准，强化了对公民网络隐私权的保护。其后随着互联网的进一步发展，数据跨境的情况不断增多，2019年美国国会共和党参议员Josh Hawley向参议院提交了关于数据保护与传输的《国家安全与个人数据保护法提案》。该提案的宗旨是"通过实施数据安全要求和加强对外国投资的审查，保护美国人的数据不受外国政府的威胁"，即通过加强数据安全审查以避免数据跨境对美国产生的安全威胁。截至2022年，该提案仍在讨论阶段。欧盟同样也于2018年出台了《通用数据保护条例》来取代早在1995年通过的《关于个人数据处理与数据自由流通的保护指令》，新条例旨在建立一套适用于所有成员国的统一数据保护规则，并体现了现代科技环境下数据保护的实际需求。这是欧盟保护其公民数据和隐私权的里程碑式法律，也是有关个人隐私保护领域研究的经典法律。

除了通过相关法律、法规、政策以监管的方式强化数据安全保护、规范数据使用以外，西方国家同样也在技术层面保障大数据安全，尤其是保护个人隐私。美国发布的《大数据：抓住机遇、守护价值》白皮书强调，政府需不断进行隐私保护技术的研发，赋予消费者主导个人数据采集时间和方式的权利，以优化对消费者的服务。在该白皮书中，还披露了美国的网络和信息技术研发NITRD项目，截至2015年，美国通过该项目在隐私技术上已支出超过7000万美元以支持研究。其研究领域包括研究更好的隐私保护技术，研究如何强化对医疗保健领域的隐私保护以及研究如何保护基础搜索的隐私。

数据跨境流通需求的增多也意味着对数据安全的保护已经不再是一个国家单方面的责任，因此西方国家在数据安全方面的国际合作也日益加强。例如美国在2012年发布的《网络世界中的消费者数据隐私》报告中提出，各国应当做到在有效的执法和企业问责制的前提下，相互承认彼此的隐私保护框架，并邀请多方主体参与数据安全程序和行为准则的制定。此外还要求美国联邦贸易委员会与其他国家的类似机构进行执法合作，创建"国际隐私执法网络"，此举一方面表现了美国积极寻求在大数据保护方面的全球共识，另一方面也体现出了美国企图以其大数据发展优势稳固其在大数据治理领域的国际地位。

从上述以美欧为代表的西方国家和地区对大数据相关法律政策的制定与修改可以看出，西方国家十分重视大数据发展，美国甚至将大数据发展战略提高到了国家战略的地位。同时西方国家都重视法律在大数据收集使用时的规范作用，积极立法保护大数据安全，尤其是公民隐私。同时美欧国家还借助其经济优势与技术基础，大力资助与推动大数据技术的研发，通过技术手段加强大数据安全保护。最后，随着数据跨境流通日益频繁，以美国为首的西方国家也重视数据保护的国际合作，尤其是美国积极牵头构建全球数据安全保护体系，意图成为数据领域的"全球警察"。

10.3.2　我国的大数据法律政策规范

随着我国互联网与大数据事业的蓬勃发展，对于大数据规范使用与安全保护相关的法律政策框架也被逐渐制定出来。2015年，为促进政府数据开放共享，加强大数据产业基础，完善法律法规建设，国务院发布了《促进大数据发展行动纲要》，这一文件是我国关于大数据产业布局的首个战略性政策文件，也是目前促进我国大数据产业发展最权威的政策文件。此后随着我国互联网与大数据发展水平的提升，在产业发展过程中浮现了一系列问题，如个人隐私泄露问题、网络安全问题，我国结合国内外的数据治理经验，在数据安全治理领域发布了一系列的政策法规，逐渐建立起属于我国的大数据安全治理法律政策框架，《中华人民共和国网络安全法》《中华人民共和国个人信息保护法》以及《中华人民共和国数据安全法》是我国的大数据安全治理法律政策框架的核心，共同组建起了我国关于大数据规范使用与安全保护的"三驾马车"。

2017 年 6 月 1 日我国正式施行《中华人民共和国网络安全法》（以下简称《网络安全法》），它是第一部全面规范网络空间安全管理方面问题的基础性法律。网络作为数据传输的载体，网络安全与数据安全密切相关。因此在这个法律当中也对网络数据安全保护提出了要求。在《网络安全法》未实施之前，苹果公司中国境内用户的数据都被传输并存储在苹果公司位于美国的数据中心里，其中不乏个人隐私信息与重要敏感数据，如果这些数据未经过审查而跨境流通，可能会产生一系列数据安全问题。《网络安全法》要求在中国境内产生的个人信息与重要数据在没有相关部门评估批准的前提下必须在境内存储。因此苹果公司不得不在中国贵州新建了数据中心，用于存储中国用户数据，这样不仅中国用户使用苹果公司服务的体验得到了提升，也使得苹果公司中国用户的数据在境内得到了法律保护。

2020 年 7 月《中华人民共和国数据安全法》（以下简称《数据安全法》）在中国人大网公布并面向社会征求意见，其草案在 2021 年 6 月通过，并在 2021 年 9 月开始实施。《数据安全法》是我国首部是专用于保护数据安全的法律，也是我国在数据安全领域最基础最核心的法律。这一法律对在我国境内开展数据收集与处理活动的权责关系进行了规范，明确数据安全保护义务与相应的法律责任，并要求建立起数据分类分级保护制度。同时还强调了政务数据安全与开放方面的内容，作为国家机关应当提升运用数据服务经济社会发展的能力。《数据安全法》不光对境内的数据处理活动进行了规范，也明确指出会对危害我国国家安全、公民合法利益的境外数据处理行为追究法律责任，对于数据跨境流通方面，《数据安全法》也做出了一定的要求，即如果数据需要传输至境外或在境外存储，需要取得网信办等有关部门的审核批准。

除上述的《网络安全法》《数据安全法》外，国家还设立了《中华人民共和国个人信息保护法》。十三届全国人大常委会于 2021 年 8 月 20 日表决通过了《中华人民共和国个人信息保护法》（以下简称《个人信息保护法》）并决定在 2021 年 11 月 1 日起正式实施。《个人信息保护法》是为了保护个人信息权益，规范个人信息处理活动，促进个人信息合理利用而制定的。值得注意的是，《个人信息保护法》对于大众比较关注的一些产品和服务中存在的"信息骚扰""大数据杀熟""信息滥用"等问题均作出了明确的规定。例如明确要求公共场所摄像头所收集的个人图像、身份识别信息只能用于维护公共安全的目的，避免公众在不知情的情况下个人信息被收集滥用。

当《个人信息保护法》正式施行后，我国正式形成了关于大数据规范使用与安全保护的"三驾马车"。其余各部门各行业也纷纷围绕《网络安全法》《数据安全法》《个人信息保护法》制定相对应的政策规范以促进法律的落地实施。例如 2021 年，国家互联网信息办公室、国家发展和改革委员会、工业和信息化部、公安部以及交通运输部联合发布了《汽车数据安全管理若干规定（试行）》，用于规范汽车数据处理活动，保护个人、组织的合法权益，维护国家安全和社会公共利益，促进汽车数据合理开发利用。2022 年，国家互联网信息办公室发布《数据出境安全评估办法》，对数据出境活动进行了规范。

我国除了通过法律法规政策规范数据收集与处理活动，保障我国大数据安全以外，也积极参与国际数据安全环境的建设。2020年9月中国在"抓住数字机遇，共谋合作发展"国际研讨会上提出了《全球数据安全倡议》（以下简称《倡议》）。《倡议》提出了各国应在相互尊重基础上，加强沟通交流，深化对话与合作，共同构建和平、安全、开放、合作、有序的网络空间命运共同体。这一《倡议》体现出我国政府在数据安全问题上的大国担当。

10.3.3 大数据规范与保护的未来趋势

当前世界各国均在积极探索推进全球数据规范应用与安全保护，通过制定新的法律、法规、政策或修改过时的法律、法规、政策来不断适应新时代的变化。基于当前形势与各国法律、法规、政策实践，未来对大数据规范应用与保护将可能呈现如下发展趋势。

主要国家数据规范应用与安全保护框架基本成形：在当前全球数据流动和跨境服务日益频繁的大趋势下，各国对数据安全和规范应用的重视程度不断提升。在这种情况下，主要国家和地区经过探索和规则整合，逐渐形成了关于规范应用与数据安全的框架。这些框架具有一些相同的特征。首先，各国越来越重视数据安全，纷纷立法加强数据保护。许多国家和地区在制定政策时已经从战略高度出发，优先考虑数据安全，以确保数据不被盗取、泄露或滥用。同时各国都在努力制定更加严格的数据跨境流通规则，以确保数据在跨境传输过程中的安全性。其次，这些框架逐渐明确了对不同类型数据的保护标准和措施。虽然在数据的分类上各国可能存在差异，但在实际操作过程中，各国普遍会根据数据特性和特定应用环境，来设立各种保护规范和执行策略。例如，个人隐私数据会得到更高的保护，而商业数据则会更加注重商业秘密和竞争力的保护。此外，这些法律框架还会强调数据安全责任的主体落实。越来越多的国家正在通过增加针对数据安全的职能部门或者创建新的管理机制来实现数据安全责任的规范化，从而使得政府、企业及个人都承担着各自的职责。政府要制定相关法律法规并监管执行，企业要制定相应的数据管理制度并保证实施，个人也要有相应的自我保护意识和行为习惯，共同维护数据的安全。最后，个人信息保护也受到越来越多国家的重视。不少国家都已经建立了专门的法律法规来保护个人隐私，包括保护个人信息的跨境流通安全。

各国对于数据的控制权会不断加强：一方面，欧美等发达国家和地区倾向于鼓励数据跨境流动，以保持并扩大自己在大数据领域的优势地位；同时，随着数字经济和全球化的发展，限制本国数据向外流动将会越来越难，涉及数据流通的贸易协定也会相应放宽限制。另一方面，从世界范围来看，更多相对技术能力较弱的国家仍然会采取"数据保护主义"措施，强化对本土数据的控制，限制本国数据流出。在发展中国家和新兴经济体中，这种限制数据流通的趋势可能会继续下去。从长远来看，随着数据管理框架和数据保护技术会渐趋成熟，有条件的数据跨境流动将变得越来越普遍，包括政府数据、健康数据、个人隐私数据等敏感数据。各国之间的数据跨境流动也将会更加审慎，认定机制甚至将考虑更多的地缘政治博弈因素，比如在政治影响下，某些国家的审批条件可能会宽松，而某些国家之间的数据流通审批可能会更加严格。

全球跨境数据流动圈继续呈现出复杂的态势：随着数据本地安全措施的初步到位，各国的注意力正在转向如何更好地保护本土数据在跨境流动中的安全。尽管一些技术领先的国家一直在试图促进数据跨境流通，但这个过程并不是一帆风顺的。2020 年 7 月，欧美之间的数据流通"通道"遭遇变数，主要原因是欧盟法院裁定欧盟与美国的隐私盾协议在处理跨国数据传递方面失效。但是随后，欧盟依然在考虑采取新的政策重启与美国的数据双边流通。同时，欧盟和英国也试图扩大与亚太地区的数据流动。英国在 2020 年 6 月制定了脱欧后的科技贸易战略，希望与日本等亚太国家签订更深度融合的数据自由流动协议。然而，地缘政治博弈也会对数据流动产生影响。例如，美国联合多国针对中国推进"清洁数据"，打造数据"排华圈"等做法，这些因素都会增加未来数据流动的复杂性与不确定性，阻碍大数据相关产业的发展与进步。

进一步推动在技术层面的数据安全保护：通过法律法规规范大数据的使用与保护大数据安全可通过管理的层面来实现，但保护大数据安全本身也是一个技术难题。随着大数据技术与应用的不断发展，会不断涌现技术层面的数据安全问题，例如大数据常使用非关系型数据库 NoSQL 来进行管理，但由于 NoSQL 缺乏成熟的大数据安全保护框架，会引入安全风险；又比如在多个企业协作应用深度学习技术时，传统训练方式要求企业上传本地数据，在上传数据的过程中可能也会存在隐私泄露的风险，可应用联邦学习等考虑到隐私保护的技术来避免这一问题。要在技术层面做好对大数据的安全保护，需要政府引导与支持企业、科研机构和技术社群积极探索大数据安全保护的技术解决方案，从技术上使数据既能有效流动起来，又能解决隐私保护或安全关切问题。因此未来各国会继续加大在大数据安全保护技术方面的投入。

总而言之，世界各国均重视大数据的发展，关注到了大数据规范使用与安全保护，尤其关注其中个人隐私保护和数据跨境流通安全的问题。对于一国内部来说，其本国关于数据的管理框架是渐趋成熟的，而对外来说，需要在保障其本国数据安全的基础上，积极参与数据的全球流通。但是由于国家发展水平不同，技术水平有差异，依然也会有一些国家依仗技术优势实行数据垄断或数据霸权，阻挠各个国家公平、安全、和谐地享受大数据带来的福利，在大数据不断发展的时代背景下，这一行为是不可取的。国际社会应当携手构建更加公平合理、开放包容、安全稳定的数据流通空间。

小结 ▶▶

随着大数据技术的飞速发展，大数据已经成为了社会发展的重要推动力。然而，在大数据的应用过程中，伦理和安全问题也逐渐浮出水面。本章围绕这些大数据伦理与安全问题展开介绍。首先在第一节介绍了大数据伦理问题的概念，然后对常见的大数据伦理问题进行分类，并着重分析其产生的原因和危害。对其成因进行分析，有助于找出问题的根源，指出危害，从而唤起社会各界对此类问题的重视。然后在第二节具体介绍了大数据安全问题与维护大数据安全的相关举措，最后在第三节介绍了各国对于大数据规范应用与保护所提出的法律、法规、政策，并总结了大数据规范与保护的未来发展趋势。总的来说，大数据伦理和大数据安全是当前需要重点关注的问题，需要采取措施来确保大数据的合理使用和安全性，让大数据能够真正造福于人类。

参考文献

[1]　赵毅. 大数据应用中的伦理问题研究[D]. 大连理工大学，2021.

[2] 于秋叶．探索大数据技术治理的伦理之维[N]．中国社会科学报，2022-12-27（6）．

[3] 李文涛．积极应对大数据伦理问题[N]．中国社会科学报，2022-11-29（6）．

[4] 文琦．传播学视域下大数据时代个人隐私保护的伦理问题探究[J]．新闻前哨，2022，17：79-80．

[5] Sun Y, Zhang J, Xiong Y, et al. Data security and privacy in cloud computing[J]. International Journal of Distributed Sensor Networks, 2014, 10(7): 190903.

[6] 白姗．大数据技术应用的工程伦理风险探析[J]．文化创新比较研究，2022，6（18）：61-64．

[7] 张梅芳，李蓉．大数据鸿沟的伦理风险治理研究[J]．编辑学刊，2022，203（3）：68-73．

[8] 张锋军，杨永刚，李庆华，等．大数据安全研究综述[J]．通信技术，2020，53（5）：1063-1076．

[9] 冯登国，张敏，李昊．大数据安全与隐私保护[J]．计算机学报，2014，37（1）：246-258．

[10] 李树栋，贾焰，吴晓波，等．从全生命周期管理角度看大数据安全技术研究[J]．大数据，2017，3（5）：1-19．

[11] Jain P, Gyanchandani M, Khare N. Big data privacy: a technological perspective and review[J]. Journal of Big Data, 2016, 3: 1-25.

[12] 孙翠云．大数据安全的风险分析和解决思路[J]．电脑知识与技术，2022，18（29）：74-76．

[13] 黄国彬，郑琳．大数据信息安全风险框架及应对策略研究[J]．图书馆学研究，2015，360（13）：24-29．

[14] 齐爱民，盘佳．数据权、数据主权的确立与大数据保护的基本原则[J]．苏州大学学报（哲学社会科学版），2015，36（1）：64-70．

[15] 马海群，王茜茹．美国数据安全政策的演化路径、特征及启示[J]．现代情报，2016，36（1）：11-14．

[16] Chang V，Ramachandran M. Towards achieving data security with the cloud computing adoption framework[J]. IEEE Transactions on services computing，2016，9(1): 138-151.

[17] 张勇进，王璟璇．主要发达国家大数据政策比较研究[J]．中国行政管理，2014，354（12）：113-117．

[18] 惠志斌．美欧数据安全政策及对我国的启示[J]．信息安全与通信保密，2015，258（6）：54-60．

[19] Rao R V, Selvamani K. Data security challenges and its solutions in cloud computing[J]. Procedia Computer Science, 2015, 48: 204-209.

[20] 李艳，章时雨，季媛媛，等．全球数据安全：认知、政策与实践[J]．信息安全与通信保密，2021，332（7）：2-10．

[21] 马海群，张涛．从《数据安全法（草案）》解读我国数据安全保护体系建设[J]．数字图书馆论坛，2020，197（10）：44-51．

[22] Li Q, Wen Z, Wu Z, et al. A survey on federated learning systems: Vision, hype and reality for data privacy and protection[J]. IEEE Transactions on Knowledge and Data Engineering, 2023, 35(4): 3347-3366.

[23] 程彤彤．中国大数据产业政策研究[D]．北京理工大学，2018．

[24] 孙永杰．阿里牵手腾讯是为己还是为人？[J]．通信世界，2021，15：9．

[25] 刘聪．论大数据时代个人信息的行政法保护[D]．黑龙江大学，2019．

[26] 钱永峰．车联网中位置隐私保护和安全策略部署研究[D]．华中科技大学，2018．

[27] 孟祥玉．计算机伦理问题研究[D]．哈尔滨理工大学，2021．

[28] 郑少华，王慧．大数据时代环境法治的变革与挑战[J]．华东政法大学学报，2020，23（2）：77-87．

[29] 李冀红，万青青，陆晓静，等．面向现代化的教育信息化发展方向与建议——《中国教育现代化2035》引发的政策思考[J]．中国远程教育，2021，4：21-30．

[30] 杨建．大数据对科学研究的影响[D]．中国矿业大学，2019．

[31] 高宁，严坚，谢琪琦．大数据背景下数据安全体系构建研究[J]．金融科技时代，2022，9：7-14．

[32] 国吉．法兰克福学派异化理论研究[D]．吉林大学，2021．

[33] 韩海庭，原琳琳，李祥锐，等．数字经济中的数据资产化问题研究[J]．征信，2019，37（4）：72-78．

[34] 杜雁芸．大数据时代国家数据主权问题研究[J]．国际观察，2016，3：1-14．

[35] 张天纬．互联网交易数据权利性质问题研究[D]．天津大学，2018．

[36] 刘新宇．数据权利构建及其交易规则研究[D]．上海交通大学，2019．

[37] 黄燕．"大数据杀熟"行为的法律规制[D]．内蒙古工业大学，2023．

[38] 戴丽娜．数字经济时代的数据安全风险与治理[J]．信息安全与通信保密，2015，11：89-91．

[39] 张浩．人工智能治理的实践进展与展望[J]．人工智能，2022，1：16-21．

[40] 李涛．政府数据开放的理论内涵、开放进程及治理框架研究[J]．江淮论坛，2022，3：131-136．

第11章

大数据的未来

    大数据的未来设想其实早在历史上有所体现。1988 年美国前副总统阿尔·戈尔提出了"数字地球（digital earth）"这一设想，戈尔描述了一个由大数据驱动的数字化未来。在这个未来中，世界上所有公民的海量数据将被连接，每个人的数据经过计算机技术的处理可以与基于其个性化数据生成的三维旋转虚拟地球互动，以帮助他们大大提升社交、学习乃至出行的便利性与独特性。2018 年上映的大热电影《头号玩家》中也对此也有所展现。如今，随着人工智能和计算机技术的发展，虚拟现实、增强现实、区块链、元宇宙等已初步从概念走向现实，悄然影响和改变着人们的生活。不过，这些新兴技术目前还存在诸多瓶颈问题，例如硬件设备、环境条件以及能源消耗的限制。但这些新兴技术的出现，向我们展现出了大数据引领下的全新世界。从娱乐和教育到金融和医疗保健，它们有望彻底改变人们与信息、彼此以及世界互动的方式。本章将带大家一窥上文所描述与提到的各类大数据驱动的尖端技术的真貌，带大家了解这些技术应用对众多行业的深远影响，并展望大数据技术支持下的未来图景。

11.1 ➲ 增强现实与虚拟现实

    当下社会正在经历着数字信息和物理环境的深度融合，我们的生活正在成为数字信息、物质的混合体。我们的移动设备、计算机乃至汽车无时无刻不在与周围的环境进行着数据传输与交互，也代表着我们随时在与周围的空间进行相互通信和激活，数据正逐渐成为人们看待世界方式的一部分。人类为了娱乐自己和舒缓日常生活的压力，在不断探索如何让虚拟去替代现实。人们通过不同的媒介，例如小说、音乐、艺术、电影和电视节目等来帮助人们体验虚构出来的世界。得益于数据的迸发与计算能力的指数增长，近十几年来出现了沉浸式的媒体形式：增强现实（Augmented Reality，AR）和虚拟现实（Virtual Reality，VR）。二者的核心思想内涵极其相似但在具体实现上又有着显著的差异。简而言之，虚拟现实是一种利用计算机创造的一个完全虚拟的环境，让人类脱离现有环境进入新的世界。增强现实则是由虚拟现实衍生而来，旨在为人类提供各种辅助信息，成为沟通人类个体与信息世界的重要枢纽。在《头号玩家》电影中，一款大型虚拟现实的网络游戏"绿洲"横空出世。该游戏将虚拟数据与玩家个人数据结合，搭建起每个人互相联通的庞大数据网络。在游戏中，利用实时的增强现实技术实现感觉模拟，再结合虚拟现实技术的视觉渲染，为用户提供更高层次的交互感，人们可以在里面身临其境地完成现实当中的任何事情，无论是工作、运动还是娱乐。通过设备与视觉的及时反馈，给玩家提供了无与伦比的沉浸感与参与感。图 11-1 展示了 VR 与 AR 的不同点，VR 侧重于搭建完全虚拟的环境，利用虚拟眼镜等设备帮助用户增加体验，而增强现实则在现实环境的基础上借助人工智能渲染等技术实现环境和特效的融合。

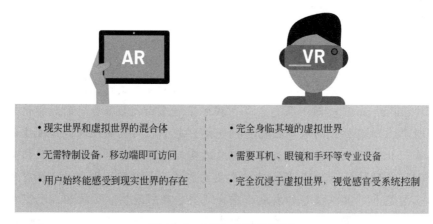

图 11-1　AR 与 VR 的区别

目前社会对 VR 与 AR 的认知和应用大部分还停留在游戏行业，但二者已经在科研仿真、虚拟漫游、教育培训等领域发挥作用，并在医疗、交通、教育培训、航天、通信、工业维修等领域有着巨大的发展潜力。接下来将首先对二者的概念做一个简单介绍，再结合实例来帮助大家更好地了解大数据结合虚拟现实与增强现实的广泛应用。

11.1.1　增强现实

增强现实技术是近年来最让人兴奋的虚拟媒体发展成果之一，许多商业和娱乐应用程序的公司正热切地期待着能够率先掌握该技术，以抢占市场先机。也许读者还记得电影《钢铁侠》中托尼·史塔克设计他最著名的钢铁侠战衣和创造新元素的场景：他使用全息投影和视觉渲染将实验室环境与虚拟数据相结合，通过手势、触碰、点击等操作进行钢铁战衣的设计、试穿和修改，实现了虚拟与现实的融合和交互。这种技术已经广泛应用于游戏、教育、医疗等领域，随着技术的不断进步，增强现实将成为未来商业和娱乐世界中不可或缺的一部分。

那么什么是增强现实呢？通俗地说，增强现实是一种通过将数字元素层附加到现实世界上来增强现实世界的技术。这些元素包括计算机生成的图形、声音、视频效果、触觉反馈和感官项目。添加此数字信息的目的是提供一种引人入胜的动态客户体验，这种体验可以通过从智能眼镜、智能镜头和智能手机等各种硬件接收到的输入来实现。如图 11-2 所示，真实环境经过计算机视觉技术进行环境特征提取，输入到云端的计算

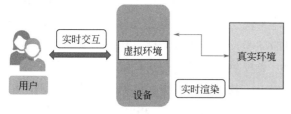

图 11-2　增强现实结构图

机进行实时的模型渲染与加工，呈现出模拟的真实环境，再与所添加的特效进行拼接后用户即可通过智能眼镜、智能镜头和智能手机等各种科技设备与虚拟环境进行实时的交互和反馈，体验前所未有的沉浸感。

除了在电影中的展现，增强现实也已经广泛应用于人们的生活当中。增强现实技术使得玩家可实现完全自由的移动，同时将所有图像投射到玩家周围环境中能看到的任何地方。这也适用于所有带有增强现实应用程序的手机和游戏。比如近期流行的增强现实游戏 Pokemon Go，可利用用户的相机来跟踪其周围的环境，并在它上面显示精灵信息以及进行抓捕互动。增强现实不仅在游戏领域，其在教育、住宅装修、商业等多个领域都有巨大的潜力和发展空间。

现在读者应该对增强现实有了一定的了解，就像几乎每一项颠覆市场的最新技术进步一样，增强现实如果要长期生存和繁荣，就需要大量的数据。由于当下数据集的有限性、不可用性与稀疏性，大多数增强现实应用被限制在封闭或预编译的环境中。随着移动设备、社交网络和物联网的快速渗透，大量数据的产生使得增强现实更具有实际应用的可行性。以下是增强现实在未来大数据驱动下的两个应用场景。

（1）零售行业

增强现实在过去五年中一直用于零售业，并提供各种应用程序。传统的线上购物，消费者只能通过图片或短视频的介绍来了解商品信息，并不能很好地确定商品是否符合自身的需求。但是 AR 购物则可以通过 3D 效果来展示产品和消费者的契合程度。如图 11-3 所示，只需将手机置于商品上，AR 应用程序就会自动弹出屏幕当中所有商品的价格，商品的折扣信息与购买建议。也可以根据消费者提供的信息进行虚拟的"试穿""试用"服务，这毫无疑问大大提高了在线购物的购物体验，有助于消费者选择更称心的商品。然而，如果不考虑客户的行为和偏好，AR 可能无法有

图 11-3　AR 购物概念图

效地提高他们对产品的兴趣。数字消费者的兴起以及他们在交易、交流和购买决策中对移动设备和社交媒体的偏好创造了丰富的数据，可用于了解客户的购物偏好和行为。将这种大数据与增强现实技术相结合，可以为个人消费者创造更加个性化的购物体验，新的眼动估计技术和面部表情技术以及其他生理测量技术的融合也将有助于更好地了解客户的注意力和情绪，从而带来更准确的推荐和广告。一些研究已经使用眼动追踪眼镜来分析顾客在购物时的目光。根据 Marks & Spencer 的一份报告，移动购物渠道的支出是店内购物的八倍，通过借助大数据所提供的移动性和虚拟内容，AR 消除了物理限制并增强了虚拟购物体验，使客户可以随时随地购物。可以预见的是，随着推荐算法的持续改进和增强现实技术的不断进步，大数据技术支持下的 AR 购物将会在未来带给人们更加有趣和高效的虚拟购物体验。

（2）旅游行业

增强现实技术可在日常活动中提供背景信息和帮助，这对于初到陌生城市或地区的人们十分有帮助，通过突出旅游城市的特色或将其历史发展历程具象化能够有效地提高游客的旅游体验。由于旅行通常与地理空间探索有关，大多数游客所利用的地图应用都是基于地理空

间信息,使用 GPS 或北斗跟踪用户的位置,然后从其地址数据库当中去搜索和定位所感兴趣的地点。随着移动设备和社交网络的日益普及,大数据能够跟踪和测量游客的需求和行为,以确保智能以及个性化的旅行体验,比如可将个性化的旅游指南信息覆盖在游客当前的视野上,以避免从旅游景点分心和迷路。也可将当地语言的标志自动翻译成可读的单词,这些单词被覆盖在原来的地方帮助用户理解。更进一步,可以根据游客的需要,综合考虑步行距离和时间,推荐附近的休息场所和餐馆位置等信息。

目前增强现实已经在高德地图等应用上测试上线,如图 11-4 所示,手机屏幕中可以显示出实时的摄像头画面,并在画面上覆盖实际的导航路线。周围的环境也可以得到更好的识别,例如建筑物,地标等,都可以在地图上以 3D 的形式呈现出来。此外,AR 技术也提供了更加丰富的交互体验,用户可以通过触摸屏幕、手势、语音命令等和地图进行实时交互,更加贴近自己的导航需求。可以预见的是,随着更多摄像头信息的采集,计算机视觉等人工智能算法的进步,未来 AR 加持下的导航技术将会更加直观、准确、有趣,为用户带来更加个性化、互动化的导航体验。

图 11-4　增强现实在高德地图中的应用

11.1.2　虚拟现实

虚拟现实技术当下大部分还是因其在游戏领域的应用而被人们所熟知。如今,我国大部分娱乐场所或者游乐园都配备了虚拟现实体验场所。我们常常可以看到一群玩家头戴着特制的 VR 眼镜,手持交互手环在滚动的履带上进行活动,如图 11-5 所示。从观众视角或许他们的动作略显滑稽,但也正代表着他们沉浸在体验虚拟世界各类活动的快乐中。

虚拟现实技术建立了人工构造的三维虚拟环境,用户以自然的方式与虚拟环境中的物体进行交互作用、相互影响,极大扩展了人类认识世界,模拟和适应世界的能力。虚拟现实技术从 20 世纪 60～70 年代开始兴起,90 年代开始形成和发展,在仿真训练、工业设计、交互体验等多个应用领域解决了一些重大或普遍性需求,目前在理论技术与

图 11-5　VR 设备示意图

应用开展等方面都取得了很大的进展。

如今人们生活在信息不断迸发的大数据时代，大量的数据以惊人的速度不断地被创造和收集，但其无规律性以及庞大的数据量使得人们对其消化变得异常困难。虚拟现实技术能够使用户以更自然、更直观的方式沉浸在数据中，赋予了人们动态处理数据的能力。借助虚拟现实来可视化数据，人们可以伸手触摸数据，使其成为一种触觉体验，从而促进信息得到有效的接收和理解。在传统的 2D 数据中，人们通常不可能在多个维度的交叉点看到关键信息，借助虚拟现实技术使数据围绕用户，数据可以位于用户的任意一侧，也可以让位于不同地点的团队协作更加轻松。现代数据集是多元的，为了让人类在没有 VR 和 AR 的情况下有效地分析数据的复杂性，他们必须手动将 2D 的表格、报告、图片等整合在一起，以试图为决策提供信息。但 VR 和 AR 允许用户一次看到所有内容，从而获得传统数据可视化方式无法实现的数据整体优势。下面将以一个数据分析示例来对此进行说明。

物流公司 Kuehne+Nagel 使用 AI 和 VR 来理解从其庞大的供应链中收集的数据。如图 11-6 所示，将各项二维数据图进行三维可视化，有助于加速了解哪些流程相互关联。就像计算机一样，人类的视神经能够以大约 1 MB/s 的速度传输信息。然而目前人们获取信息的方式大多通过 2D 屏幕的文字阅读，这个过程仅能发挥视神经容量的 0.1%。与之不同的是，虚拟现实让用户沉浸在 3D 世界中，充分利用了视神经的工作潜能。

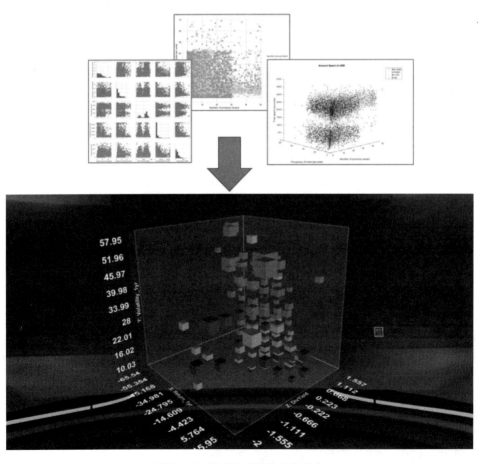

图 11-6　数据与虚拟现实的结合

虚拟现实技术能够提供更自然的交互方式，例如通过实际按下按钮、移动窗口、操纵数据流等方式，人们可以直观地观察数据在眼前的表现，从而更容易地理解其含义。利用增强现实和虚拟现实技术，我们可以更有效地利用大量生成和收集的数据，并更好地理解这些数据。因此，AR 和 VR 技术是未来处理数据和促进数据应用的关键途径。

本小节分别对虚拟现实、增强现实以及它们与大数据的联系进行了简短的介绍。我们必须意识到随着移动设备、社交网络和物联网等技术的高度渗透，世界正在快速进入大数据时代，借助虚拟现实和增强现实技术能够帮助人们更好地理解和消化数据，从而更好地使用数据，其与大数据的结合正在为包括教育、医疗保健、娱乐和零售在内的广泛行业创造新的机会，是未来的重要发展方向。

11.2 ➡ 区块链

想象这样一个世界，人们可以将所有个人和财务信息安全地存储在一个分散的平台上，只有自己本人可以访问，并且每笔购买都记录在防篡改分类账上，供所有人查看。听起来像科幻小说？那么，欢迎来到区块链和大数据的世界。这两项革命性技术的结合有可能彻底改变人们存储、共享和使用数据的方式。

接下来将用一个小故事来带领读者快速理解一下什么是区块链。从前，有一个小村庄，每个人都相互信任，在没有任何中间人或中介的情况下交易商品和服务。但随着村庄的扩大和越来越多的人搬进来，村民们意识到他们需要一种更安全、更有效的方式来跟踪他们的交易。那时，最聪明的村民之一，名叫爱丽丝，想出了一个主意。她建议建立一个公共账本，记录所有的交易细节，每个人都可以查看和验证它。但是，这个账本不由任何一方掌控，而是由所有人共同维护和更新。每次进行交易，所有的参与者都会在这个账本上记录下来，这样任何人都不能篡改历史记录。这个做法让村里的每个人都对他们的交易更有安全感和信心。随着时间的推移，这个村庄很快就成为了一个繁荣的贸易和商业中心。这个公共账本就是区块链的核心概念，它通过去中心化的方式，保证了交易记录的不可篡改性和透明性，让所有参与者都能够信任这个系统。

在区块链世界中，最著名的当数比特币，其作为加密货币平台中最受欢迎的币种，由中本聪（Satoshi Nakamoto）引入。从那时起，近 1600 种加密货币由比特币演化而来。目前，很多政府和私人组织正在大力投资大数据和区块链技术，因为它们在解决许多现实问题方面具有巨大潜力。在现代生活中，客户更倾向于在网上进行交易，每天产生的数据量都在不断增加。数据巨大增长的同时也带来了挑战：安全和隐私问题、脏数据、数据源的可靠性和数据的共享等。大数据所面临的这些挑战可以通过区块链的独特属性来解决，如去中心化存储、不可变性、透明性和共识机制等。接下来本书将通过两个例子带大家更加深入了解大数据技术和区块链融合的巨大应用前景。

11.2.1 大数据加密传输

随着区块链技术的快速发展，如今大数据领域内已经开始考虑用区块链技术保证数据安全交易。使用区块链技术实现隐私数据访问，有助于以安全的方式传输实时数据。图 11-7 展示了数据直接传输和通过区块链加密传输的流程，相比于数据直接传输，区块链技术对收集到的数据建立了区块链账本，新收集的数据都会关联前一个数据块的内容并加密存储在新的数据块中。因此，任何对数据块的修改都会导致其后续所有数据块的变化，这样所有人都会看见和发现数据被篡改，因此区块链技术可以有效地保障数据的安全性和完整性。当其它用户想要访问数据时，也必须得到许可后，方可解密获取数据。

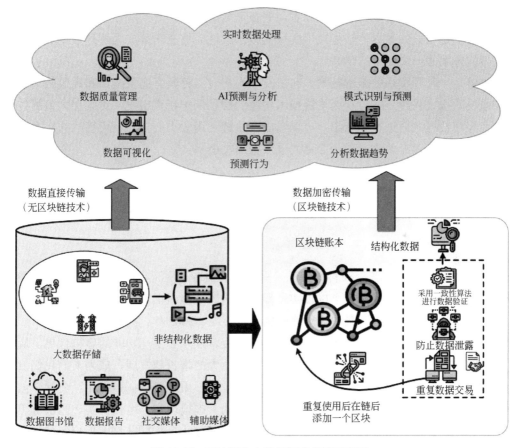

图 11-7　区块链为大数据加密传输示意图

大数据的价值在于可以提供对数据深入的洞察和分析，但数据共享和隐私问题一直是一个巨大的挑战。区块链技术的去中心化和不可篡改性可以使数据持有者和消费者直接交互，从而使数据共享更加可靠，也成为了保护数据隐私的有力工具。此外，区块链可以记录数据的交易历史和数据来源，也使得数据溯源更加可靠。但是，目前的区块链技术还无法达到和传统中心化系统相同的数据处理速度和能力，且能源消耗过高。随着大数据相关软硬件技术的不断进步，在不久的将来区块链技术或许会得到进一步的发展，提供更加高效和节能的解决方案，为大数据共享与隐私保护带来全新的解决方案。

11.2.2　医疗数据隐私保护

在医疗保健领域，随着技术的不断进步，医疗数据急剧增加，这些数据对于诊断、预测和治疗疾病非常重要。目前，专业人士已经开始关注大数据、物联网和可穿戴技术的使用，通过连接传感器、设备和车辆等，为人们提供更好的服务。然而，数据传输和记录过程中存在安全问题，这些问题可能严重侵犯数据安全和隐私。为了提高数据分析的安全性和效率，区块链技术成为了一种潜在的解决方案。区块链可以使用加密技术对各种私人数据、公共数据和相关敏感信息进行加密，并通过分布式存储的方式进行保存。只有经过患者批准的授权个人才能访问这些信息。医疗保健专业人员可以向患者发送请求，一旦得到患者的批准，就可以获得实时通知。所有实体通过无线传感器网络保持连接，以进行无缝且安全的通信。由区块链加持的数据系统可以实时监控患者，并在需要医疗干预时向医疗保健专业人员发送通知。基于其安全可靠的数据传输特性，区块链技术或许能够在未来成为解决数据安全和隐私问题的最佳方案之一。

区块链是一种颠覆性的账本技术，它引发了人们对支持具有高安全性和高效网络管理的大数据系统的极大兴趣。本节从区块链技术出色的隐私保护特点出发，对其在大数据传输与存储以及医疗数据方面进行了介绍。可以看出区块链利用去中心化和不可篡改的账本确保了数据的完整性，可以有效地管理和保障大量数据的收集和传输。

11.3 ❖ 元宇宙

1992 年，尼尔·斯蒂芬森在科幻小说《雪崩》中创造了"元宇宙"一词。在小说中，人类以虚拟化身的身份出现，在一个以现实世界为背景的三维虚拟空间中交流和互动。但当时的数字技术不足以支持这一愿景，这一理论也未能实现。2003 年，林登实验室开发了一款名为《第二人生》的虚拟游戏，它实现了一个具有社交、娱乐和生产功能的虚拟世界，玩家以数字化身的身份参与游戏。近年来，元宇宙取得了巨大的增长和发展，成为人们我们日常生活中越来越重要的一部分。元宇宙指的是一个虚拟世界，用户可以在其中相互交互，创建数字化身并参与游戏、社交网络和电子商务等各种活动。虚拟现实、增强现实、区块链等前沿技术的兴起，让打造真正身临其境、互动的虚拟体验成为可能，如图 11-8 所展示的，元宇宙结合 AR/VR 技术在教育、军事、医疗、房地产和制造业等领域均具有重大的发展潜力，可以使人们摆脱对空间与时间的依赖，甚至规避一定的物理风险。

近年来，互联网、人工智能、扩展现实（XR）和区块链等技术发展迅速，各类技术彼此相互融合、相互影响，为元宇宙的实现提供了基础。同时，由于新冠肺炎疫情的影响，虚拟场景的构建也受到了更多的关注。2021 年被称为元宇宙元年，2022 年就迎来了元宇宙爆发式增长的一年，元宇宙概念大火，引发广泛关注，相关应用层出不穷。2021 年 3 月，Roblox2在美国纳斯克达上市，被称为"第一支元宇宙股票"。2021 年 10 月，Facebook 更名为 Meta，取自 Metaverse（元宇宙）的前缀。

元宇宙应用

图 11-8 元宇宙的应用场景与功能

在技术层面上，元宇宙可以看作是大数据和信息技术的融合载体。用户在元宇宙中的信息和活动以数据的形式记录在文件中。随着用户的增加，元宇宙将产生海量的数据，从而形成一个大数据网络。在元宇宙中，虚拟和现实之间的无缝连接需要大量物联网设备的支持，这些设备实时收集和处理物理世界中的数据。线下和线上数据的整合和应用是大数据技术的关键任务。所以处理大数据的能力对于元宇宙来说非常重要。此外，随着数据的增加，人们需要使用智能数据分析工具来获取有用的信息，使决策更可预测、更准确，更有效地指导生产生活的方方面面。因此，大数据技术是元宇宙成功实施的关键技术之一。下面本小节将从四个技术方面入手阐述大数据对元宇宙的影响。

11.3.1 数据传输

元宇宙时代将不可避免地推动各种相关软硬件产业的发展，其中高质量、高内存的数据传输是尤为重要的一环。尽管当下 5G 技术已较为成熟，具有时延低、速度快、可扩展性强的特点，但在高频段（24～39GHz）其数据信息吞吐能量相较于 6G 而言还是过低（5G 为 10～20Gbps），所以当前 5G 技术的性能还无法满足元宇宙对大数据传输的要求。在 6G 时代将会有更多的机会实现元宇宙的推广应用，因为 6G 的传输容量可能比 5G 高出 100 倍，最高可达 1Tbps。届时，全球覆盖和网络体验几乎不会滞后。具有人工智能的 6G 有望释放无线电信号的全部潜力，为元宇宙用户提供实时和身临其境的体验。

11.3.2 数据存储

传统的数据存储方式采用集中式系统，所有数据都存储在一个地方，并通过统一入口访问。但是，随着技术的进步和数据存储需求的不断增长，分布式存储成为了一种流行的替代方案。在分布式存储中，资源分布在多台机器上，形成一个虚拟存储设备。这种去中心化的方法提供了许多好处，包括易于扩展、高性能、分层存储和标准化。元宇宙的发展推动了对分布式存储的需求，因为在数字世界中，人们更愿意为其保护和发展做出贡献。随着虚拟现实、增强现实和流媒体等数字资产和应用的增长，对大规模存储的需求正在迅速增长。为了满足这些需求，移动云存储、分布式存储系统等先进的大数据存储技术为元宇宙面临的日益严峻的存储问题提供了解决方案，使人们能够更轻松地以安全、高效的方式存储、访问和管理他们的数据。

11.3.3　数据流动

在元宇宙中，用户必须创建数字化身来标记他们的数字足迹。元宇宙不是一个单一的平台，用户可以在多个平台上移动他们的虚拟形象和数字资产。为了实现这种无缝的用户体验，必须实现数据互操作性。也就是说，元宇宙中实体收集的数据应该能够跨平台和运营商移动。元宇宙将包含若干子元宇宙，相当于不同的数字环境。在子元宇宙的切换和交互中，数据需要具备跨环境使用和共享信息的能力，确保消费者在子元宇宙之间拥有无缝体验。各种平台和软件的边界被打破，用户的数字身份能够合法、自由地移动，数字资产也更加方便交易和流通。数据流动使元宇宙成为一个相互连接的整体，而不是目前支离破碎的互联网。

11.3.4　数据共享

元宇宙中的数据共享可以为服务提供者提供有用的信息。他们使用基于行为的数据分析进行有针对性的营销和广告投放，以节省运营成本。基于用户反馈和产品使用数据，开发人员可以准确地改进产品。同时，用户也可以从数据共享中获益，更容易获得个性化的服务和更好的用户体验。但是，用户在元宇宙中存储了大量敏感和隐私数据，容易引发安全和隐私问题，需要为元宇宙中各方之间的数据共享和信息交换提出安全的数据共享系统。因此，基于区块链的去中心化数据管理框架更适合元宇宙。此外，从物联网设备获取的数据在共享数据时需要更加注意隐私问题，应采取合理的数据处理和过滤措施，以达到保护隐私的目的。从长远来看，经历了元宇宙元年和爆发式增长的一年，元宇宙营销也逐渐从理论走向应用。大数据和元宇宙都是社会的一场革命。拥有正确的元宇宙技术来处理大数据是至关重要的。

11.4 ◉ 大数据的时代意义与未来价值

本书前面的章节深入探讨了大数据的概念及其在社交媒体、医疗保健、工业和城市交通等各个领域的应用。此外还探讨了大数据的技术基础，包括数据的收集、传输、存储和分析，并讨论了大数据的不同发展战略及其全球影响。毋庸置疑，大数据的巨大社会、经济和科学研究价值已引起各行各业的高度重视。如何有效组织和利用大数据，挖掘大数据背后的价值，将极大地推动社会经济发展和科学研究。著名的 O'Reilly 公司断言："数据是下一个'Intel Inside'（计算机内置英特尔 CPU 的标志，体现了高性能和可靠性），未来属于将数据转换成产品的公司和人们。"展望未来，大数据将会成为与自然资源、人力资源一样重要的战略资源，是一个国家数据主权的体现。在大数据时代，国家的竞争力在很大程度上与其拥有的大数据规模、数据的活跃程度以及对数据的解释和运用能力相关。这些因素将成为国家在经济、科技和社会发展方面的重要衡量标准。一个国家在网络空间的数据主权将是继海、陆、空、天之后另一个大国博弈的空间。在大数据领域的滞后意味着失去了在产业战略制高点上的竞争优势，也意味着数据主权的防线存在薄弱之处，从而可能导致国家安全面临漏洞。大数据的发展直接影响着国家的稳定和社会的稳定，因此，它是关系国家安全的战略性问题。

大数据在推动现有产业升级和新产业诞生方面发挥着重要作用。在计算机行业，大数据时代的到来使得企业关注焦点更集中于数据，从追求计算速度到追求大数据处理能力，从编程为主到以数据为中心，无不体现了大数据对计算机行业的影响。在生物制药方面，借助计算机的并行处理能力和大数据的分析能力，可以加速新药开发过程，优化药物设计和筛选，提高疾病诊断和治疗的准确性和效果。在新材料研制方面，大数据分析可以帮助科学家从大量的实验数据中提取关键特征和规律，发现材料的结构性能与性质之间的关联。在其他领域，大数据时代的到来对各行各业都带来了深远的影响，并可能催生出一系列战略性新兴产业。

小结

本章节深入探讨了大数据与增强现实、虚拟现实、区块链和元宇宙之间的复杂关系和影响。大数据与这些尖端技术之间的相互作用有可能彻底改变各个行业，包括医疗、教育、旅游等领域。首先，第一小节考察了大数据在增强现实和虚拟现实中的应用前景。这些技术的进步有可能在医疗诊断、患者护理、教育和旅游体验等领域带来重大进步。在这些领域利用大数据可以带来更精确和有效的结果，为个人和整个社会带来巨大利益。接下来，第二小节深入探讨了区块链技术在服务于数据传输和加密方面的作用。区块链技术的去中心化和安全特性使其非常适合保护敏感信息，尤其是在医疗保健和金融等领域。使用区块链技术加密和传输数据可确保数据免受未经授权的访问，从而确保隐私和机密性。第三小节从四个关键方面探讨元宇宙对大数据的影响：数据传输、存储、流动和共享。元宇宙是一个快速发展的虚拟世界，每时每刻都产生着大量数据，必须对其进行有效管理和存储。利用大数据存储技术，包括移动云存储和分布式存储系统，对于解决元宇宙面临的数据存储问题至关重要。随着这些技术不断发展并影响着人们的世界，我们需要了解它们的相互作用并充分利用它们的潜力，从而为社会带来积极的变化和进步。

参考文献

[1] 何蒲，于戈，张岩峰，等. 区块链技术与应用前瞻综述[J]. 计算机科学，2017，44（4）：1-7，15.
[2] 沈鑫，裴庆祺，刘雪峰. 区块链技术综述[J]. 网络与信息安全学报，2016，2（11）：11-20.

[3]   Lampos V, De Bie T, Cristianini N. Flu detector-tracking epidemics on Twitter[C]. Joint European conference on machine learning and knowledge discovery in databases. Springer, 2010: 599-602.

[4]   王文喜，周芳，万月亮，等. 元宇宙技术综述[J]. 工程科学学报，2022，44（4）：744-756.

[5]   Wang Y, Su Z, Zhang N, et al. A survey on metaverse: Fundamentals, security, and privacy[J]. IEEE Communications Surveys & Tutorials, 2023, 25(1): 319-352.

[6]   Bermejo C, Huang Z, Braud T, et al. When augmented reality meets big data[C]. 2017 IEEE 37th International Conference on Distributed Computing Systems Workshops (ICDCSW). IEEE, 2017: 169-174.

[7]   Deepa N, Pham Q V, Nguyen D C, et al. A survey on blockchain for big data: Approaches, opportunities, and future directions[J]. Future Generation Computer Systems, 2022, 131: 209-226.

[8]   Olshannikova E, Ometov A, Koucheryavy Y, et al. Visualizing Big Data with augmented and virtual reality: challenges and research agenda[J]. Journal of Big Data, 2015, 2(1): 1-27.

[9]   Muheidat F, Patel D, Tammisetty S, et al. Emerging concepts using blockchain and big data[J]. Procedia Computer Science, 2022, 198: 15-22.

[10] 李国杰，程学旗. 大数据研究：未来科技及经济社会发展的重大战略领域——大数据的研究现状与科学思考[J]. 中国科学院院刊，2012，27（6）：647-657.

[11] 赵林，吕健. 基于因子分析的虚拟现实环境评价方法[J]. 计算机应用，2019，39（S1）：159-163.

[12] 万旻阳. 游戏化增强现实在半自动驾驶中的设计研究[D]. 武汉理工大学，2020.

[13] 高健健. 沉浸式虚拟现实环境下的电网数据交互可视化[D]. 浙江大学，2018.

[14] 周永章，左仁广，刘刚，等. 数学地球科学跨越发展的十年：大数据、人工智能算法正在改变地质学[J]. 矿物岩石地球化学通报，2021，40（3）：556-573，777.

[15] 唐灿. 大数据处理研究及现状调研[J]. 中国市场，2014，40：79-80.

[16] 史嘉伟. 基于区块链的图像存证认证系统研究[D]. 南京信息工程大学，2022.

[17] 祝凯. 基于P2P的分布式存储系统研究[J]. 中国传媒大学学报（自然科学版），2008，3：37-41.

[18] 廖建新. 大数据技术的应用现状与展望[J]. 电信科学，2015，31（7）：7-18.

[19] 韩海庭，原琳琳，李祥锐，等. 数字经济中的数据资产化问题研究[J]. 征信，2019，37（4）：72-78.

[20] 周季礼. 大数据给信息安全带来的机遇与挑战及对策思考[J]. 信息安全与通信保密，2015，6：20-25.